全国高职高专公共课程“十二五”规划教材

计算机应用基础实训教程

（Windows 7+Office 2010）

侯冬梅　主　编
张宁林　刘乃瑞　副主编

中国铁道出版社有限公司
CHINA RAILWAY PUBLISHING HOUSE CO., LTD.

内 容 简 介

本书是继《计算机应用基础教程（Windows 7+Office 2010）》之后由中国铁道出版社聘请多名富有一线实践教学经验和项目实施能力教师精心打造的配套实训教程。本书在继承主教材高质量、权威性强的基础上，又突出强调实训题目和计算机应用技术案例的指导及操作技巧。

本书共分为6章，第1章主要介绍 Windows 7 的基本操作与指法练习，第2章主要介绍计算机的组装及基本设置，第3章主要介绍 Word 文字处理软件应用，第4 章主要介绍 Excel 电子表格处理软件应用，第5章主要介绍 PowerPoint 演示文稿软件应用，第6章主要介绍网络应用与安全。

本书可作为高等职业教育公共课的教材，也可供相关培训课程使用。

图书在版编目（CIP）数据

计算机应用基础实训教程：Windows 7+Office 2010/侯冬梅主编.—北京：中国铁道出版社，2013.9（2019.7 重印）
全国高职高专公共课程“十二五”规划教材
ISBN 978-7-113-17225-1

Ⅰ. ①计… Ⅱ. ①侯… Ⅲ. ①电子计算机－高等职业教育－教材 Ⅳ. ①TP3

中国版本图书馆 CIP 数据核字（2013）第 200056 号

书　　名：计算机应用基础实训教程（Windows 7+Office 2010）
作　　者：侯冬梅　主编

策　　划：祁　云　　　　读者热线：（010）63550836
责任编辑：祁　云
编辑助理：耿京霞
封面设计：刘　颖
封面制作：白　雪
责任印制：郭向伟

出版发行：中国铁道出版社有限公司（100054，北京市西城区右安门西街8号）
网　　址：http://www.tdpress.com/51eds/
印　　刷：北京铭成印刷有限公司
版　　次：2013年9月第1版　　2019年7月第7次印刷
开　　本：787mm×1092mm　1/16　印张：11　字数：265千
印　　数：19 001～20 000 册
书　　号：ISBN 978-7-113-17225-1
定　　价：23.00 元

FOREWORD

前 言

《计算机应用基础实训教程（Windows 7+Office 2010）》是继《计算机应用基础教程（Windows 7+Office 2010）》之后由中国铁道出版社聘请多名富有一线实践教学经验和项目实施能力的教师精心打造的配套实训教程。本书在继承《计算机应用基础教程（Windows 7+Office 2010）》高质量、权威性强等优点的基础上，又突出强调实训题目和计算机应用技术案例的指导及操作技巧。

全书共分为 6 章，各章的主要内容如下。

第 1 章 主要介绍 Windows 7 操作系统的启动与退出及基本操作方法；键盘输入的指法与击键姿势，并配有中、英文打字练习习题。本章精心编写 3 个实训，每个实训又集合了计算机基础中的若干个知识点及技能点，引导学习者快速地掌握计算机的入门基础知识及基本操作方法。

第 2 章 主要介绍计算机的组装及基本设置，实训内容主要涉及个人计算机各组件的相关知识及组装过程中的相关技能。在实训过程中讲解了各种类型个人计算机组件的主流产品和主流接口标准，以及在组装个人计算机过程中的操作规范及注意事项。本章精心编写了 3 个实训，内容主要涉及个人计算机各功能部件的识别、安装，以及显示器、打印机等常用设备配置的相关知识和技能。

第 3 章 文字处理软件 Word 2010 是 Microsoft Office 2010 软件包中的一个重要组件，主要用于书稿、简历、公文、传真、信件、图文混排和文章等多种文档的编辑排版，是人们提高办公质量和办公效率的有效工具软件。本章通过 6 个实训的练习、一个综合实训的练习，帮助学习者掌握文字处理中的基本排版方法，以及表格、图表、绘图、图文混排、邮件合并等综合应用的高级排版方法。实训的内容由浅入深，学习者不但能够掌握基本的排版方法，还可以对 Word 2010 中的高级排版进行训练。通过实训，使学习者熟练掌握 Word 2010 的操作技巧，并能使用软件解决实际问题。这对于提高学习者实际工作的能力和工作效率具有重要的意义。

第 4 章 电子表格处理软件 Excel 2010 主要用于制作表格、美化表格，根据表格的数据进行计算和分析，利用表格的数据生成相应的图表等数据，为学习者在工作和学习中提供帮助。本章根据生活中的实际工作任务设计了 4 个实训、一个综合实训的练习，使学习者掌握 Excel2010 丰富实用的功能。这些实训内容包括绘制复杂表格，运用各种功能对表格进行修饰，掌握多种系统提供的函数对数据进行计算，生成图表、修饰图表使数据的表现形式更加形象、生动，利用多种功能对数据进行统计和分析等。

第 5 章 演示文稿软件 PowerPoint 2010 主要用于设计、制作电子版幻灯片。通常将专家报告、产品演示、广告宣传等制作成幻灯片演示文稿，通过计算机屏幕或投影机播放演示文稿，向观众演示和宣传。本章中通过 3 个实训的练习，一个综合实训的练习，使学习者能够在演示文稿中输入文本、绘制图形、创建图表，设置动画，掌握 PowerPoint 2010 丰富实用的功能。学习者还能掌握使用打印机打印演示文稿或通过 Internet 传送演示文稿等技能，有利于在工作和学习中沟通交流。

第 6 章 网络应用与安全，Internet 已经成为生活、工作中不可或缺的一部分，掌握接入 Internet 的操作技能，能更好地利用 Internet 上的资源。本章的实训详细介绍了通过个人计算机接入各种网络的配置与方法，使学习者无论是在家里，还是在公司，都能顺利地接入 Internet，充分利用 Internet 上的资源。本章共编写了 3 个实训，通过这些实训的练习，对于提高学习者实际工作能力具有重要的意义。

本实训教材从计算机应用的实际出发，共设计 25 个实训，每个实训都具有应用价值和代表性的。全书层次清晰，由浅入深，内容丰富，图文并茂，通俗易懂，而且所有内容都经过了专家上机测试和验证，可作为高等职业教育公共课的教材，也可供相关培训课程使用。

本书由侯冬梅教授担任主编，由张宁林、刘乃瑞担任副主编。第 1 章由谷新胜编写；第 2 章、第 5 章、第 6 章由张宁林编写；第 3 章由侯冬梅编写；第 4 章由刘乃瑞编写，本书由侯冬梅组织编写并统稿。

由于时间仓促及作者水平有限，书中难免有不妥之处，敬请广大读者提出宝贵意见和建议，我们会在适当时间进行修订和补充。

编　者

2013 年 7 月

CONTENTS

目录

第1章 Windows 7 的基本操作与指法练习

微软公司称，2014 年微软将取消 Windows XP 的所有技术支持，Windows 7 将是 Windows XP 的继承者。本章主要介绍 Windows 7 操作系统的启动与退出及基本操作方法；键盘输入的指法与击键姿势，并配有中、英文打字练习习题，引导读者深入浅出地掌握计算机的入门基础知识。

实训 1　系统的启动与退出

通过练习，使学习者可以了解并掌握 Windows 7 的多种启动模式及正确退出 Windows 7 的操作方法。

实训目标

- 了解 Windows 7 的多种启动模式。
- 掌握正确退出 Windows 7 的操作方法。

实训步骤

（1）在开机之前，必须将鼠标连接好，由于 Windows 7 是一个图形操作界面，使用鼠标可以随意移动位置，方便快捷地完成大部分操作。所以，鼠标是 Windows 7 中必不可少的工具。

（2）一般情况下，接通计算机电源后，会自动启动 Windows 7，有时需要在启动过程中进入不同的启动模式，可以在启动刚开始时按【F8】功能键，弹出启动菜单，选择需要的启动模式即可。

（3）通常退出系统就是关闭计算机。正确关闭计算机可以保证系统安全，而且对保证下次快速、顺利地启动计算机非常重要。

实训提示

（1）Windows 7 的启动。

① 按正常模式（Normal）启动 Windows 7。

② 先打开外设，后打开主机，系统开始检测内存、硬盘等各个设备，然后进入 Windows 7 的启动过程。

③ 正常情况下，稍后便会看到 Windows 7 的登录界面，这时屏幕上将会显示出要求输入用户名和密码的界面（如果未设置密码将直接进入系统），如图 1-1 所示。这是 Windows 7 操作系统的安全检查机制，通过输入的用户名和密码来判断该用户是否有权使用本计算机，如果不能输

入正确的用户名和密码，将无法登录到计算机上。另外还需要注意的是，输入密码时是区分大小写字母的，因此，在输入密码时一定要注意键盘上的【Caps Lock】键的状态。

④ 在用户名和密码输入正确后，则进入 Windows 7 的桌面，如图 1-2 所示。

图 1-1　Windows 7 登录界面

图 1-2　Windows 7 的桌面

（2）Windows 7 的退出

① 保存各个窗口中需要保存并能够保存的数据。

② 关闭所有打开的窗口。

③ 单击任务栏上的“开始”按钮，在弹出的菜单中单击“关机”按钮，如图 1-3 所示。

④ 如果需要其他操作，如重新启动计算机或注销等，可以单击任务栏上的“开始”按钮，再将鼠标指针移动到“关机”按钮右侧的键头上，在弹出的菜单中再选择相应的命令即可，如图 1-4 和图 1-5 所示。

图 1-3　“关机”按钮

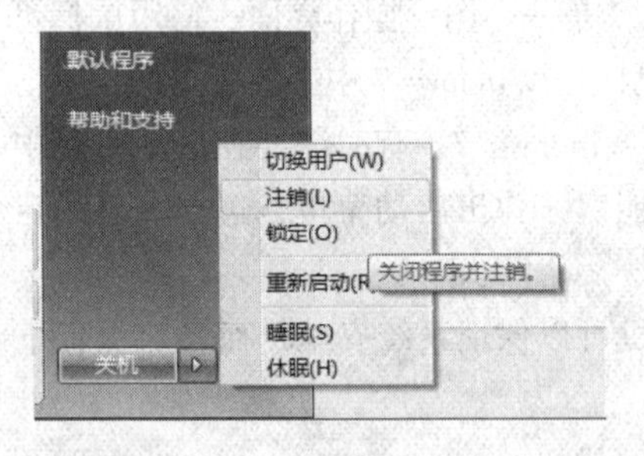

图 1-4　“注销”命令

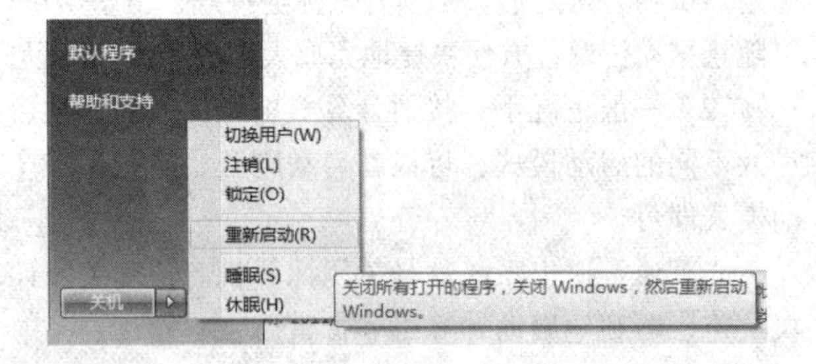

图 1-5　“重新启动”命令

- 如果计算机主板支持软关机并且电源为 ATX 电源，就可以由 Windows 7 自动控制关机过程，稍候机箱电源将自动关闭。
- 如果计算机主板不支持软关机功能或主机的电源不是 ATX 电源，当屏幕上显示出“现在可以安全地关机了”时，再按主机箱上的 Power 按钮关闭计算机。

（3）启动系统进入安全模式

① 如果有修复系统错误的需要，则应系统启动后进入安全模式。

② 如果尚未启动计算机，直接按主机箱上的 Power 按钮，否则在图 1-5 所示的菜单中选择“重新启动”命令。

③ 在计算机进行自检时，按住【F8】功能键不放，稍后将进入启动模式选择菜单。

④ 利用光标移动键使亮条移动到“安全模式”后再按【Enter】键，系统启动完成后即进入安全模式。启动后，在桌面的 4 个角上将出现“安全模式”字样。

操作技巧

（1）在计算机接通电源时启动 Windows 7，称为“冷启动”；在已经接通电源的情况下，如果利用图 1-5 所示的菜单重新启动计算机，称为“热启动”。一般重新启动系统提倡尽量采用“热启动”的方法，这样可以避免频繁地开关计算机，对延长计算机的使用寿命有好处。

（2）在多个用户使用同一台计算机的情况下，当前用户退出工作后，可以不必关机，注销自己的用户名即可让其他用户重新登录。

（3）Windows 7 在没有退出之前，会有很多自动运行的进程和打开的文件驻留在内存中，如果在还有窗口打开的情况下直接关闭计算机，或者直接按计算机的 Power 按钮来关闭计算机，会使系统内存中驻留的文件和数据不能得到保存，造成文件丢失。同时运行时生成的大量临时文件也不能正常删除，会造成硬盘空间不必要的浪费，严重影响系统的工作性能，应该避免此类操作。

（4）在启动菜单中还可以选择其他启动方式，如“启用启动日志”，启动后在 C 盘查找名称为 Bootlog.txt 的文件，然后打开它，观察其中对启动过程中的记录，查找是哪个文件或设置引起的错误，即含有 fail 的行，即可找出错误原因，再进一步解决问题即可。

（5）在按【F8】功能键选择启动方式时，还有其他的启动方式，请尝试了解菜单中其他启动方式的功能和特点。

实训 2　Windows 7 的基本操作

通过练习，使学习者可以了解操作系统的基本功能和作用，掌握 Windows 7 的基本操作和应用，如文件、文件夹的基本概念和基本操作，包括创建、命名、移动、复制、删除、显示方式、查看属性等基本操作。

实训目标

- 了解操作系统的基本功能和作用。
- 掌握 Windows 7 的基本操作和应用。

实训步骤

（1）在桌面上创建一个“计算机”的快捷方式。

（2）在“学生作业”文件夹下分别建立 ABC1 和 ABC2 两个文件夹。

（3）将“学生作业”文件夹下 XIAO\HAO 文件夹中的文件 TEST.doc 设置成只读属性。

（4）将“学生作业”文件夹下 BDF\CAD 文件夹中的文件 ABCD.doc 移动到“学生作业”文件夹下 CAI 文件夹中。

（5）将“学生作业”文件夹下 DEE\TV 文件夹中的文件 WAB1.TXT 复制到“学生作业”文件夹下。

（6）为“学生作业”文件夹下 SCR 文件夹中 AAA.txt 文件建立名为 ABC 的快捷方式，存放在“学生作业”文件夹下。

实训提示

（1）在桌面上创建一个“计算机”的快捷方式。

① 打开资源管理器（按键盘上的【Win+E】组合键），在左侧选择“计算机”选项，如图 1–6 所示。

② 直接用鼠标左键将其拖到桌面上，即可在桌面上成功创建“计算机”的快捷方式，如图 1–7 所示。

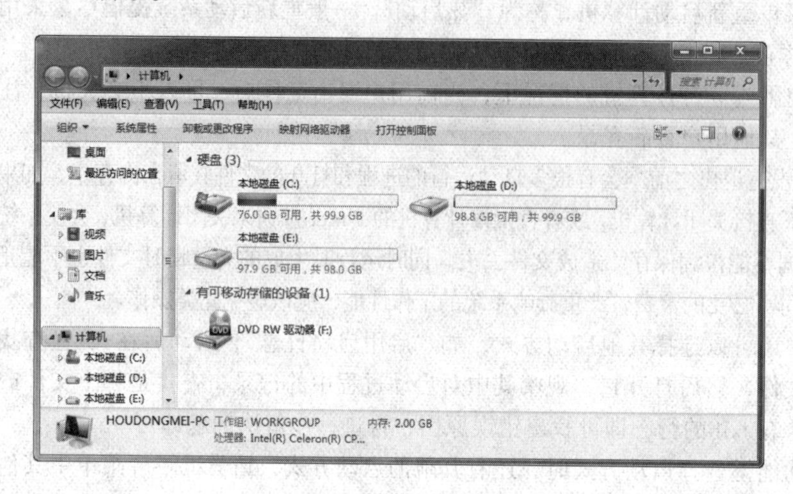

图 1–6 左侧的“计算机”选项　　图 1–7 “计算机”快捷方式

（2）在“学生作业”文件夹下分别建立 ABC1 和 ABC2 两个文件夹。

① 单击任务栏上的“开始”按钮，在弹出的菜单中选择“计算机”命令，在弹出的窗口中双击“本地磁盘（D：）”，选择“学生作业”文件夹，如图 1–8 所示。

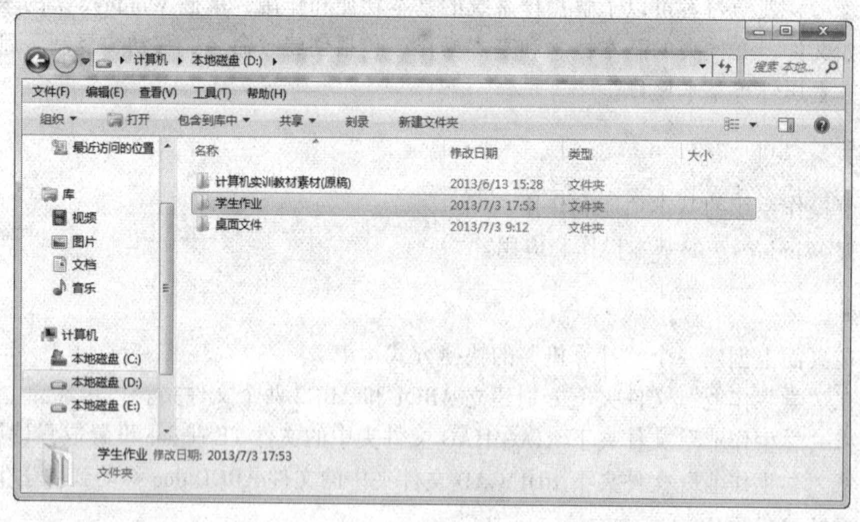

图 1–8 选择“学生作业”文件夹

② 打开“学生作业”文件夹，并单击鼠标右键，在弹出的快捷菜单中选择“新建”|“文件夹”命令，输入文件夹名 ABC1，完成一个文件夹的创建。

③ 在“学生作业”文件夹下，采用相同的方法，创建名为 ABC2 的文件夹，如图 1-9 所示。

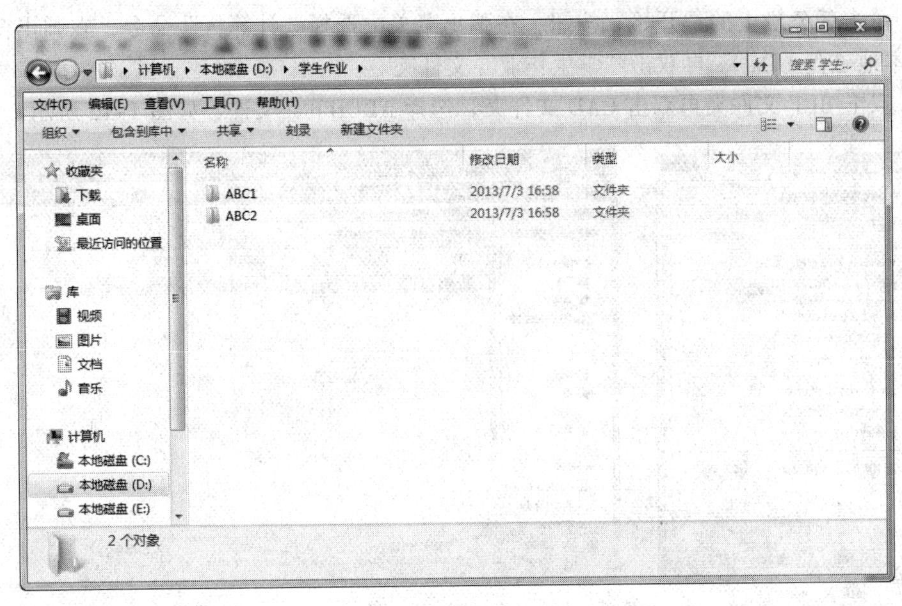

图 1-9　分别建立 ABC1 和 ABC2 两个文件夹

（3）将“学生作业”文件夹下 XIAO\HAO 文件夹中的文件 TEST.doc 设置成只读属性。

① 单击任务栏上的“开始”按钮，在弹出的菜单中选择“计算机”命令，在弹出的窗口中双击“本地磁盘（D:）”再双击“学生作业”文件夹。

② 双击 XIAO 文件夹后双击 HAO 文件夹，从中选择 TEST.doc 文件，如图 1-10 所示。

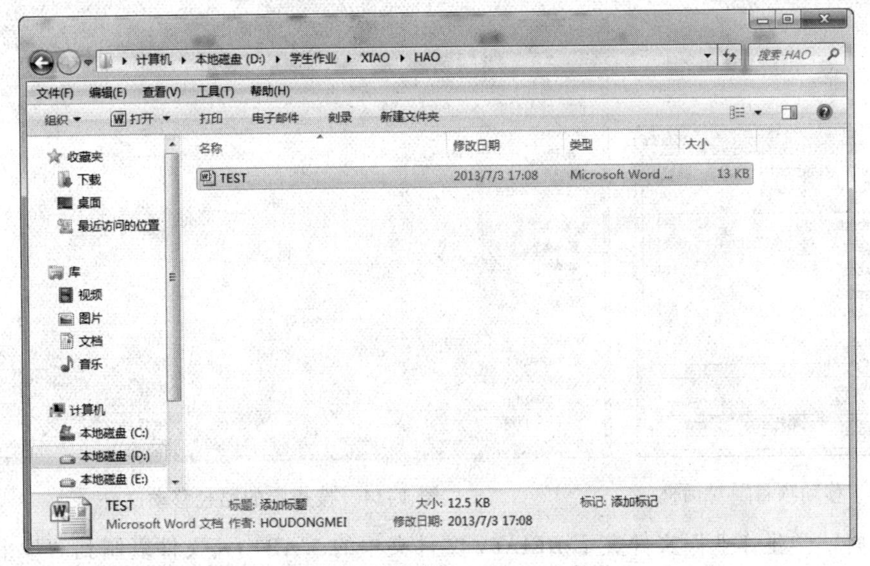

图 1-10　选择 TEST.doc 文件

③ 右击 TEST.doc 文件，在弹出的快捷菜单中选择“属性”命令，打开“TEST 属性”对话框，选中“只读”复选框，再单击“确定”按钮，如图 1-11 所示。

(4)将“学生作业”文件夹下 BDF\CAD 文件夹中的文件 ABCD.doc 移动到“学生作业”文件夹下 CAI 文件夹中。

① 单击任务栏上的“开始”按钮，在弹出菜单中选择“计算机”命令，在弹出窗口中双击“本地磁盘（D:）”再双击“学生作业”文件夹。

② 双击 BDF 文件夹再双击 CAD 文件夹，选择 ABCD.doc 文件，如图 1-12 所示。

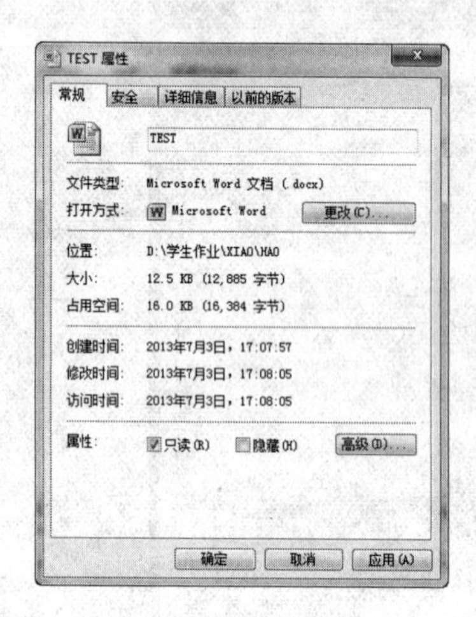

图 1-11　属性对话框

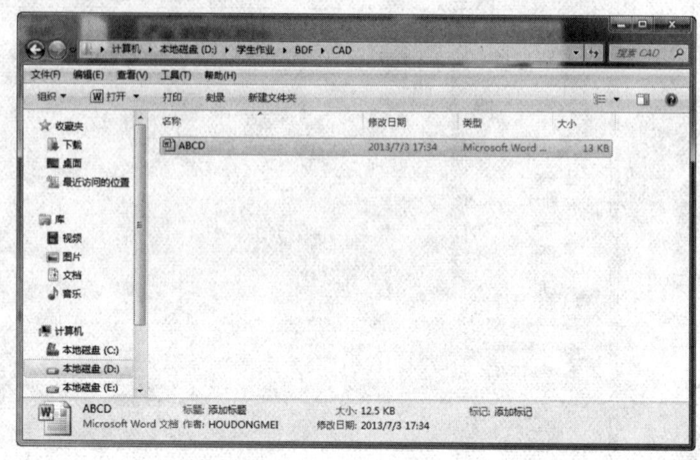

图 1-12　选择“ABCD.doc”文件

③ 选中 ABCD.doc 文件，选择“编辑”菜单 |“移动到文件夹”命令，打开“移动项目”对话框，选择 CAI 文件夹，如图 1-13 所示。

④ 单击“移动”按钮，将 ABCD.doc 文件移动到指定路径“计算机\本地磁盘（D）盘\学生作业\CAI”文件夹中，结果如图 1-14 所示。

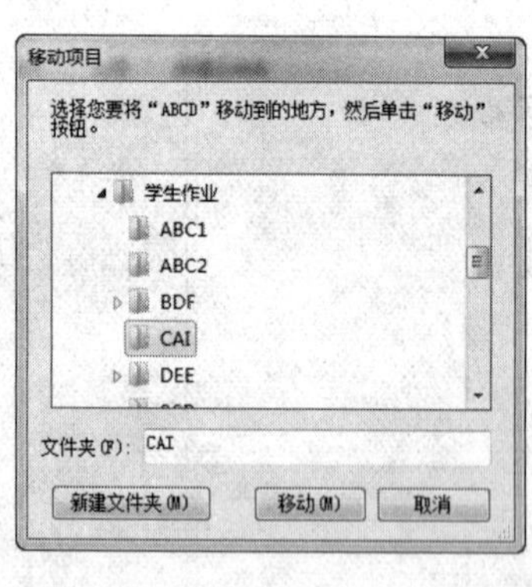

图 1-13　“移动项目”对话框

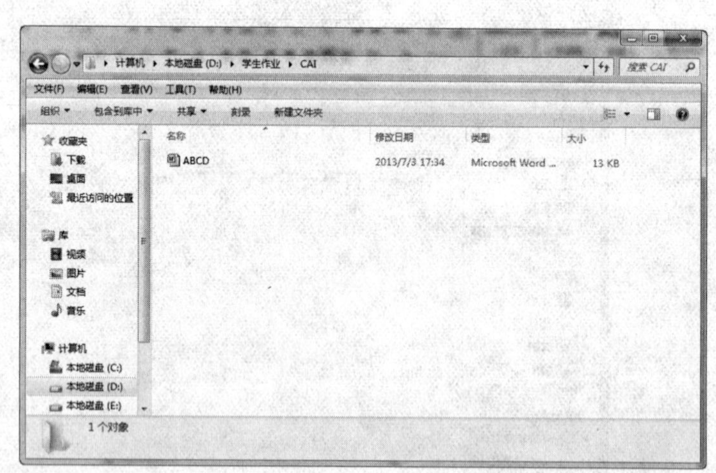

图 1-14　按指定的路径移动文件

(5)将“学生作业”文件夹下 DEE\TV 文件夹中的 WAB1.txt 文件复制到“学生作业”文件夹下。

① 单击任务栏上的“开始”按钮，选择“计算机”命令，在弹出的窗口中双击“本地磁盘（D:）”再双击“学生作业”文件夹。

② 双击 DEE 文件夹再双击 TV 文件夹，选择 WAB1.txt 文件，如图 1-15 所示。

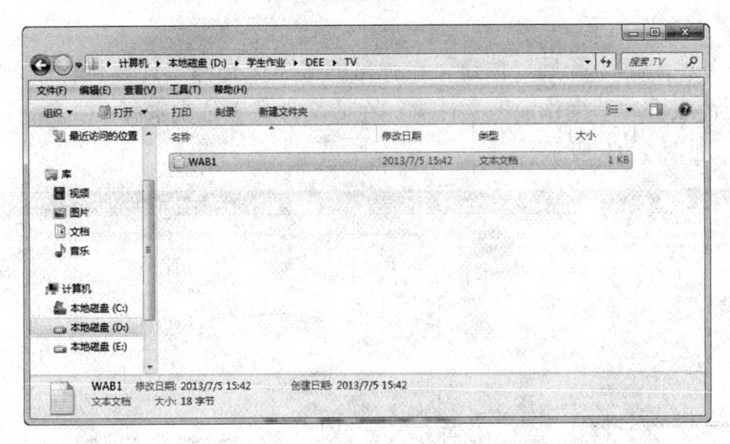

图 1-15 选择 WAB1.txt 文件

③ 选中 WAB1.txt 文件，选择“编辑”菜单 | “复制到文件夹”命令，如图 1-16 所示。

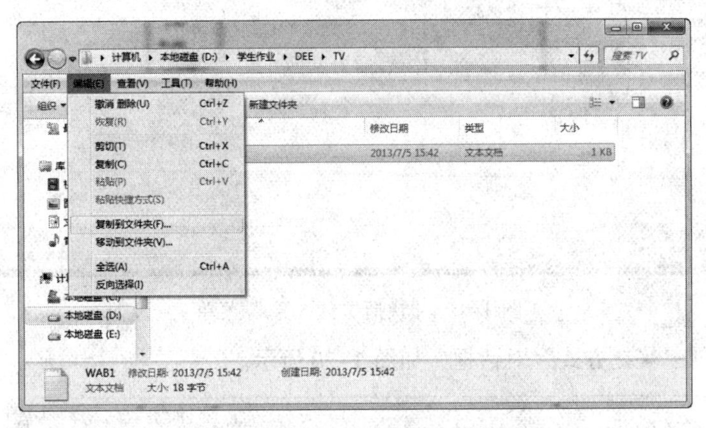

图 1-16 打开“编辑”菜单

④ 在打开的“复制项目”对话框中选择“学生作业”文件夹，单击“复制”按钮，如图 1-17 所示，然后再单击“确定”按钮，即可将 WAB1.txt 文件复制到“学生作业”文件夹中，如图 1-18 所示。

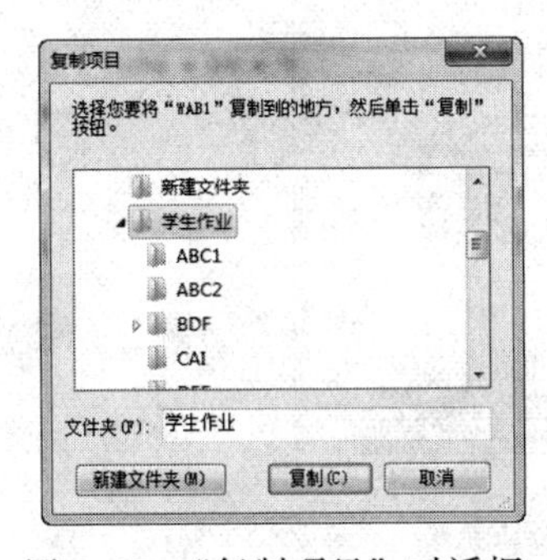

图 1-17 “复制项目”对话框

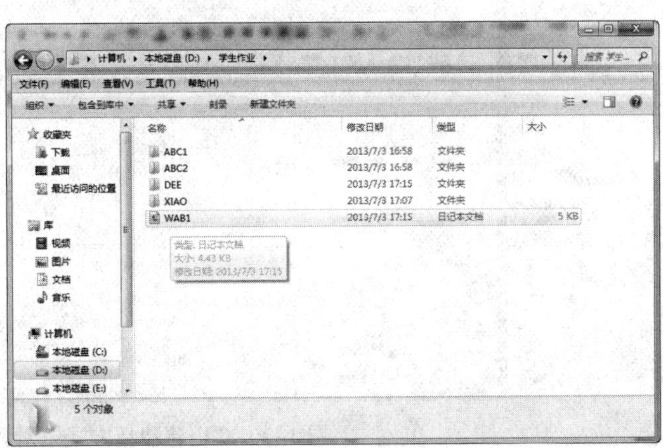

图 1-18 按指定的路径复制文件

（6）为“学生作业”文件夹下SCR文件夹中AAA.txt文件建立名为ABC的快捷方式，存放在“学生作业”文件夹下。

① 单击任务栏上的“开始”按钮，在弹出的菜单中选择“计算机”命令后，双击“本地磁盘（D:）”再双击“学生作业”文件夹，在此文件夹下依次选择“文件”|“新建”|“快捷方式”命令，如图1-19所示。

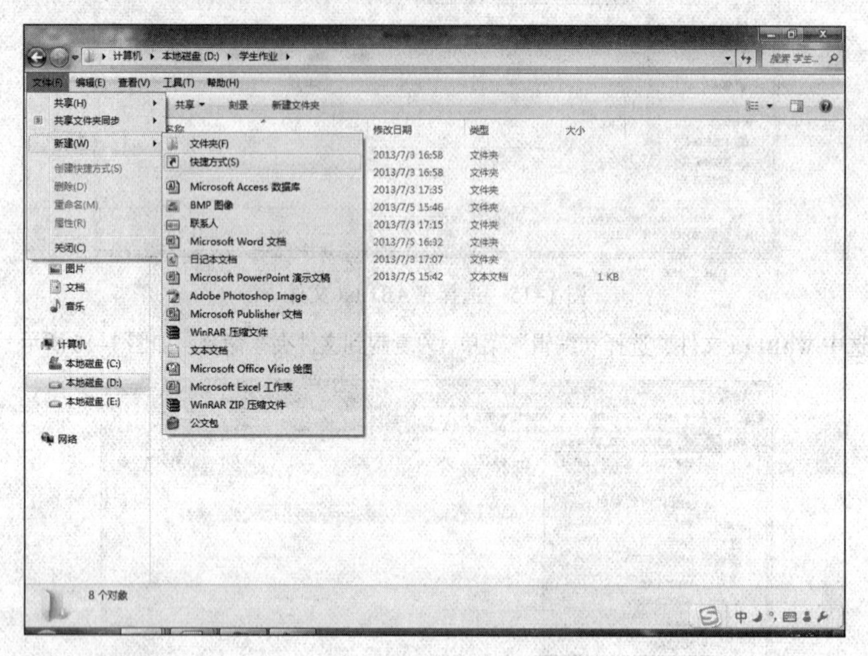

图1-19 “快捷方式（S）”菜单

② 弹出“创建快捷方式”对话框，如图1-20所示。

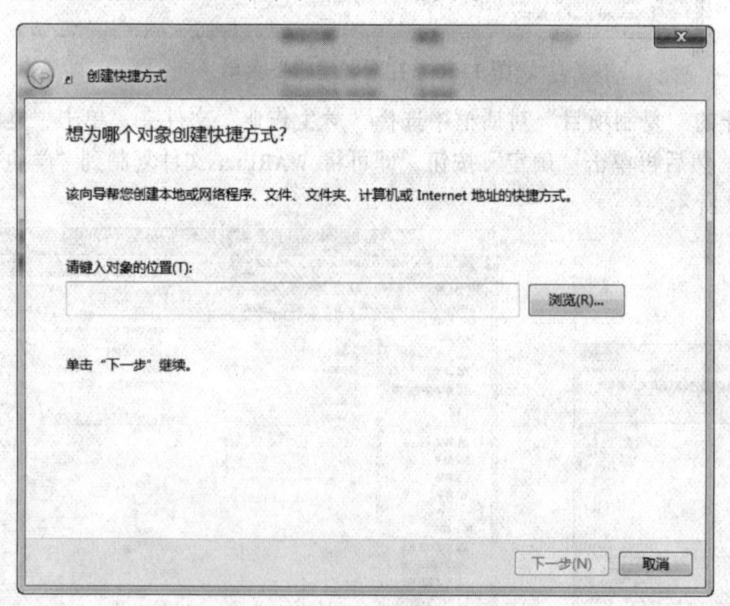

图1-20 “创建快捷方式”对话框

③ 单击“浏览”按钮，打开“浏览文件或文件夹”对话框，如图 1-21 所示。

④ 双击“计算机”图标，在“本地磁盘（D:）”中选择“学生作业”文件夹下的 SCR 文件夹并选中 AAA.txt 文件后再单击“确定”按钮，如图 1-22 所示。

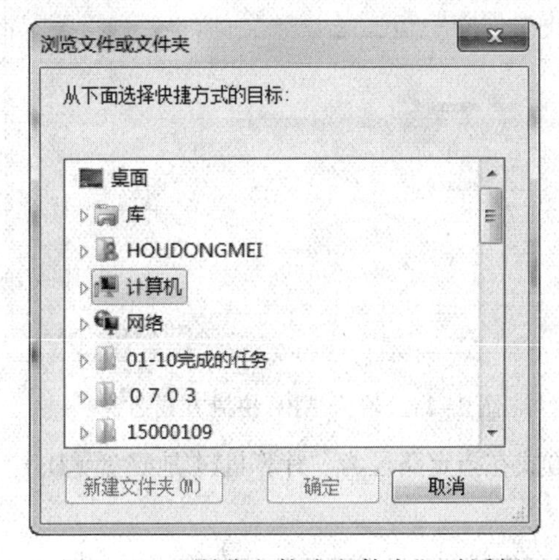

图 1-21 “浏览文件或文件夹”对话框

图 1-22 选择 AAA.txt 文件

⑤ 打开“创建快捷方式”对话框，如图 1-23 所示。

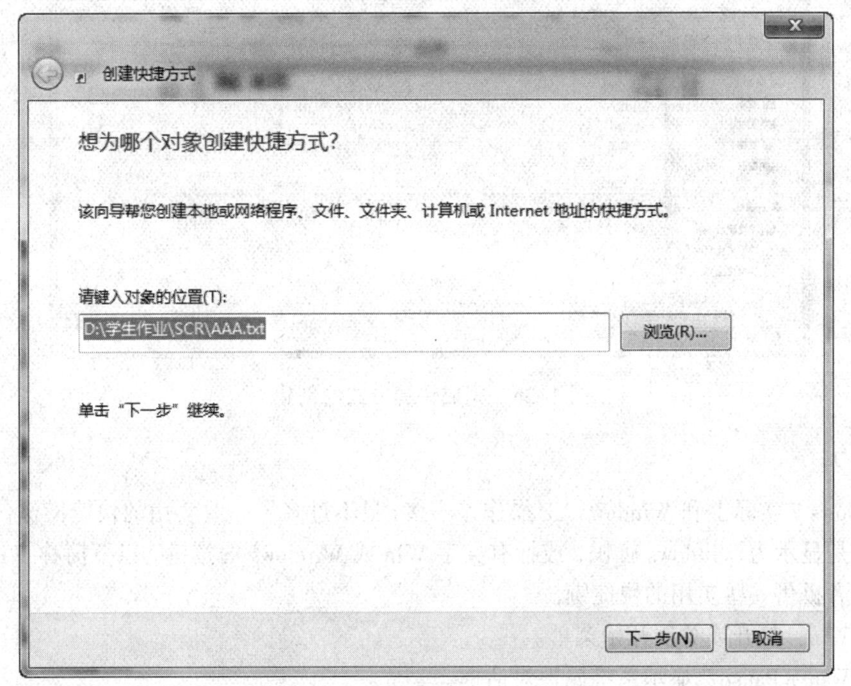

图 1-23 “创建快捷方式”对话框

⑥ 单击“下一步”按钮，如图 1-24 所示。

⑦ 单击“下一步”按钮，输入 ABC 为快捷方式名称，如图 1-25 所示。

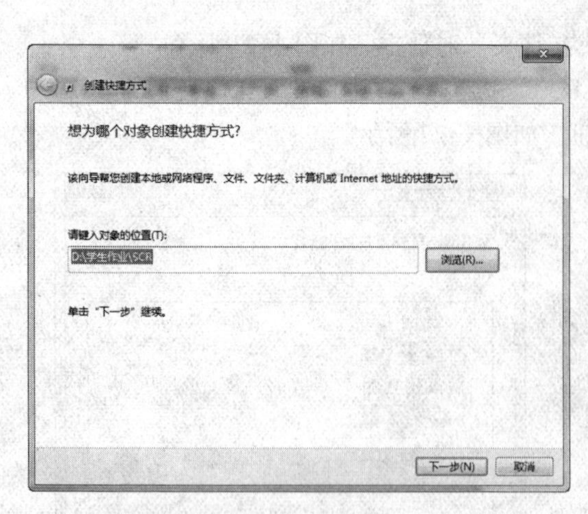

图 1-24　为指定的对象创建快捷方式

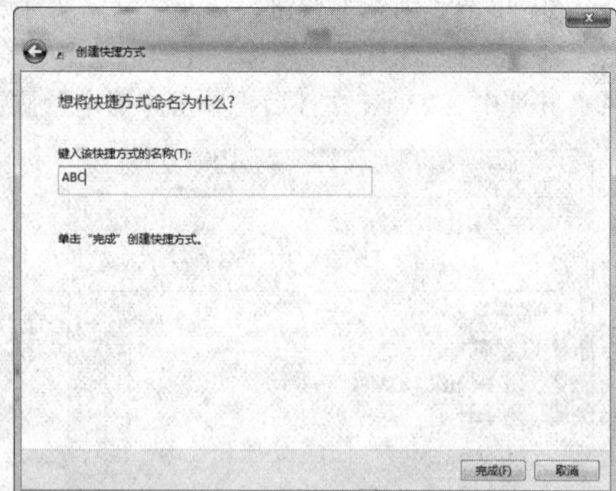

图 1-25　输入 ABC 快捷方式名称

⑧ 单击“完成”按钮，一个名为 ABC 的快捷方式在指定路径为“计算机\本地磁盘（D:）\学生作业”文件夹下创建成功，如图 1-26 所示。

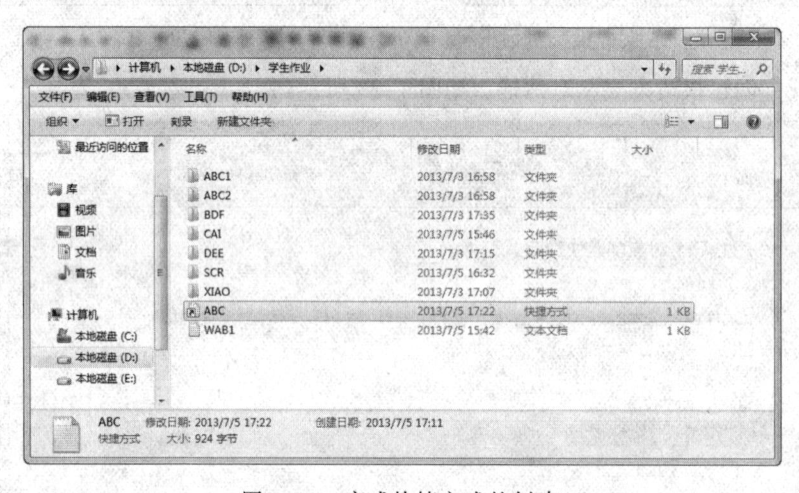

图 1-26　完成快捷方式的创建

操作技巧

Windows 7 实际上和 Windows XP 操作差不多，只不过多了一些实用的快捷操作，Windows 徽标键就是显示为 Windows 旗帜，或标有文字 Win 或 Windows 的按键，以下简称 Win 键，下面给学习者提供一些实用的快捷键。

（1）Win：打开或关闭开始菜单。

（2）Win + Pause：显示系统属性对话框。

（3）Win + D：显示桌面。

（4）Win + M：最小化所有窗口。

（5）Win + Shift + M：还原最小化窗口到桌面上。

（6）Win + E：打开“计算机”。

（7）Win + F：搜索文件或文件夹。

（8）Ctrl + Win + F：搜索计算机（如果用户在网络上）。

（9）Win + L：锁定用户的计算机或切换用户。

（10）Win + R：打开运行对话框。

（11）Win + T：切换任务栏上的程序（与【Alt+Esc】键作用一样）。

（12）Win + P：选择一个演示文稿显示模式。

（13）Win + x：打开 Windows 移动中心。

实训3　指 法 练 习

操作姿势与指法直接影响录入速度，所以在初学时就应该注意姿势和掌握正确的指法，不能漫不经心，否则一旦养成不良习惯，再去纠正就困难了。

键盘是计算机的一个重要输入设备，因此掌握正确的指法可以有效地提高工作效率。下面的实训内容给学习者提供由浅入深、循序渐进的指法练习过程。有道是："世上无难事，只怕有心人"，只有反复地进行练习，才能熟能生巧。

实验目标

（1）掌握正确的指法与击键的操作姿势。

（2）熟悉计算机键盘，熟练计算机的键盘输入。

实训步骤

（1）计算机的启动与关闭。

（2）正确的指法及键盘操作的正确姿势。

（3）如何正确进入 Windows 7 写字板。

实训提示

（1）操作前的准备——指法。

① 姿势。在使用键盘前，首先要注意正确坐姿，如图 1-27 所示。

图 1-27　正确坐姿

② 身体保持端正，双脚平放。桌椅的高度以双手可平放在桌面上为准，桌椅间的距离以手指能轻放于基准键位为准。

③ 两臂自然下垂，两肘贴于腋边。肘关节呈垂直弯曲，手腕平直，身体与打字桌的距离为 20 ~ 30 cm。击键的动力主要来自手腕，所以手腕要下垂不可弓起。

④ 打字文稿放在键盘的左边，或用专用文稿夹夹在显示器旁边。打字时眼观文稿，身

体不要跟着倾斜，一开始时就不应该养成看键盘输入的习惯，视线应主要专注于文稿或屏幕，这样不仅可提高录入效率，而且眼睛也不易疲劳。

（2）击键方法。

① 按键介绍。每个手指负责固定的字符键区域，如图 1-28 所示。

图 1-28　手指键位分配图

计算机的标准键盘有 26 个英文字母键，其排列位置与英文字母的使用频率有关。使用频率最高的按键放在中间，使用频率较低的按键放在边上，这种排列方式是依据手指击键的灵活程度排出来的。食指、中指比小指和无名指的灵活度和力度高，故击键的速度也相应快一些，食指和中指所负责的字母键都是使用频率最高的。

② 键盘主要输入区的按键布局如图 1-29 所示，下面分别介绍各个功能键区的功能。

a. 字母键。总体来说，字母键分为上、中、下 3 挡，每档的右边还有符号键，详细介绍如下：

- 中行键：【A】【S】【D】【F】【G】【H】【J】【K】【L】【;】【'】
- 上行键：【Q】【W】【E】【R】【T】【Y】【U】【I】【O】【P】【[】【]】
- 下行键：【Z】【X】【C】【V】【B】【N】【M】【,】【.】【/】

图 1-29　键盘的主要输入区

此外，字母的大写和小写用同一个键，用换挡键【Shift】或大写锁定键【Caps Lock】进行切换。【Shift】键左右各有一个，用于字母的临时转换，用左右小指击键。字母键的右侧还有回车键【Enter】，在命令状态下用于命令的确认，在文档输入中用于换行、断行等。

b. 数字键。数字键位于字母键的上方一排，用于数字的输入。另外在输入汉字时，数字键还用于重码的选择。每个数字键都对应一个常用的符号键，其切换也是用换挡键【Shift】。

c. 辅键盘区。键盘的右侧还有一个数字小键盘，其中有 9 个数字键，排列紧凑，可用于数字的输入。在需要输入大量数字的情况下，如在财会的输入方面就要经常用到该数字键盘，另外，五笔字型中的五笔输入也采用了小键盘。当使用小键盘输入数字时应确保小键盘有效，【NumLock】键指示灯亮时代表其有效，否则为无效编辑状态。在编辑状态时，上、下、左、右方向键和【Home】键、【End】键用于光标的移动，【Page Up】键和【Page Down】键用于上下翻页等。

d. 符号键。字母键的右侧还有标点符号键，这些标点符号在英文输入状态下可输入英文标点。此外，标准键盘除了字母键和数字键外还有一些特殊键：左侧有【Tab】键和【Caps Lock】键；【Shift】键、【Ctrl】键和【Alt】键左右各有一个，这些键可以组合其他字母键实现多种功能。

e. 功能键。在键盘的右侧或上方有十几个功能键，其功能根据不同的软件和用户设定而不同。例如，一般情况下【F1】键多被设为帮助热键。

（3）按键分组。

① 基准键。基准键位于主键盘的第 3 行，共 8 个键，各手指所对应的键位如图 1-30 所示。图中标明，左手的食指、中指、无名指和小指依次分管【F】、【D】、【S】和【A】4 个键，食指同时兼管【G】键。右手的食指、中指、无名指和小指依次分管【J】、【K】、【L】和【；】4 个键，食指同时兼管【H】键。

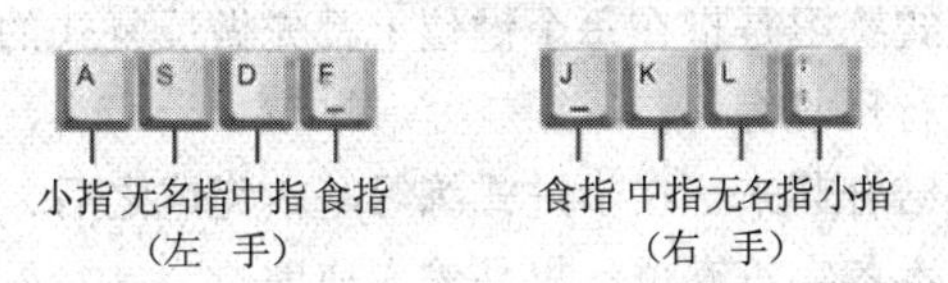

图 1-30　基准键与手指的关系图

② 指法分区。在基准键位的基础上，将主键盘上的键进行分区。凡与基准键在同一左斜线上的键属于同一区，都由同一个手指来管理，这样可使手指的移动距离缩短，操作的速度加快。

（4）指法要领。

正确地使用指法是提高击键速度的关键，掌握正确的指法，关键在于开始就要养成良好的习惯，这样才会事半功倍。

① 准备打字时除拇指外其余的 8 个手指分别放在基准键上。应注意【F】键和【J】键均有突起，两个食指定位其上，拇指放在空格键上，可依此实现盲打。

② 十指分工，包键到指，分工明确。

③ 任一手指击键后都应迅速返回基准键，这样才能熟悉各键位之间的实际距离，从而实现盲打。

④ 平时手指稍微弯曲拱起，手指稍斜垂直放在键盘上，指尖后的第一关节成弧形，轻放于键位中间，手腕要悬起不要压在键盘上。击键的力量来自手腕，尤其是小指，仅用手指的力量会影响击键的速度。

⑤ 击键要短促，有"弹性"，用手指头击键，不要将手指伸直来按键。

⑥ 击键速度应保持均衡，击键要有节奏，力求保持匀速，无论用哪个手指击键，该手

的其他手指也要一起提起上下活动，而另一只手的各指应放在基准键位上。

（5）一些主要键的击法如下所示。

① 空格键的击法：右手从基准键上抬起 1 ~ 2 cm，大拇指横向下一击。

② 回车键【Enter】的击法：需换行时，右手小指击一次【Enter】键。

③ 大写锁定键【Caps Lock】的击法：该键实质上是一个“开关键”，它只对英文字母起作用。当【Caps Lock】键指示灯灭时，单击字母键将输入小写字母，反之大写。

④ 换档键【Shift】的击法：主键盘左右两侧各有一个【Shift】键，该键要与其他键配合使用。键盘中有些键上标有两个字符，称为双字符键。当直接按双字符键时，输入的是标在下面的字符（也称下档字符），如果要输入双字符键上面的字符（也称上档字符）时，要按住【Shift】键不放，再按双字符键。另外，【Shift】键还可以临时转换字母的大小写输入，方法是：当键盘锁定在大写方式时，按住【Shift】键的同时按字母键就可以输入小写字母；当键盘锁定在小写方式时，按住【Shift】键的同时按字母键就可以输入大写字母。

⑤ 辅键盘（小键盘）的击法：右手食指击数字键【1】、【4】、【7】；右手中指击数字键【2】、【5】、【8】；右手无名指击数字键【3】、【6】、【9】。

⑥ 键盘操作练习。键盘练习方法一般有两种：步进式与重复式。

- 步进式练习。先练基准键位的击键方法，到一定时候再加入中指上下移动击键，然后加入食指左右、上下移动击键，再加无名指，进一步到各行多键位的练习。
- 重复式练习。重复式练习是指在每个键位上都先做反复式的练习，然后再全面出击，或对某一段文字进行反复练习。

还可以将这两种方法结合起来，在步进式练习基本完成之后，选择一些英文短文，进行反复练习，从而进一步熟悉各字符键位，提高输入速度。

在练习时，要眼、脑、手和谐，做到准确敏捷，到最后能形成条件反射。

（6）主键盘和小键盘的用法。

① 进行指法训练时，首先要启动写字板。

② 单击任务栏上的“开始”按钮，选择“所有程序”|“附件”|“写字板”命令，打开“写字板”窗口，如图 1-31 所示。

③ 按照图 1-32 所示的效果进行练习。练习分 3 种，每一种练习最少 5 次。按照下面的练习 1 ~ 练习 3 分别进行。

a. 练习 1：熟悉主键盘和小键盘的用法（最少各 5 次）。

- 【Caps Lock】键：先录入 26 个小写字母，再依次录入 26 个大写字母。

a b c d e f g h i j k l m n o p q r s t u v w x y z A
B C D E F G H I J K L M N O P Q R S T U V W X Y Z

- 【Shift】键：录入如下字符。

~ ! @ # $ % ^ &* ( ) – + < > ? “ :

- 【Num Lock】键：用右边小键盘录入如下数字。

0 1 2 3 4 5 6 7 8 9 9 9 9 9 9 9 9

再用【Backspace】键将多余的 9 删除。

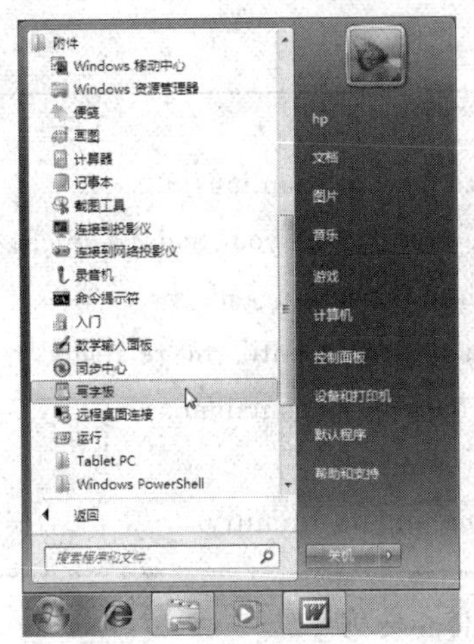

图 1-31　选择“写字板”命令

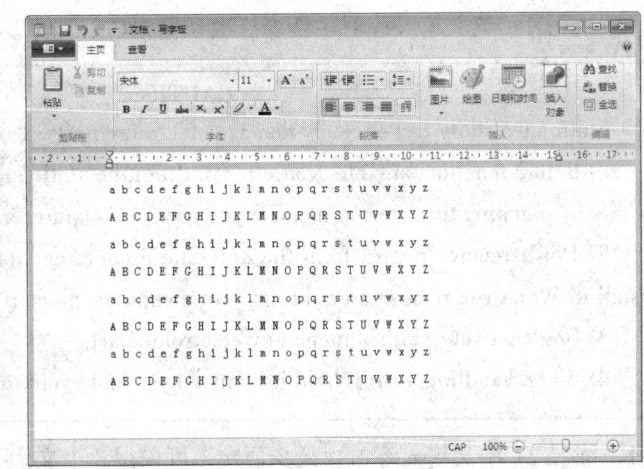

图 1-32　“写字板”窗口

b. 练习 2：熟悉基准键指法练习（本练习重复 5 次，初学者要求眼睛观察屏幕，而不是紧盯键盘）。

ffff　jjjj　dddd　kkkk　ssss　llll　aaaa　;;;;
;;;;　llll　kkkk　jjjj　ffff　dddd　ssss　aaaa
aaaa　ssss　dddd　ffff　jjjj　kkkk　llll　;;;;
assk　assk　assk　assk　asdf　asdf　asdf　asdf
dada　dada　kjkj　kjkj　fall　fall　kjlo　kjlo
ljad　ljad　lkas　lkas　lass　lass　jkfd　jkfd

c. 练习 3：其他字符键输入练习（本练习重复 5 次）。

ded　ded　kik　kik　fde　fde　ill　ill　sall　sall（【E】、【I】键练习）
kill　kill　laks　laks　sell　sell　deal　deal　said
fgf　jhj　had　had　half　half　glad　glad　high　high（【G】、【H】键练习）
ghios　gioh　iouiu giuop giio hiii　edge　edge　shall　shall
ftfrt　ftry　ftrhi frytj　ftrjui frtru　fyru ally lllay llauy（【R】、【T】、【U】、【Y】键练习）
star　star　shut shut　shut　stay stay　dark　dark　falt　falt
full　full　fury　fury　jury　juryu　jury　year　year　year　dusk　dusk
sws　sws　sws　lol　lol　;p;p　;p ;p　;p;p　aqa　aqa　will　will（【W】、【Q】、【O】、【P】键练习）
pass　pass　quit quit　swell　swell　swell　equal equal　equall
told　told　world　world　hold hold　wait　wait
fvf　fvf　fbf　fbf　jmj　jmj　bank　bank　milk　milk（【V】、【B】、【N】、【M】键练习）
moves　moves　build　build　gives gives　beg　beg
dcd　dcd　sxs　sxs　aza　aza　car　car　six　six（【C】、【X】、【Z】键练习）
size　size　exit　exit　cold　cold　fox　fox　act　act
；？；　；？；（－）（－）><>　<><　<=?　<=?　>+　>+（【Shift】键练习）

（7）中、英文打字练习。

单击任务栏上的“开始”按钮，选择“所有程序”|“附件”|“写字板”命令，启动“写字板”应用程序。

a. 练习 1：英文输入练习，最少 3 次，输入内容如下。

CAUTION ！

Static electricity can severely damage electronic parts. Take these precautions:

1) Before touching any electronic parts, drain the static electricity from your body. You can do this by touching the internal metal frame of your computer while it's unplugged.

2) Don't remove a card from the anti-static container it shipped in until you're ready to install it. When you remove a card from your computer, place it back in its container.

3) Don't let your clothes touch any electronic parts.

4) When handling a card, hold it by its edges, and avoid touching its circuitry.

b. 练习 2：中文输入练习，最少两次（可采用“中文(简体)–搜狗拼音输入法”）。

进入写字板，单击任务栏右侧的“输入法指示器”按钮，打开输入法菜单，选择“中文(简体)–搜狗拼音输入法”即可，如图 1–33 所示（文本中若遇到英文字母或单词时，最快的方法是按【Ctrl+Space】组合键进行切换），输入内容如下。

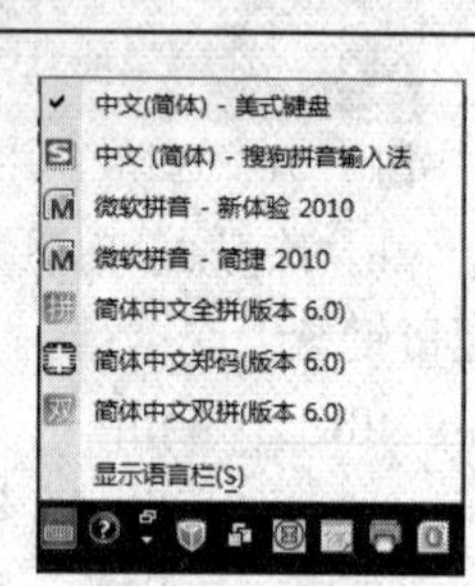

图 1–33` 输入法

Internet/Intranet 网络框架上的关键应用系统

（1）进入核心业务操作的 Intranet：从角色到企业信息系统

虽然在网络上开展储运业务不如网络银行那么吸引人，然而它却为跨地区企业的业务系统提供了一种同样的模式，即处于总部办公大楼以外的分支机构、客户和供应商在整个业务流程中占据不同的角色，只有基于 Intranet 框架上的业务系统才有可能把所有这些角色迅速纳入企业信息系统中，从而提高效率，进行所谓的业务流程和供应链重整。

（2）进入关键管理环节的 Intranet：从内部邮件传递到基于消息系统的管理流程控制

在 Intranet 框架上，定向的消息传递可以实现企业对关键管理环节的全过程控制，特别是消息传递，它不是部门对部门，而是个人对个人，把每一个重要的工作环节责任落实到具体的个人，把重要的指标控制落实到经营过程而不是结果，这种意义上的协同工作将在减少企业管理层次的同时增强企业对关键环节的控制能力。

（3）进入知识管理的 Intranet：从统计报表到 Web 上的 OLAP

通过基于 Intranet 的网络框架，企业可以充分利用业务系统中未经“人为加工”的原始数据资源，形成数据仓库，并在此基础上通过数据挖掘、分析统计和预测，为各个层次的决策人员提供决策支持，把实际上一直存在的大量业务数据资源转化为真正的“知识”。

操作技巧

Windows 7 设置默认输入法的技巧

下面以 Windows 7 系统为例，介绍怎么设置默认输入法。要为每一个用户设定同样的语言和输入法，设置后不但可以为当前已存在的用户使用，同时新增加用户后，也将会使用同样的语言和输入法。设置方法如下。

（1）首先进入 Windows 7 控制面板，在“开始”菜单里选择“控制面板”选项，也可以在“计算机”里找到“控制面板”。

（2）打开计算机的“控制面板”窗口，如图 1-34 所示。

图 1-34 “控制面板”窗口

（3）单击“时钟、语言和区域”下的“更改键盘或其他输入法”链接，打开“区域和语言”对话框，如图 1-35 所示。

（4）在“区域和语言”对话框中，单击“键盘和语言”选项卡，然后单击“更改键盘”按钮，打开“文本服务和输入语言”对话框，在其中可添加用户习惯的输入法，设置完成后单击“确定”按钮，如图 1-36 所示。

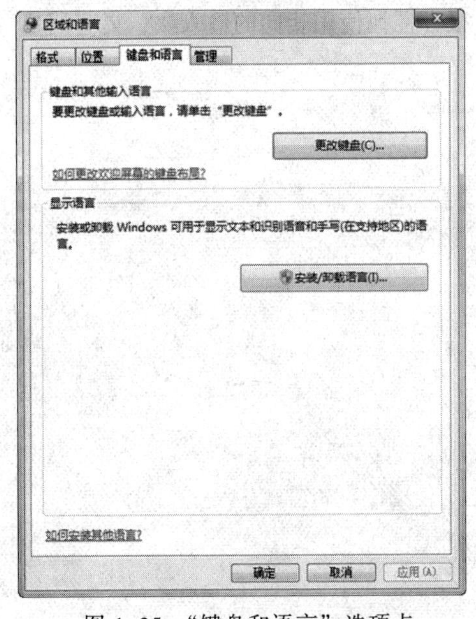

图 1-35 “键盘和语言”选项卡

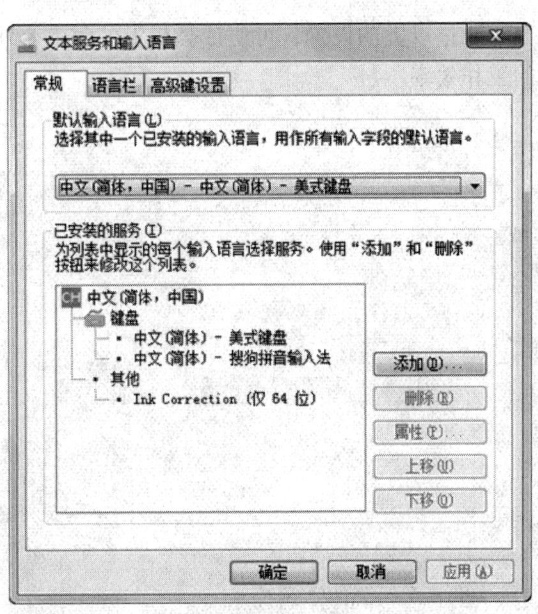

图 1-36 “文本服务和输入语言”对话框

（5）返回到“区域和语言”对话框，切换到“管理”选项卡，单击“欢迎屏幕和新用户

帐户”区域内的“复制设置”按钮，如图 1-37 所示。

（6）打开“欢迎屏幕和新的用户帐户设置”对话框，在“将当前设置复制到:”区域下，选中“欢迎屏幕和系统帐户”及“新建用户帐户”复选框，然后单击“确定”按钮关闭对话框，如图 1-38 所示。

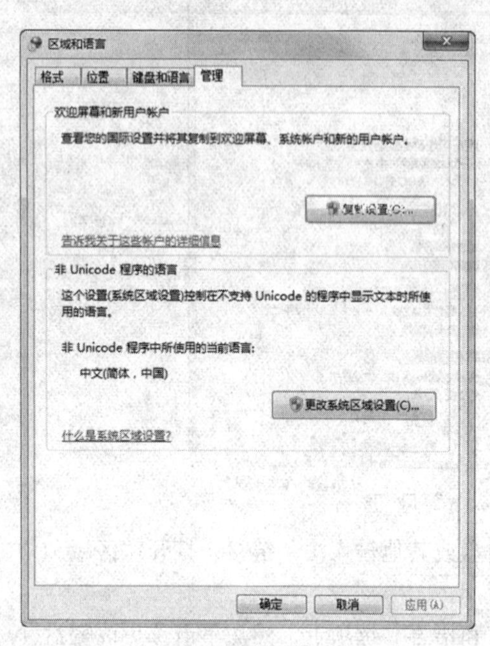

图 1-37 “区域和语言”对话框的“管理”选项卡

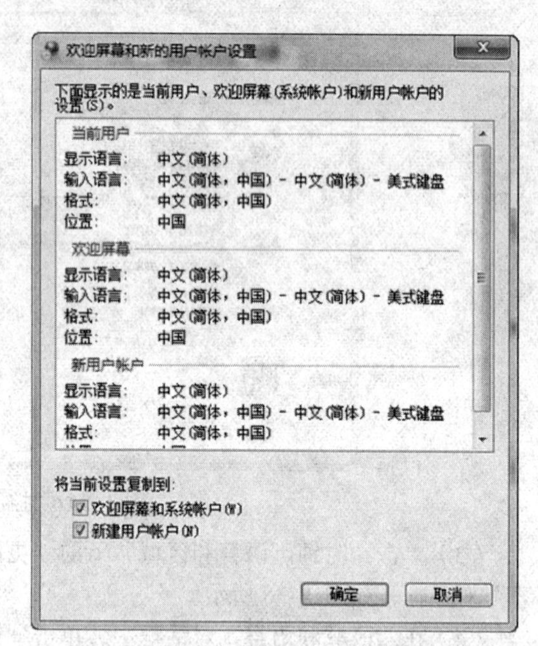

图 1-38 “欢迎屏幕和新的用户帐户设置”对话框

通过以上的设置，可使计算机上的每一个用户，很方便地使用相同的输入法，提高用户的工作效率。

第2章 计算机的组装及基本设置

计算机在各行各业中都有着广泛的应用，应用领域的不同，使用的计算机也不尽相同。个人计算机有着最为广泛的用户群。个人计算机也被称为微型计算机，能很快地处理数据，普遍用于小型企业、学校和家庭。

实训1　微型计算机的组装

随着技术的进步，计算机组件的体积大幅度缩小，使得个人计算机的成本越来越低；计算机各功能部件的模块化设计，也使得个人计算机更易于组装。本实训将练习识别组成个人计算机的各功能部件，并将其组装成一台个人计算机。

实训目标

本实训将组装一台个人计算机。在实训过程中，期望学习者掌握以下操作技能。

- 组装前的准备工作。
- 识别个人计算机的各功能部件。
- 个人计算机各功能部件的组装。

在准备组装个人计算机前，需要准备好主板、CPU、内存、硬盘、键盘、鼠标、显示器、显卡、光驱、机箱及电源等个人计算机硬件。

实训步骤

（1）除了用于组装的计算机配件外，还需准备好组装所需的工具及必要的物品，如：螺丝刀、尖嘴钳、镊子及导热硅脂等，如图2-1所示。

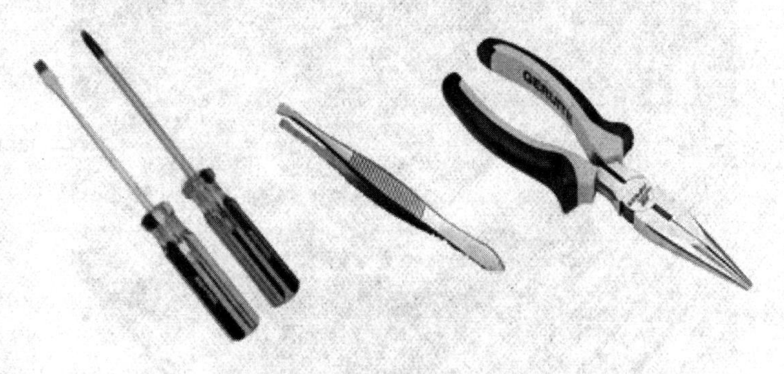

图2-1　组装所需的工具

（2）从包装盒内取出主板，平放在工作台上，如图 2-2 所示。主板下垫一层胶垫，避免在安装时损坏主板。

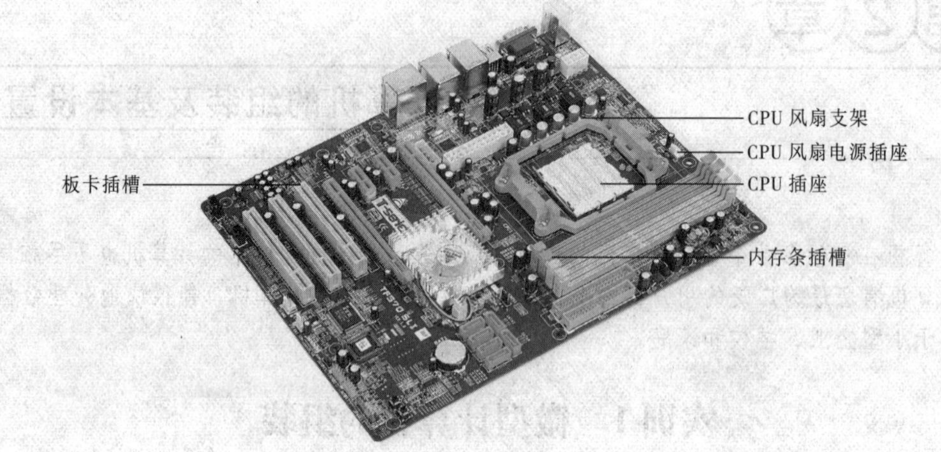

图 2-2　主板

（3）从包装盒中取出 CPU，如图 2-3 所示。

图 2-3　CPU

（4）将 CPU 插入主板上的 CPU 插座。将 CPU 插座旁的手柄轻轻向外掰开，同时抬起手柄，CPU 插座会有轻微侧移，表明可以插入 CPU 了；在插入 CPU 时，须将 CPU 上针脚有缺针的部位对准插座上的缺口才能插入，然后将手柄压下。完成后如图 2-4 所示。

图 2-4　安装后的 CPU

（5）取出 CPU 风扇，如图 2–5 所示。

（6）在 CPU 背面涂上导热硅脂，然后将风扇安装在风扇支架上，使之紧贴 CPU，如图 2–6 所示。

图 2–5　CPU 风扇

图 2–6　安装 CPU 风扇

将 CPU 风扇上的电源线插头插入主板上 CPU 附近的风扇电源插座上。

（7）取出内存两条，如图 2–7 所示。

（8）将内存条插入主板上的内存条插槽。安装内存条时，先将内存条插槽两端的卡子向两侧掰开，再将内存条针脚处的凹槽（缺口）直线对准内存条插槽上的凸起（隔断），然后用力按下内存条。按下后，内存条插槽两端的卡子恢复原位，说明内存条安装到位，效果如图 2–8 所示。

图 2–7　内存条

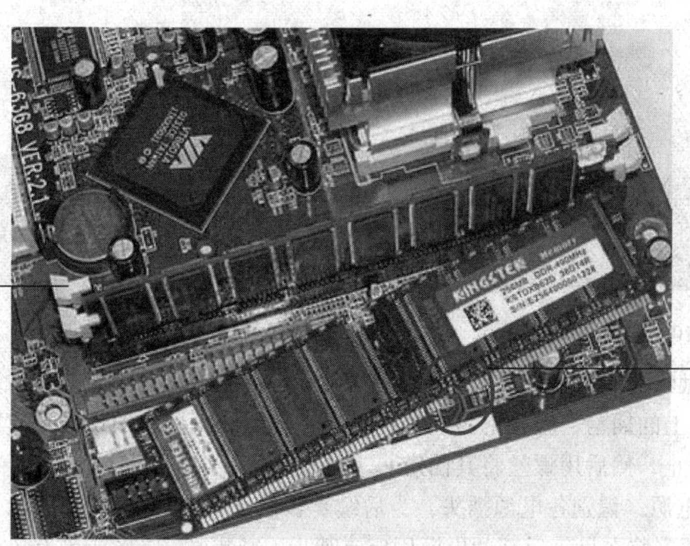

图 2–8　安装内存条

（9）取出机箱，打开机箱侧盖，如图 2-9 所示。

图 2-9　机箱

（10）取出光盘驱动器，如图 2-10 所示。

（11）将光盘驱动器安装在机箱 5 英寸支架上合适的位置。安装时，先将机箱前面光驱位置的前挡板取下，再将光驱正面向前，接口端向机箱内，从机箱前面滑入机箱内部；前后滑动调整光驱的位置，使光驱侧面螺丝孔对准支架上的螺丝孔，然后分别在机箱两侧拧上螺丝，固定光驱。

（12）取出硬盘驱动器，如图 2-11 所示。

图 2-10　光盘驱动器

图 2-11　硬盘驱动器

（13）将硬盘驱动器安装在机箱 3 英寸支架上合适的位置。安装时，硬盘正面朝上，对准 3 英寸固定支架上的插槽，轻轻地将硬盘往里推，直到硬盘侧面的螺丝孔与固定支架上的螺丝孔位置合适为止，然后用螺丝将其固定。

（14）取出电源，识别各电源插头，为后续步骤做准备，如图 2-12 所示。

（15）将电源安装在机箱后部的电源固定支架上。安装时，将电源带有风扇的那一面向外放入机箱，并将电源上的螺丝孔对准机箱上电源支架的螺丝孔，然后用螺丝将其固定。

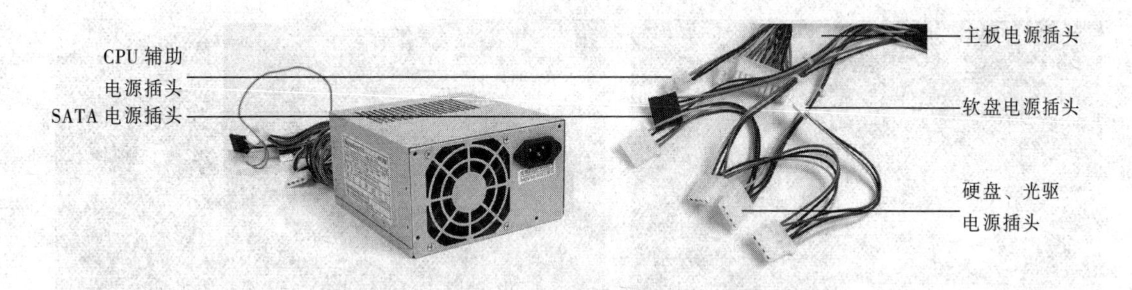

图 2-12　个人计算机电源设备

（16）将前面安装好 CPU 和内存条的主板安装在机箱内固定主板的支架底板上。安装时，先将机箱中提供的主板垫脚螺母（铜柱）和塑料钉拧到支架底板的螺丝孔中；再将机箱上与主板 I/O 接口位置对应的挡板拆除，将主板放入机箱；使主板上的螺丝孔与垫脚螺母（铜柱）对齐，用螺丝将主板固定到机箱上。

（17）取出显卡，如图 2-13 所示。

（18）先将机箱后面与 PCI-E 插槽对应的金属条取下，将显卡插入主板的 PCI-E 插槽中，用螺丝将显示卡固定在机箱后部的挡板上，如图 2-14 所示。声卡安装方法与此相同，不再赘述。

图 2-13　显卡

图 2-14　安装显卡

（19）将电源设备的电源线及 CPU 辅助电源线连至主板上。首先，找到主板上的电源插座和 CPU 辅助电源插座，如图 2-15 所示。其次在电源上找到电源供电插头，并将电源供电插头插入主板电源插座，如图 2-16 所示。再在电源上找到 CPU 辅助供电插头，并将插头插入 CPU 供电插座，如图 2-17 所示。

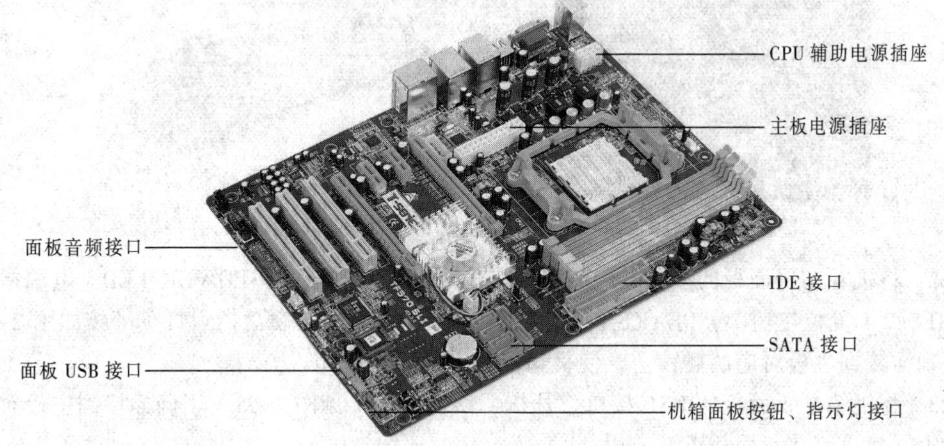

图 2-15　主板上的电源插座

图 2-16　电源供电插头插入主板电源插座　　　　图 2-17　CPU 辅助供电接口

（20）连接硬盘的电源线和数据线。使用 SATA 数据线连接硬盘与主板的 SATA 数据接口，然后将电源上的 SATA 硬盘供电接口插入硬盘插座，如图 2-18 所示。

图 2-18　连接硬盘的电源线和数据线

（21）连接光盘驱动器的电源线和数据线。使用 IDE 数据线连接光盘驱动器与主板的 IDE 数据接口，然后将电源上的光盘驱动器供电接口插入，如图 2-19 所示。

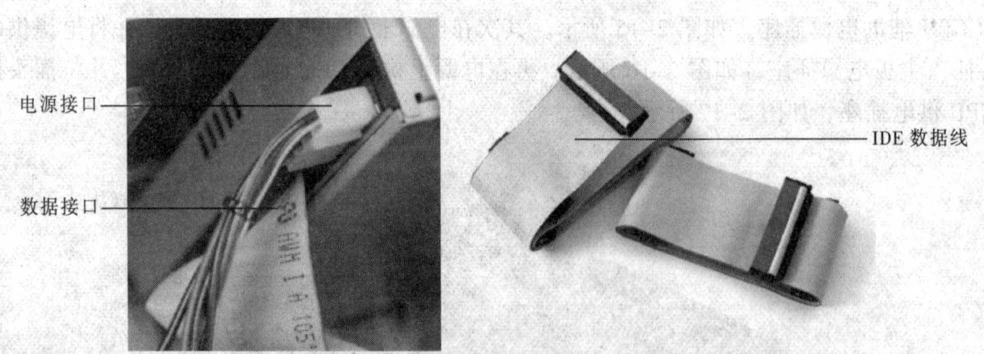

图 2-19　连接光盘驱动器的电源线和数据线

（22）将机箱前置面板的接线，包括 POWER SW（电源按钮）、POWER LED（电源指示灯）、RESET（复位按钮）、SPEAKER（蜂鸣器）及 HDD LED（硬盘指示灯）等按如图 2-20 所示正确插接到主板对应的插针上，使机箱前置面板正常应用。

（23）将机箱前置面板的 USB 接口、耳机、话筒插孔（见图 2-21）正确插接到主板对应的插针上，使机箱前置面板正常应用。

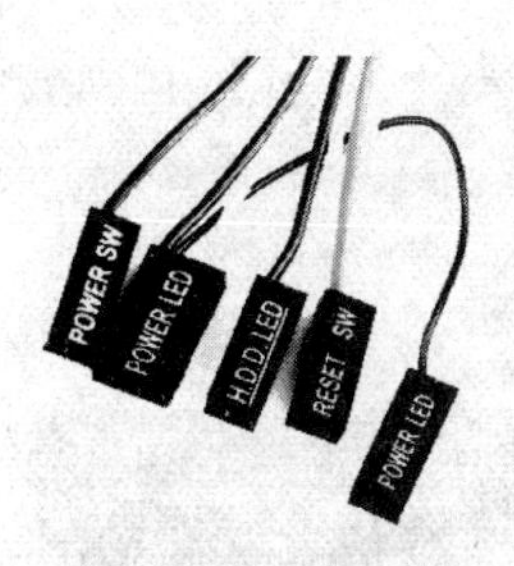

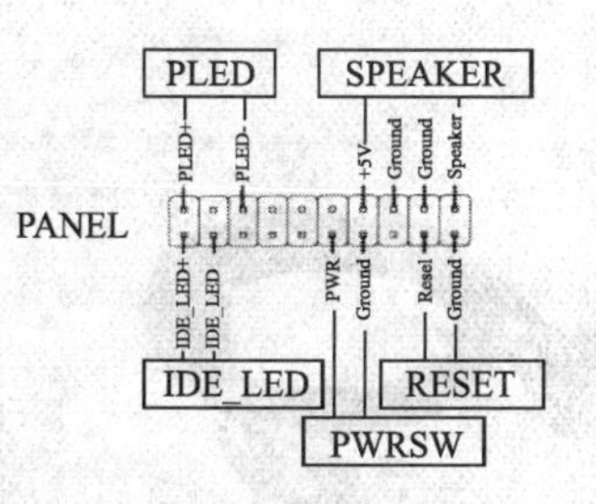

图 2-20　机箱前置面板接线的连接

图 2-21　机箱面板上的 USB 接口、音频插头等

（24）关闭机箱侧盖。机箱后部如图 2-22 所示。

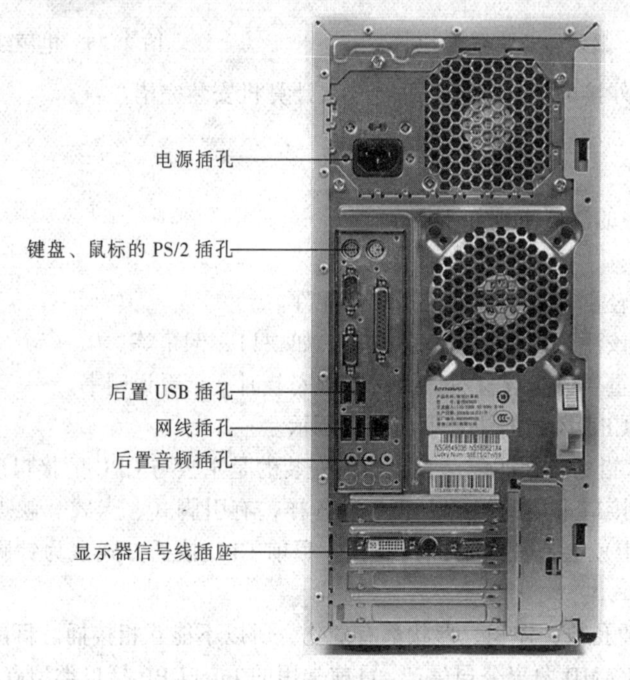

图 2-22　机箱后部

（25）将外置设备：键盘、鼠标（见图 2-23）连接至主机后板。

图 2-23　键盘、鼠标

（26）用信号线将显示器（见图 2-24）与主机后板的显卡接口连接。

（27）将电源线（见图 2-25）接上主机后部的电源插孔。

图 2-24　显示器及信号线

图 2-25　电源线

（28）为主机、显示器接上外接电源。至此，一台个人计算机安装完毕。

实训提示

（1）组装个人计算机过程中的注意事项如下所示。

① 清除组装者身上的静电。

② 组装过程中，各配件要轻拿轻放，严禁粗暴装卸配件。

③ 各配件进行连接时，应该注意插头、插座的方向，如缺口、倒角等。

④ 说明书是组装过程中最重要的指导材料，无法继续安装时，参看说明书。

（2）在主板上安装 CPU 和 CPU 风扇的注意事项如下所示。

① 主板与 CPU 的各项技术指标必须匹配。直接影响安装的是主板与 CPU 的接口。

- 经过多年的发展，CPU 接口采用的接插方式各种各样，有引脚式、卡式、触点式、针脚式等，对应到主板上就会有相应的插槽类型。目前 CPU 接插方式多为针脚式和触点式。
- CPU 接口类型不同，在插孔数、体积、形状都有变化，所以不能互相接插。目前流行使用的 CPU 多由 Intel 和 AMD 两家公司生产。目前常用的 Intel CPU 接口类型有：LGA 1155、LGA 1156、LGA1366、Socket 775 等。常用 AMD CPU 接口有：Socket AM3、Socket-AM3、Socket AM2+、Socket AM2 等。

② CPU 风扇与 CPU 必须匹配。由于 CPU 接口类型不同，其针脚数也会不同、主板上 CPU 插槽也不同，使其散热片面积不同，而且安装位置也有区别。

（3）在主板上安装内存条的注意事项如下所示。

内存条与 CPU、主板的各项技术指标必须匹配。还须注意内存条的接口类型与主板的内存条插槽是否一致。目前常用内存条类型有：SDRAM、DDR SDRAM、DDR2 SDRAM，其接口均采用 DIMM 方式：

- SDRAM DIMM 为 168Pin DIMM 结构，有两个卡口。
- DDR DIMM 为 184Pin DIMM 结构，有一个卡口。
- DDR2 DIMM 为 240Pin DIMM 结构，有一个卡口，但卡口位置与 DDR DIMM 稍有不同。

（4）在主板上安装显示卡的注意事项如下所示。

① 主板和显卡之间需要交换的数据量很大，通常主板上都带有专门插显卡的插槽。显

卡接口发展至今主要出现过 ISA、PCI、AGP、PCI Express 等几种，所能提供的数据带宽依次增加。目前常用显卡一般是 AGP 和 PCI-E 接口。主板上的板卡插槽如图 2-26 所示。

图 2-26　主板上的板卡插槽

② 内存条与 CPU、主板的各项技术指标必须匹配。还须注意内存条的接口类型与主板的内存条插槽是否一致。目前常用内存条类型有：SDRAM（Synchronous DRAM）、DDR SDRAM（Dual Date Rate SDRSM）、DDR2 SDRAM（Dual Date Rate SDRSM 2），其接口均采用 DIMM（Dual Inline Memory Module）方式：

- SDRAM DIMM 为 168Pin DIMM 结构，有两个凹槽。
- DDR DIMM 为 184Pin DIMM 结构，有一个凹槽。
- DDR2 DIMM 为 240Pin DIMM 结构，有一个凹槽，但凹槽位置与 DDR DIMM 稍有不同。

（5）硬盘、光驱数据线的连接：硬盘接口分为 IDE、SATA、SCSI 和光纤通道 4 种。个人计算机上常用的是 IDE、SATA 两种接口，光盘驱动器也是用这两种接口，如图 2-27 所示。

图 2-27　IDE、SATA 两种接口

（6）个人计算机上常用键盘、鼠标所用接口有 PS/2 接口、USB 接口，还有无线鼠标、键盘。

- PS/2 接口：一种鼠标和键盘专用的，6 针的圆型接口，俗称“小口”。在连接 PS/2 接口的鼠标、键盘时，不能接混。符合 PC99 规范的主板，其鼠标的 PS/2 接口为绿色、键盘的 PS/2 接口为紫色。PS/2 接口设备不支持热插拔，切勿强行带电插拔！
- USB 接口：键盘、鼠标通过 USB 接口，直接插在计算机的 USB 口上。USB 接口的优点是数据传输率较高，能够满足键盘，特别是鼠标在刷新率和分辨率方面的要求，而且支持热插拔。

操作技巧

（1）主板集成了各类板卡。

随着技术的进步，现在的多数主板集成了显卡、声卡、网卡等设备。主板上这些集成的设备能够满足日常应用中的绝大多数需要。因此，明确购置计算机的用途之后，避免这些集成设备的重复购置，既可降低组装计算机的复杂程度，也可节省购置费用。

（2）防呆设计。

计算机的各种配件和各类连线都采用了防呆设计。比如 CPU 上的“金三角”，内存条上的“缺口”，对应在主板 CPU 插座上的“金三角”，内存条插槽上的“凸起”等。这类防呆设计避免在安装过程中出现错误，所以在无法顺利接插时，切勿使用蛮力。

实训 2　显示器的设置

长时间看计算机显示器，会使眼睛疲劳，出现视力模糊、视力下降等现象。合理的设置显示器会有效缓解这些负面影响。显示器的设置包括显示器设备本身的设置和操作系统的显示设置两个方面。本实训主要侧重通过 Windows 7 操作系统对显示器进行设置。

实训目标

本实训以 Windows 7 系统中，用户对计算机显示器进行设置为例，介绍显示器设置技巧。在本实训设置显示器过程中，期望学习者掌握以下操作技巧。

- 设置显示器各选项。
- 显示器个性化设置。

实训步骤

（1）设置显示器分辨率。

（2）设置显示器刷新频率和颜色。

（3）设置显示器亮度。

（4）设置字体显示大小。

（5）个性化设置。

实训提示

（1）设置显示器分辨率。

① 在桌面空白处右击，弹出快捷菜单，如图 2-28 所示。

② 在快捷菜单上选择“屏幕分辨率”命令，弹出“屏幕分辨率”窗口，如图 2-29 所示。

③ 在“屏幕分辨率”窗口的“分辨率”下拉列表中选择合适的分辨率，然后单击“确定”按钮。如果个人计算机连接了多台显示器，则需在“显示器”下拉列表中选择要设置的显示器，然后再设置分辨率。

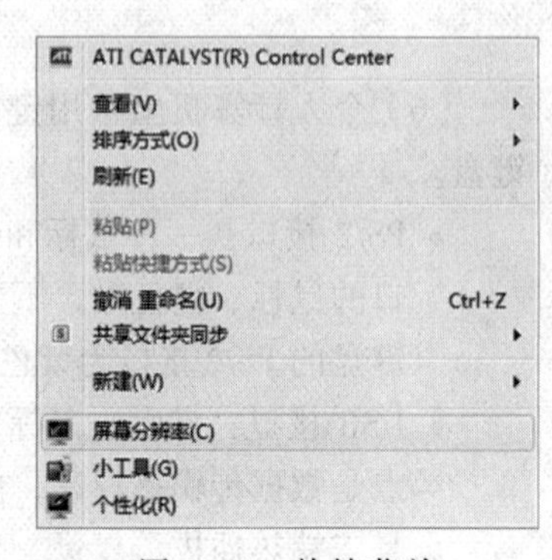

图 2-28　快捷菜单

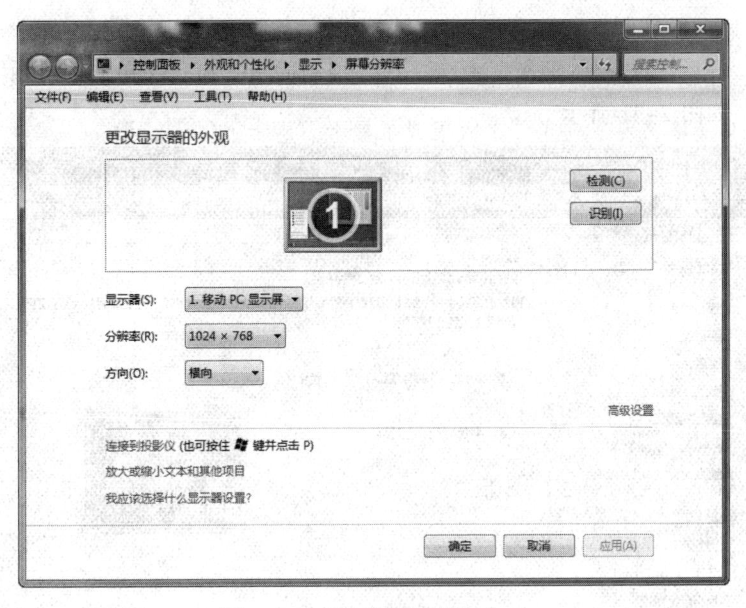

图 2-29 “屏幕分辨率”窗口

（2）设置显示器刷新频率和颜色。

① 在图 2-29 所示的“屏幕分辨率”窗口中，单击“高级设置”链接，弹出“通用即插即用监视器和 ATI Mobility Radeon X 1300 属性”对话框，切换到“监视器”选项卡，如图 2-30 所示。

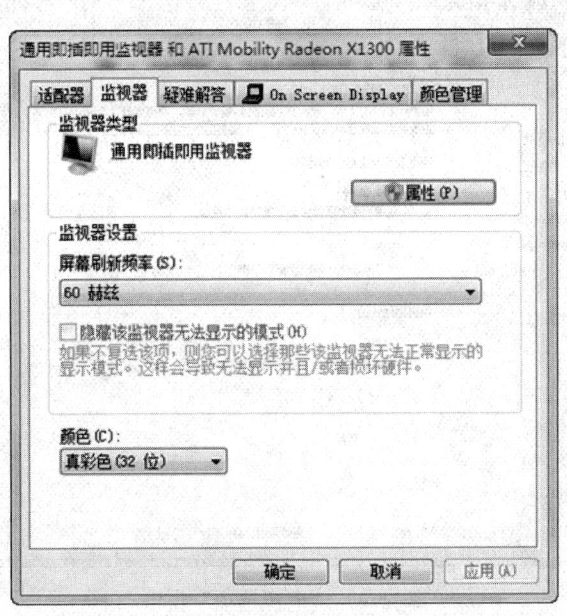

图 2-30 “通用即插即用监视器和 ATI Mobility Radeon X 1300 属性”对话框的“监视器”选项卡

② 在“屏幕刷新频率”下拉列表中选择合适的刷新频率，在“颜色”下拉列表中选择合适的颜色位数，然后单击“确定”按钮。

（3）设置显示器亮度。

① 选择“开始”|“控制面板”命令，在“控制面板”窗口中单击“显示”图标，打开“显示”窗口，如图 2-31 所示。

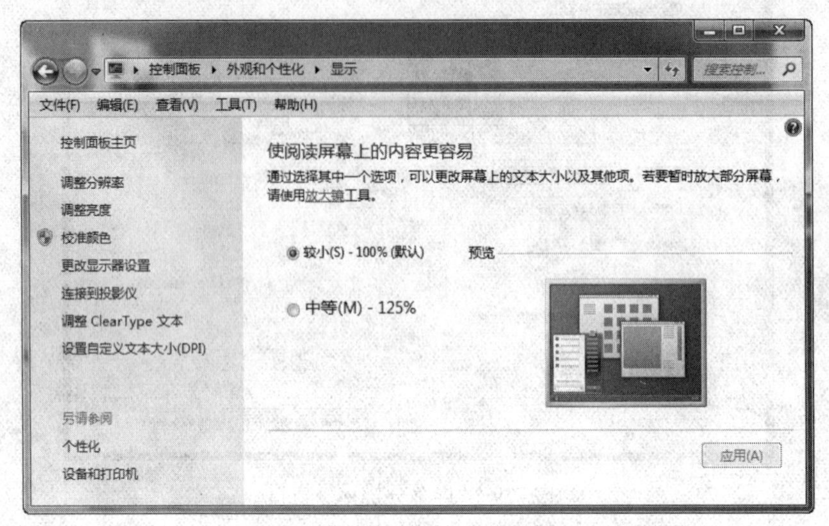

图 2-31 “显示”窗口

② 单击“显示”窗口左侧“调整亮度”选项，弹出“电源选项”窗口，如图 2-32 所示。

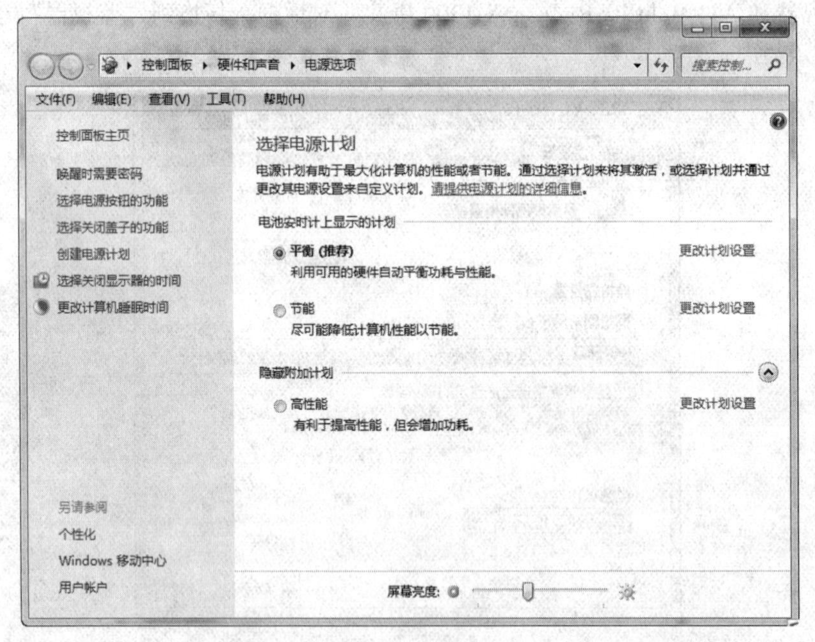

图 2-32 “电源选项”窗口

③ 拖动“电源选项”窗口底部“屏幕亮度”滑块，即可设置显示器亮度。

（4）设置字体显示大小。

① 在图 2-31 所示的“显示”窗口中可选择屏幕上文本的大小，如“中等（M）-125%”，选择完毕后，单击“应用”按钮。

② 如需精确屏幕上文本的大小，可单击“显示”窗口左侧“设置自定义文本大小”选项，打开“自定义 DPI 设置”对话框，如图 2-33 所示。

③ 在“自定义 DPI 设置”对话框的“百分比”下拉列表中，选择合适的比例，然后单击“确定”按钮。

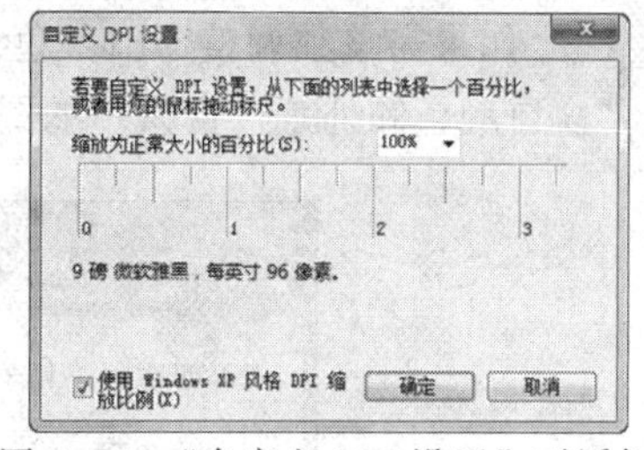

图 2-33 “自定义 DPI 设置”对话框

（5）个性化设置。

① 在桌面上右击，弹出快捷菜单。在快捷菜单上选择“个性化”命令，弹出“个性化”窗口，如图 2-34 所示。

图 2-34 “个性化”窗口

② 在“个性化”窗口中选择自己喜爱的主题，则可将 Windows 的桌面、窗口、任务栏等界面元素调整为自己喜爱的样式。

③ 如果需单独调整桌面背景，则可单击“个性化”窗口底部的“桌面背景”选项，弹出“桌面背景”窗口，如图 2-35 所示。

图 2-35 “桌面背景”窗口

④ 在“桌面背景”窗口中选择喜爱的桌面背景后，单击“保存修改”按钮。

⑤ 如果需单独调整窗口颜色，则可单击“个性化”窗口底部的“窗口颜色”选项，弹出“窗口颜色和外观”窗口，如图 2-36 所示。

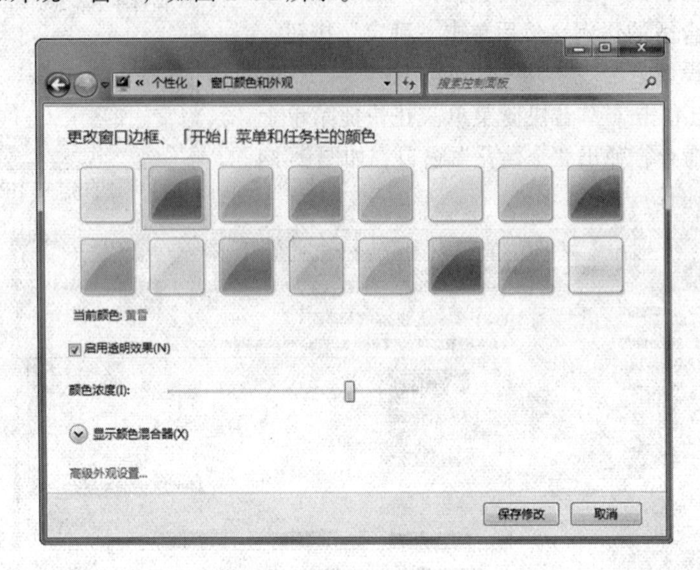

图 2-36 “窗口颜色和外观”窗口

⑥ 在“窗口颜色和外观”窗口中选择喜爱的窗口颜色，调整好颜色浓度，单击“保存修改”按钮。

⑦ 如果需调整系统运行过程中的提示声音，则可单击“个性化”窗口底部的“声音”选项，弹出“声音”对话框，并打开“声音”选项卡，如图 2-37 所示。

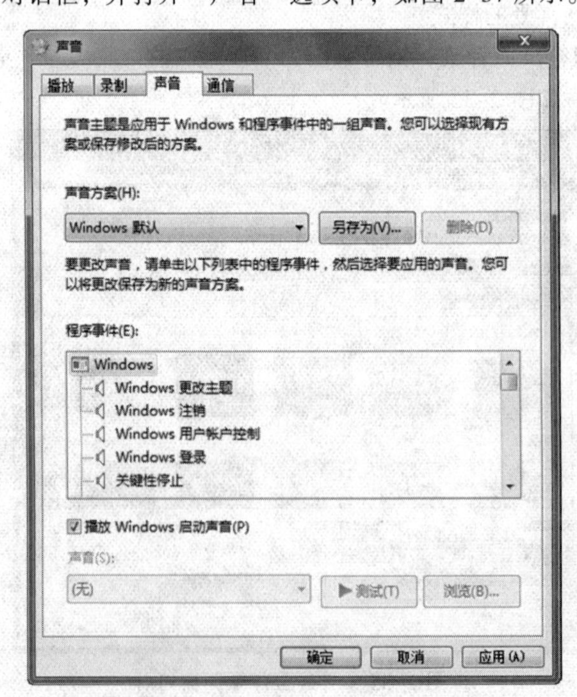

图 2-37 “声音”对话框中的“声音”选项卡

⑧ 在“声音”对话框的“声音”选项卡中，打开“声音方案”下拉列表，选择喜爱的声音方案，单击“确定”按钮。

操作技巧

（1）快捷的操作方法。

在桌面上右击，通过弹出的快捷菜单进行显示设置是较为常用的方法。这种操作方法快捷、便利。通过操作控制面板中的“显示”选项进行设置，步骤较为烦琐。

（2）显示器的长宽比。

显示器的长宽比有 16:9、16:10、4:3 等几种，不同的长宽比的显示器显示的横向像素和纵向像素不同。在调整显示器分辨率时，须根据显示器的长宽比选择相应比例的分辨率。

（3）液晶显示器屏幕刷新频率。

对于 CRT 显示器而言，屏幕刷新频率越高，画面越不闪烁，对眼睛伤害越小。对于液晶显示器而言，屏幕刷新频率指标并不重要。

（4）一般的色彩设置。

目前，一般显卡、显示器的性能较好，基本上都能达到 32 位真色彩，所以显示器的色彩都设置为 32 位真色彩。

（5）用户自己的图片和声音。

在个性化设置中，也可将非 Windows 自带的图片、声音设置为桌面背景、提示音等，学习者可执行设置。

实训 3　打印机的设置

在目前普遍使用的个人计算机中，很多都安装了打印机，以便在必要时将一些文件以书面的形式输出，如家庭打印喜爱的照片、办公时打印必要的文档等。为了使打印机更好的工作，提高打印质量和打印速度，需要对打印机进行设置，为工作、学习和生活提供方便。

实训目标

本实训以 Windows 7 系统中，用户在本地计算机安装打印机为例，对其进行设置。在本实训设置打印机过程中，期望学习者掌握以下操作技巧。

- 设置打印机各选项。
- 为打印机更新驱动程序。
- 测试设置。

实训步骤

（1）将打印机设置为默认打印机。

（2）添加打印机颜色配置文件。

（3）更新打印机驱动程序。

（4）设置打印首选项。

（5）打印测试页。

实训提示

（1）将打印机设置为默认打印机。

① 选择“开始”|“控制面板”选项，在“控制面板”窗口中单击“设备和打印机”选项，打开“设备和打印机”窗口，如图 2–38 所示。

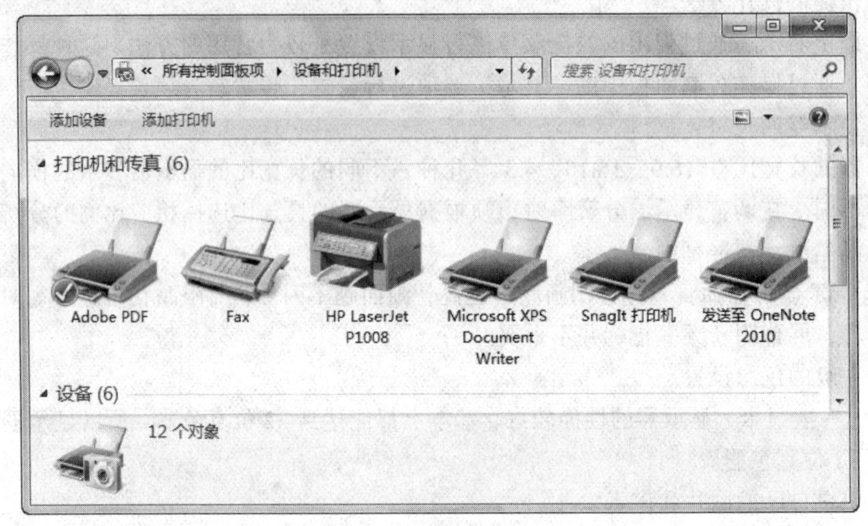

图 2–38 “设备和打印机”窗口

② 选中需要设置的打印机后右击，选择快捷菜单中的“设置为默认打印机”命令，即将选中的打印机设为打印任务默认使用的打印机，如图 2–39 所示。

图 2–39 设置为默认打印机

（2）添加打印机关联颜色配置文件。

① 选择“开始”|“控制面板”选项，在“控制面板”窗口中单击“设备和打印机”选项，打开“设备和打印机”窗口，如图 2–38 所示。

② 选中需要设置的打印机后右击，选择快捷菜单中的“打印机属性”命令，打开打印机属性对话框，选择“颜色管理”选项卡，如图 2–40 所示。

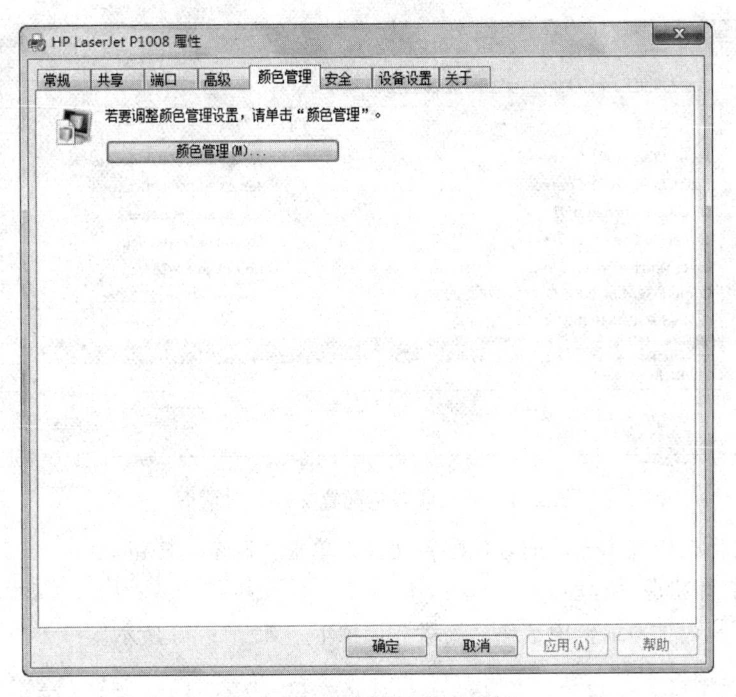

图 2-40　打印机属性对话框

③ 单击“颜色管理”按钮，弹出“颜色管理”对话框。在其“设备”选项卡中的“设备”下拉列表中选中要设置的打印机，如图 2-41 所示。

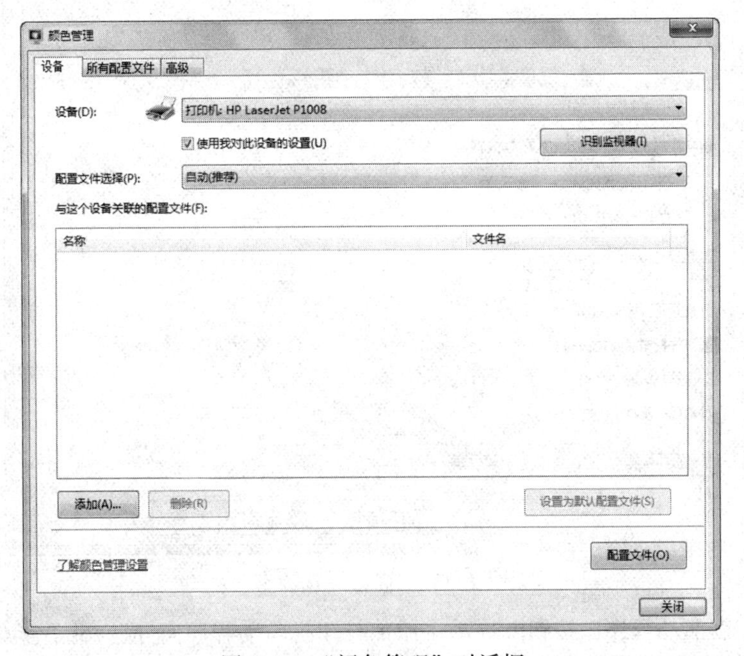

图 2-41　“颜色管理”对话框

④ 单击“添加”按钮，弹出“关联颜色配置文件”对话框，如图 2-42 所示。

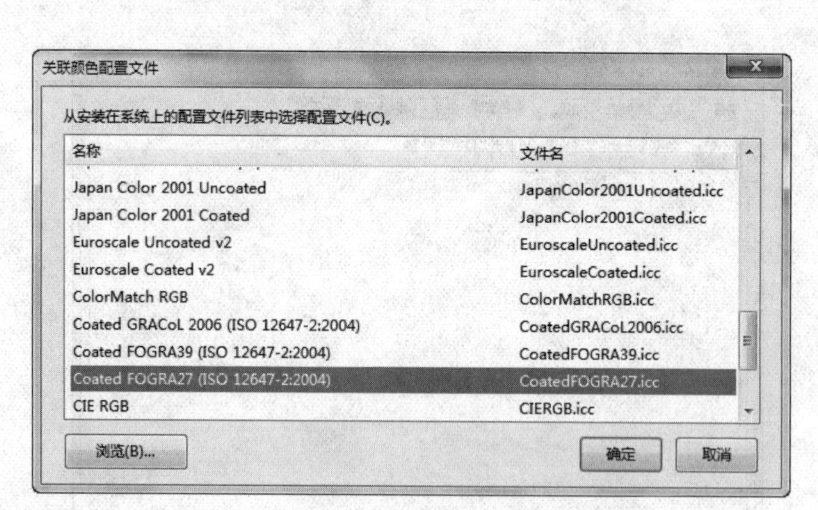

图 2-42 “关联颜色配置文件”对话框

⑤ 在该对话框中选中合适的颜色配置文件，单击“确定”按钮。

（3）更新打印机驱动程序。

① 在打印机属性对话框中选择“高级”选项卡，如图 2-43 所示。

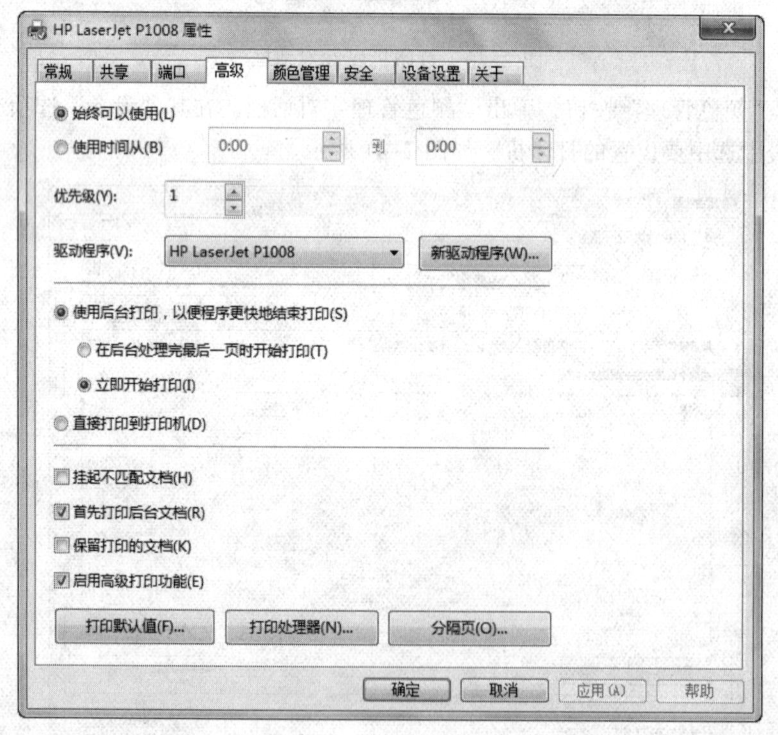

图 2-43 “高级”选项卡

② 单击“新驱动程序”按钮，启动“添加打印机驱动程序向导”。此后步骤与安装打印机的驱动程序步骤相似，不再赘述。

（4）设置打印首选项。

① 在打印机属性对话框中选择“常规”选项卡，如图 2-44 所示。

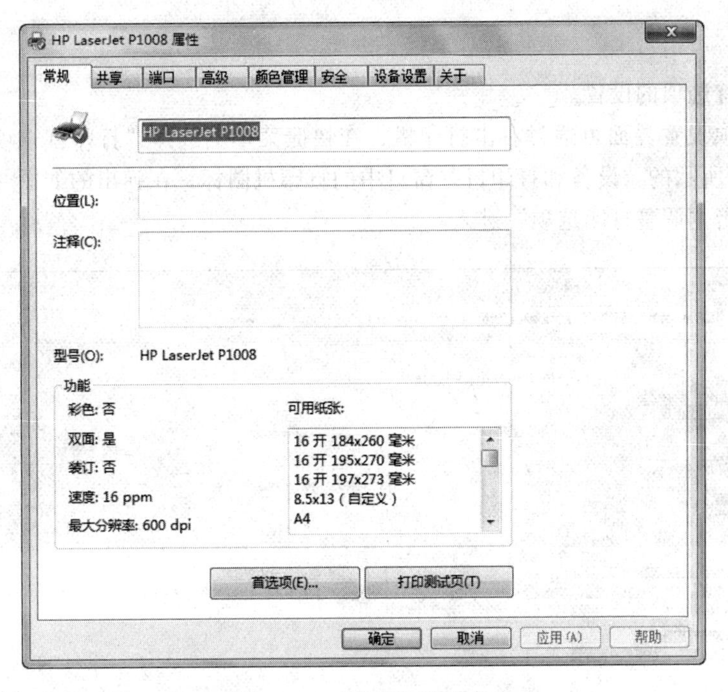

图 2-44 “常规”选项卡

② 单击“首选项”按钮，弹出“打印首选项”对话框，如图 2-45 所示。

③ 在此对各项进行设置后，单击“确定”按钮。

（5）打印测试页。

① 在如图 2-44 所示的“常规”选项卡中，单击“打印测试页”按钮，开始打印测试页，并弹出提示信息框，如图 2-46 所示。

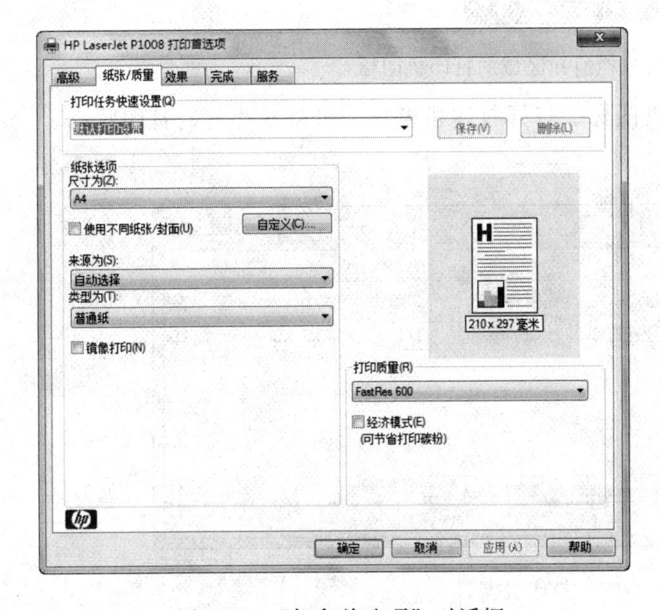

图 2-45 “打印首选项”对话框

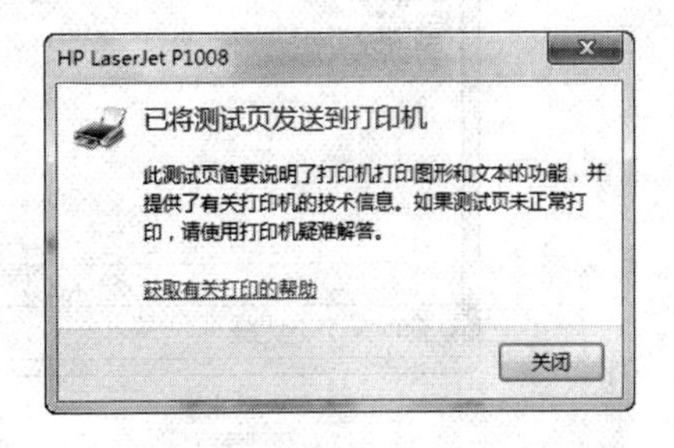

图 2-46 打印测试页提示信息

② 测试页打印完毕后，单击“确定”按钮。

操作技巧

（1）打印首选项的设置。

打印首选项设置界面可通过右击打印机，在快捷菜单上选择“打印首选项”；还可通过双击如图 2-38 所示的“设备和打印机”窗口中的打印机图标，在弹出的如图 2-47 所示的打印机窗口中单击“调整打印选项”进入。

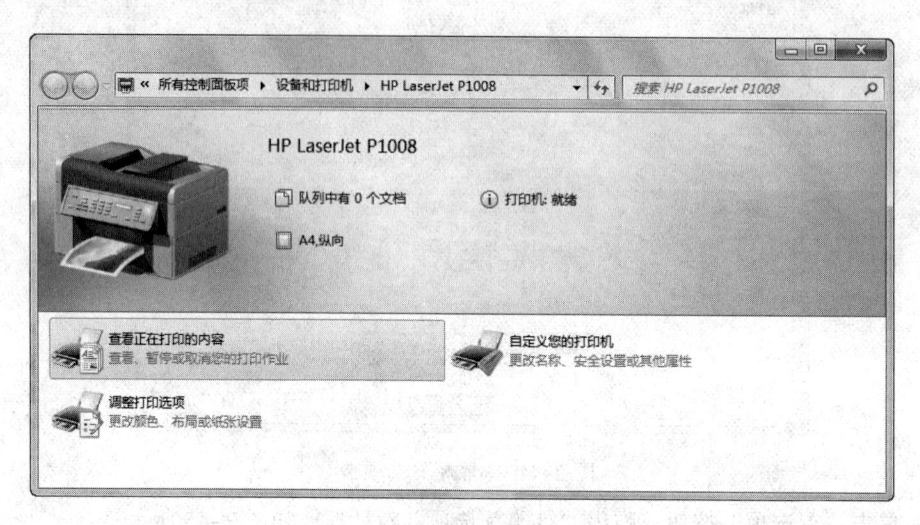

图 2-47　打印机窗口

（2）关于当前的打印任务。

① 当打印机正在执行打印任务时，任务栏通知区域显示打印机图标，如图 2-48 所示。

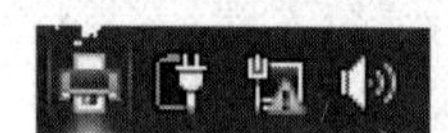

图 2-48　任务栏通知区域的打印机图标

② 单击任务栏通知区域的打印机图标，打开打印机窗口，可查看当前的打印状态，如图 2-49 所示。

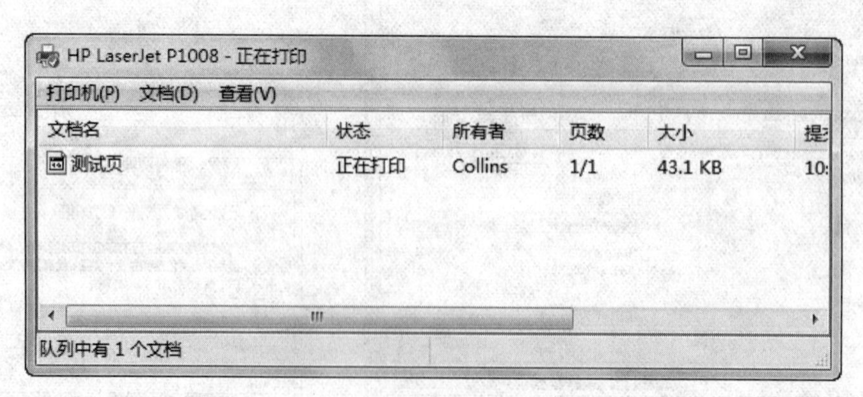

图 2-49　打印机窗口

③ 在“打印机”菜单下也可进如选项设置界面，还可对当前的打印任务进行调整，如图 2-50 所示。

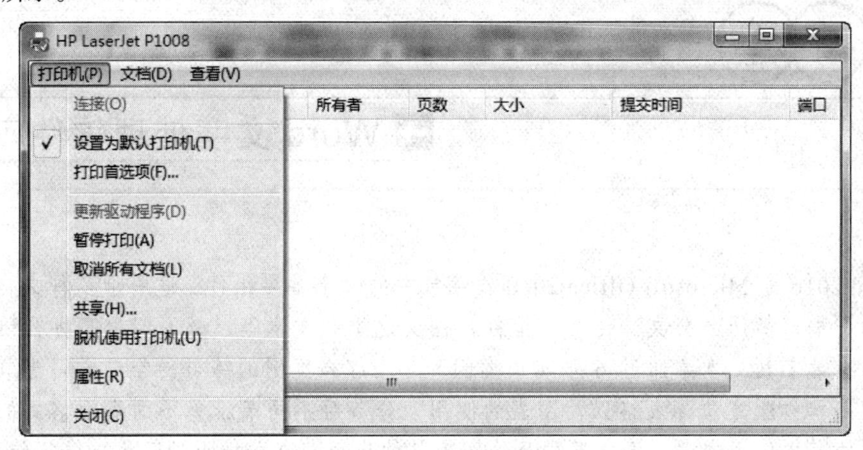

图 2-50 “打印机”菜单

第3章 Word 文字处理软件应用

Word 2010 是 Microsoft Office 2010 软件包中的一个重要组件。适用于多种文档的编辑排版，如书稿、简历、公文、传真、信件、图文混排和文章等，是人们提高办公质量和办公效率的有效工具。本章通过 6 个实训案例和一个综合案例的练习，帮助学习者掌握文字处理中的基本排版方法、表格以及图表的使用，分节后不同节设置不同页面格式的方法，邮件合并的基本使用方法，图文混排及绘图工具的应用，论文排版、目录生成等综合应用。实训的内容由浅入深，学习者不但能够掌握基本的排版，还可以对 Word 2010 中的高级排版进行训练。

实训1 制作简报

通过练习设置一份简报的格式，使学习者可以了解并掌握在 Word 2010 中文字的分栏、水印和边框等设置。

实训目标

将图 3-1 中的文字排成图 3-2 的形式。

实训步骤

（1）启动 Word 2010，新建空白文档，录入图 3-1 所示的实训原文所给出的文档。

（2）在文档上方使用艺术字插入主标题“毕业纪念册，卷首语”，将艺术字库设置为第 5 行第 3 列样式，然后继续设置环绕方式为上下型、居中。

（3）在标题下，添加“毕业纪念册，卷首语”的“编辑：豆瓣小组”，设置其格式字体为华文新魏、小四，蓝色，强调文字颜色 1。

（4）将正文文字分为两栏。

（5）将正文行距设置为固定值 22 磅。

（6）设置第 1 段文字“首字下沉”，下沉 3 行。

（7）在文章最后插入日期，插入日期的格式，如样文所示。

（8）为文档插入素材中的“背景.jpg”图片，使图片衬于正文文字下方。

（9）设置整篇文档上、下页边距为默认值，左、右页边距为 3.2 cm。

（10）为整篇文档添加“艺术型”页面边框。

（11）在页面右下角插入页码。

（12）将文档进行保存。

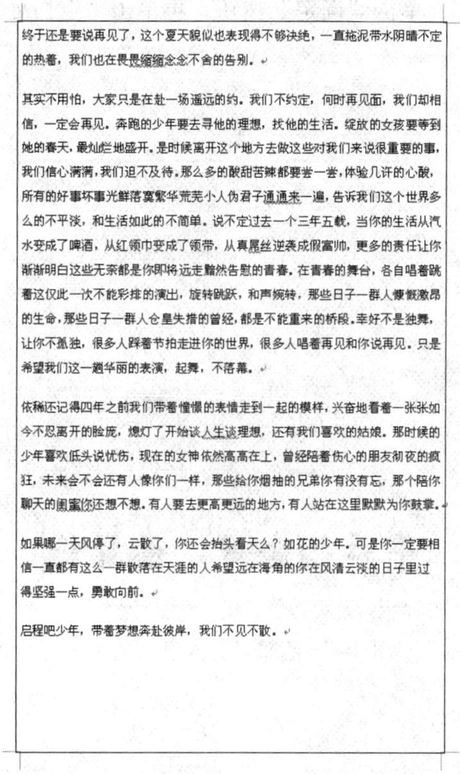

终于还是要说再见了，这个夏天貌似也表现得不够决绝，一直拖泥带水阴晴不定的热着，我们也在畏畏缩缩念念不舍的告别。

其实不用怕，大家只是在赴一场遥远的约。我们不约定，何时再见面，我们却相信，一定会再见。奔跑的少年要去寻他的理想，找他的生活。绽放的女孩要等到她的春天，最灿烂地盛开。是时候离开这个地方去做这些对我们来说很重要的事，我们信心满满，我们迫不及待。那么多的酸甜苦辣都要尝一尝，体验几许的心酸，所有的好事坏事光鲜落寞繁华荒芜小人伪君子通通来一遍，告诉我们这个世界多么的不平淡，和生活如此的不简单。说不定过去一个三年五载，当你的生活从汽水变成了啤酒，从红领巾变成了领带，从真屌丝逆袭成假富帅，更多的责任让你渐渐明白这些无奈都是你即将远走黯然告慰的青春。在青春的舞台，各自唱着跳着这仅此一次不能彩排的演出，旋转跳跃，和声婉转，那些日子一群人慷慨激昂的生命，那些日子一群人仓皇失措的曾经，都是不能重来的桥段。幸好不是独舞，让你不孤独，很多人踩着节拍走进你的世界，很多人唱着再见和你说再见。只是希望我们这一趟华丽的表演，起舞，不落幕。

依稀还记得四年之前我们带着憧憬的表情走到一起的模样，兴奋地看着一张张如今不忍离开的脸庞，熄灯了开始谈人生谈理想，还有我们喜欢的姑娘。那时候的少年喜欢低头说忧伤，现在的女神依然高高在上，曾经陪着伤心的朋友彻夜的疯狂，未来会不会还有人像你们一样，那些给你烟抽的兄弟你有没有忘，那个陪你聊天的闺蜜你还想不想。有人要去更高更远的地方，有人站在这里默默为你鼓掌。

如果哪一天风停了，云散了，你还会抬头看天么？如花的少年。可是你一定要相信一直都有这么一群散落在天涯的人希望远在海角的你在风清云淡的日子里过得坚强一点，勇敢向前。

启程吧少年，带着梦想奔赴彼岸，我们不见不散。

图 3-1 “毕业纪念册，卷首语”原文

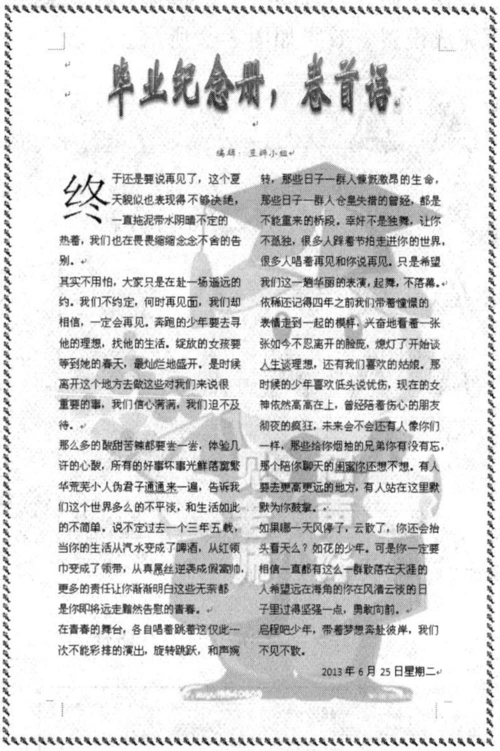

毕业纪念册，卷首语

编辑：[illegible]小组

终于还是要说再见了，这个夏天貌似也表现得不够决绝，一直拖泥带水阴晴不定的热着，我们也在畏畏缩缩念念不舍的告别。

其实不用怕，大家只是在赴一场遥远的约。我们不约定，何时再见面，我们却相信，一定会再见。奔跑的少年要去寻他的理想，找他的生活。绽放的女孩要等到她的春天，最灿烂地盛开。是时候离开这个地方去做这些对我们来说很重要的事，我们信心满满，我们迫不及待。

那么多的酸甜苦辣都要尝一尝，体验几许的心酸，所有的好事坏事光鲜落寞繁华荒芜小人伪君子通通来一遍，告诉我们这个世界多么的不平淡，和生活如此的不简单。说不定过去一个三年五载，当你的生活从汽水变成了啤酒，从红领巾变成了领带，从真屌丝逆袭成假富帅，更多的责任让你渐渐明白这些无奈都是你即将远走黯然告慰的青春。

在青春的舞台，各自唱着跳着这仅此一次不能彩排的演出，旋转跳跃，和声婉转，那些日子一群人慷慨激昂的生命，那些日子一群人仓皇失措的曾经，都是不能重来的桥段。幸好不是独舞，让你不孤独，很多人踩着节拍走进你的世界，很多人唱着再见和你说再见。只是希望我们这一趟华丽的表演，起舞，不落幕。

依稀还记得四年之前我们带着憧憬的表情走到一起的模样，兴奋地看着一张张如今不忍离开的脸庞，熄灯了开始谈人生谈理想，还有我们喜欢的姑娘。那时候的少年喜欢低头说忧伤，现在的女神依然高高在上，曾经陪着伤心的朋友彻夜的疯狂，未来会不会还有人像你们一样，那些给你烟抽的兄弟你有没有忘，那个陪你聊天的闺蜜你还想不想。有人要去更高更远的地方，有人站在这里默默为你鼓掌。

如果哪一天风停了，云散了，你还会抬头看天么？如花的少年。可是你一定要相信一直都有这么一群散落在天涯的人希望远在海角的你在风清云淡的日子里过得坚强一点，勇敢向前。

启程吧少年，带着梦想奔赴彼岸，我们不见不散。

2013 年 6 月 25 日星期二

图 3-2 “毕业纪念册，卷首语”样文

实训提示

（1）启动 Word 2010，新建空白文档，录入图 3-1 所示的实训原文所给出的文档。

① 启动 Word 2010。选择“开始”|“所有程序”| Microsoft Office | Microsoft Office Word 2010 命令。

② 启动 Word 时，自动建立一个文件名为“文档 1.docx”的空文档。

③ 在“文档 1.docx”中录入“毕业纪念册，卷首语”原文的内容。

（2）使用艺术字插入主标题“毕业纪念册，卷首语”。

① 将光标移至文档最开头按【Enter】键，光标定位于空出的第一行。

② 依次选择“插入”选项卡，单击“文本”组中的“艺术字”下拉按钮，弹出“艺术字库”样例，选择“第 5 行第 3 列”，“填充-红色，强调文字颜色 2，暖色粗糙棱台”，如图 3-3 所示。

③ 弹出编辑‘艺术字’文字框，如图 3-4 所示。在“文字”文本框中输入“毕业纪念册，卷首语”，再单击空白处即可完成输入。

④ 选中艺术字“毕业纪念册，卷首语”，选择“绘图工具”|“格式”，在“艺术字样式”组中单击“文本效果”下拉按钮，选择“转换”|“弯曲”|“两端近”选项，如图 3-5 所示。

⑤ 选中艺术字“毕业纪念册，卷首语”，选择“绘图工具”|“格式”，在“排列”组中单击“位置”下拉按钮，单击“其他布局”选项，弹出“设置图片格式”对话框，如图 3-6

所示，在“版式”选项卡中，选择“浮于文字上方”，单击“确定”按钮，再单击“空白处”即可完成设置，效果如图 3-2 所示。

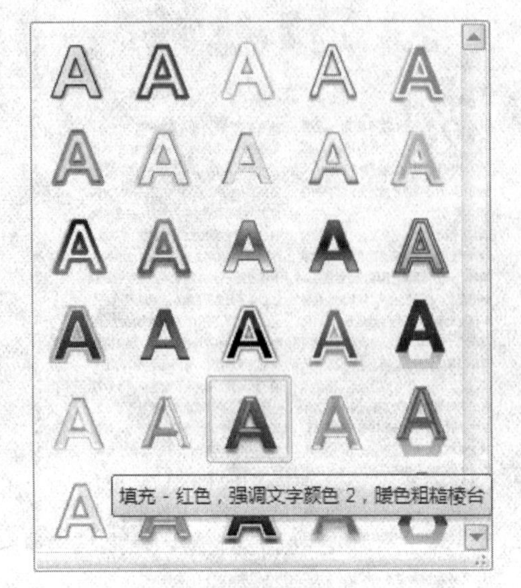

图 3-3 “艺术字库”对话框

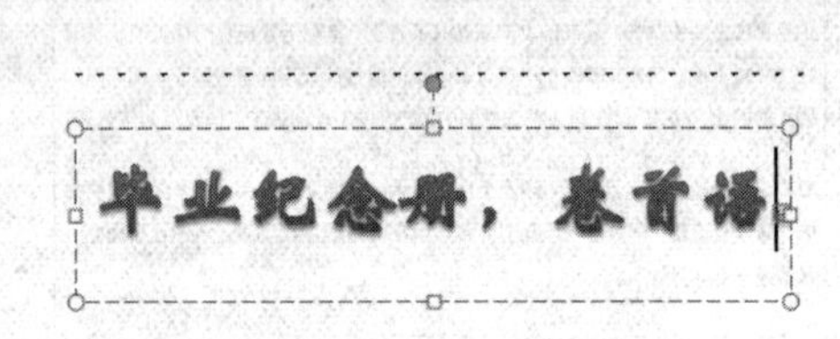

图 3-4 编辑‘艺术字’文字

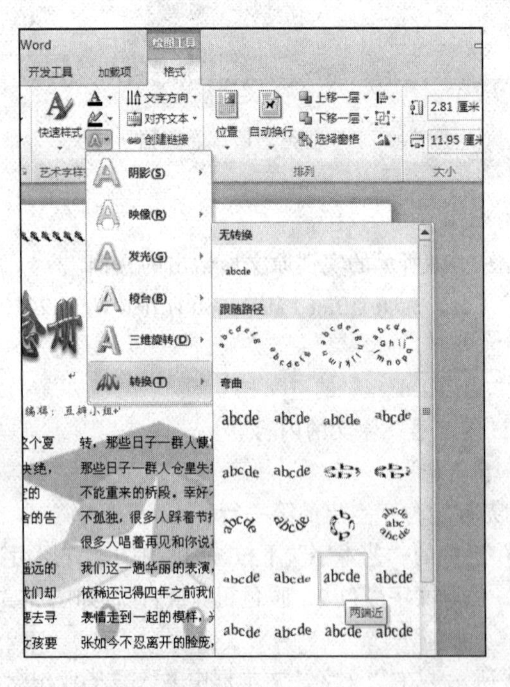

图 3-5 “设置艺术字格式”对话框

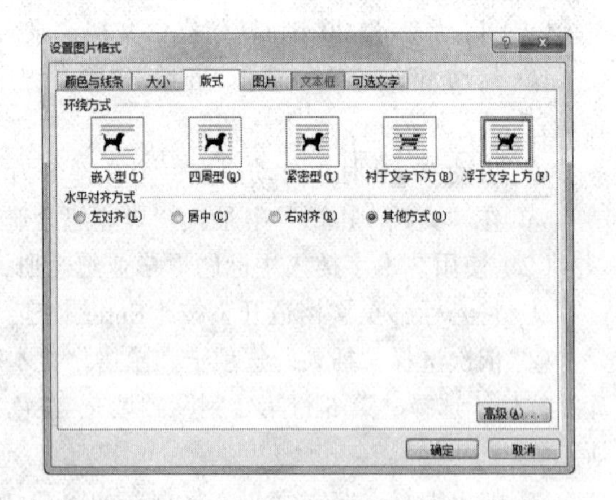

图 3-6 “设置图片格式”对话框

（3）在主标题下，添加文章的作者“编辑：豆瓣小组”，设置其格式字体为华文新魏、小四、蓝色、居中显示。

① 在主标题下输入文章的作者“编辑：豆瓣小组”。

② 选中“编辑：豆瓣小组”文字，选择“开始”选项卡，在“字体”组中，单击“字体对话框启动器”按钮，弹出“字体”对话框，如图 3-7 所示。将“中文字体”设置为“华

文新魏”、“字号”设置为“小四号”，“字体颜色”设置为“蓝色–强调文字颜色 1”，单击“确定”按钮。

③ 选中“编辑：豆瓣小组”文字，选择“开始”选项卡，在“段落”组中单击“段落对话框启动器”按钮，弹出“段落”对话框，如图 3–8 所示，将“对齐方式”设置为“居中”，单击“确定”按钮。

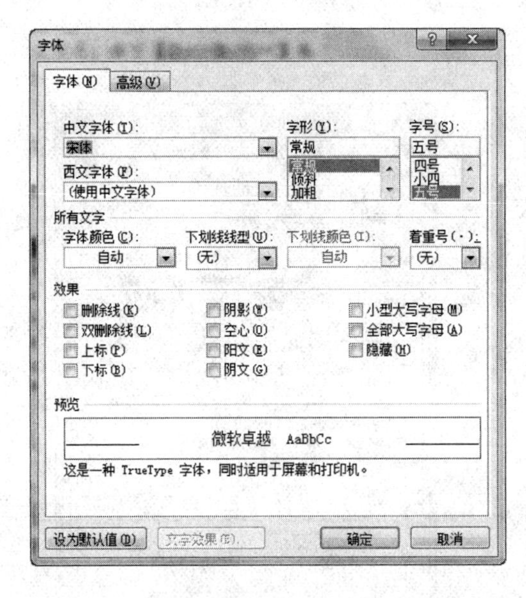

图 3–7 “字体”对话框

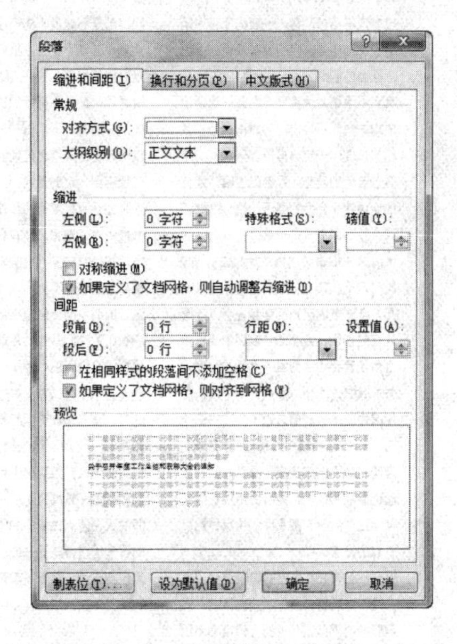

图 3–8 “段落”对话框

（4）将正文文字分为两栏。

① 将正文全部选中。

② 选择“页面布局”选项卡，在“页面设置组”中单击“分栏”下拉按钮，在弹出的菜单中选择“更多分栏”命令，弹出“分栏”对话框，如图 3–9 所示，设置“栏数”为“2”，单击“确定”按钮，则文档被分为两栏。

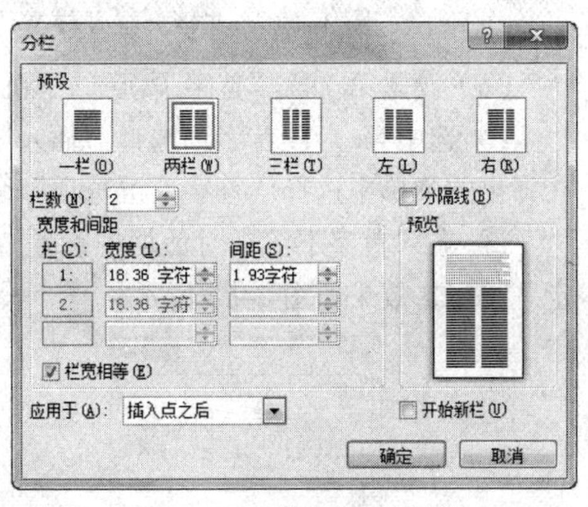

图 3–9 “分栏”对话框

③ 调节分栏高度。分栏后的文档可能会各栏不在一个水平线上，差距很大，版面不协调。将光标移至需要平衡栏的结尾处，选择“页面布局”选项卡，在“页面设置”组中单击“分隔符”下拉按钮，在弹出的菜单中选择“分节符”组中的“连续”，即可得到等高的分栏效果，如图 3–10 所示。

（5）将正文行距设置为固定值 22 磅。

① 将正文全部选中。

② 选择“页面布局”选项卡，在“段落”组中单击“段落”按钮，弹出“段落”对话框，如图 3–11 所示。在“缩进和间距”选项卡中的“行距”下拉列表框中选择“固定值”选项，将“设置值”设置为“22 磅”，单击“确定”按钮。

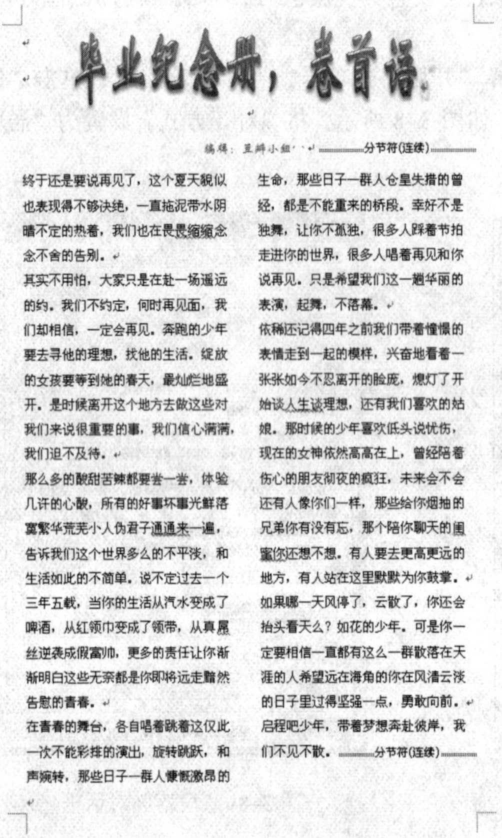

毕业纪念册，卷首语
编辑：豆瓣小组
分节符(连续)
终于还是要说再见了，这个夏天貌似也表现得不够决绝，一直拖泥带水阴晴不定的热着，我们也在畏畏缩缩念念不舍的告别。
其实不用怕，大家只是在赴一场遥远的约。我们不约定，何时再见面，我们却相信，一定会再见。奔跑的少年要去寻他的理想，找他的生活。绽放的女孩要等到她的春天，最灿烂地盛开。是时候离开这个地方去做这些对我们来说很重要的事，我们信心满满，我们迫不及待。
那么多的酸甜苦辣都要尝一尝，体验几许的心酸，所有的好事坏事光鲜落寞繁华荒芜小人伪君子通通来一遍，告诉我们这个世界多么的不平淡，和生活如此的不简单。说不定过去一个三年五载，当你的生活从汽水变成了啤酒，从红领巾变成了领带，从真屌丝逆袭成假富帅，更多的责任让你渐渐明白这些无奈都是你即将远走黯然告慰的青春。
在青春的舞台，各自唱着跳着这仅此一次不能彩排的演出，旋转跳跃，和声婉转，那些日子一群人慷慨激昂的生命，那些日子一群人仓皇失措的曾经，都是不能重来的桥段。幸好不是独舞，让你不孤独，很多人踩着节拍走进你的世界，很多人唱着再见和你说再见。只是希望我们这一趟华丽的表演，起舞，不落幕。
依稀还记得四年之前我们带着憧憬的表情走到一起的模样，兴奋地看着一张张如今不忍离开的脸庞，熄灯了开始谈人生谈理想，还有我们喜欢的姑娘。那时候的少年喜欢低头说忧伤，现在的女神依然高高在上，曾经陪着伤心的朋友彻夜的疯狂，未来会不会还有人像你们一样，那些给你烟抽的兄弟你有没有忘，那个陪你聊天的闺蜜你还想不想。有人要去更高更远的地方，有人站在这里默默为你鼓掌。如果哪一天风停了，云散了，你还会抬头看天么？如花的少年。可是你一定要相信一直都有这么一群散落在天涯的人希望远在海角的你在风清云淡的日子里过得坚强一点，勇敢向前。
启程吧少年，带着梦想奔赴彼岸，我们不见不散。
分节符(连续)

图 3-10 “文档分栏”样文

段落
缩进和间距(I)
换行和分页(P)
中文版式(H)
常规
对齐方式(G):
左对齐
大纲级别(O):
正文文本
缩进
左侧(L):
0 字符
右侧(R):
0 字符
特殊格式(S):
(无)
磅值(Y):
对称缩进(M)
如果定义了文档网格，则自动调整右缩进(D)
间距
段前(B):
0 行
段后(F):
0 行
行距(N):
固定值
设置值(A):
22 磅
在相同样式的段落间不添加空格(C)
如果定义了文档网格，则对齐到网格(W)
预览
制表位(T)...
设为默认值(D)
确定
取消

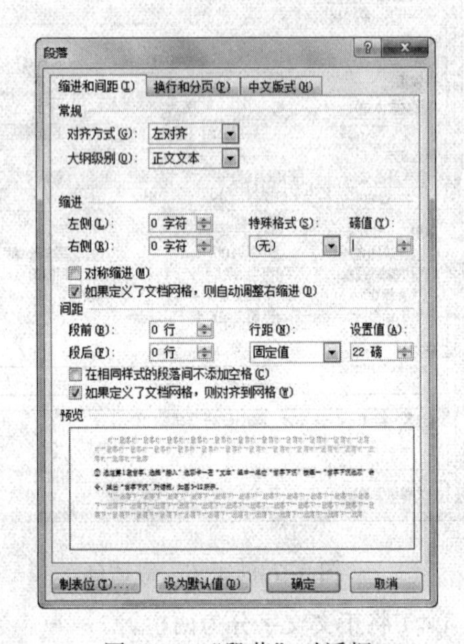

图 3-11 “段落”对话框

（6）设置第 1 段“首字下沉”，下沉 3 行。

① 选中第 1 段首字，选择“插入”选项卡，在“文本”组中单击“首字下沉”按钮，在弹出的菜单中选择“首字下沉选项”命令，弹出“首字下沉”对话框，如图 3-12 所示。

② 在“首字下沉”对话框中设置“位置”为“下沉”，“下沉行数”为“3”，单击“确定”按钮，效果如图 3-13 所示。

首字下沉
位置
无(N)
下沉(D)
悬挂(M)
选项
字体(F):
宋体
下沉行数(L):
3
距正文(X):
0 厘米
确定
取消

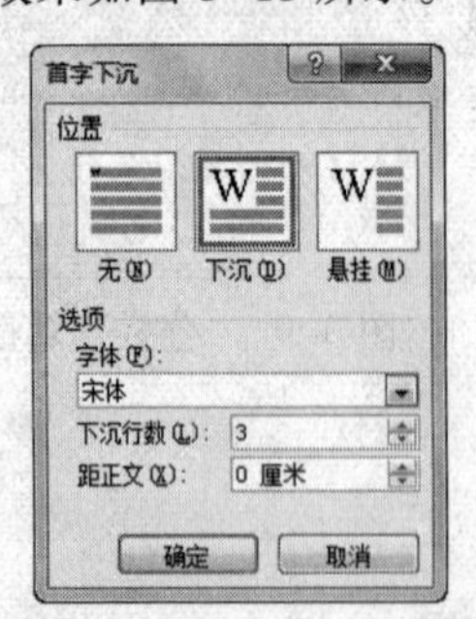

图 3-12 “首字下沉”对话框

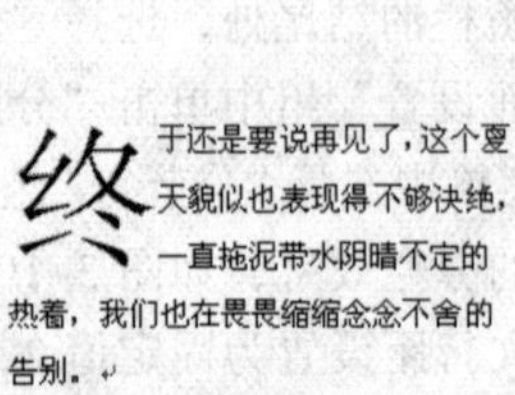

终于还是要说再见了，这个夏天貌似也表现得不够决绝，一直拖泥带水阴晴不定的热着，我们也在畏畏缩缩念念不舍的告别。

图 3-13 “首字下沉”样文

（7）在文章最后插入日期，插入日期的格式如样文所示。

① 将光标定位到“第 1 页”的末尾，选择“插入”选项卡，在“文本”组中单击“日期和时间”按钮，弹出“日期和时间”对话框，如图 3-14 所示。

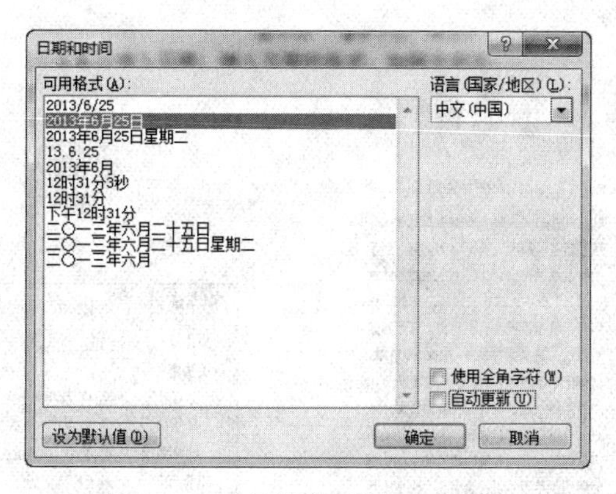

图 3-14 “日期和时间”对话框

② 在“日期和时间”对话框中的“语言（国家/地区）”下拉列表框中选择“中文（中国）”选项，在“可用格式”列表框中选择“2013 年 6 月 25 日星期二”的格式，单击“确定”按钮。

（8）为文档插入素材中的“背景.jpg”图片，使图片衬于正文文字下方。

① 将光标定位于文档任意位置，选择“页面布局”选项卡，在“页面背景”组中单击“水印”下拉按钮，在弹出的菜单中选择“自定义水印”命令，弹出“水印”对话框。选中“图片水印”单选按钮，在“缩放”文本框中，选择“自动”选项，同时选中“冲蚀”复选框，如图 3-15 所示。

② 在“水印”对话框中单击“选择图片”按钮，在弹出的“插入图片”对话框的查找范围下拉列表框中找到实训 1 素材“背景.jpg”图片，单击“插入”按钮，如图 3-16 所示。

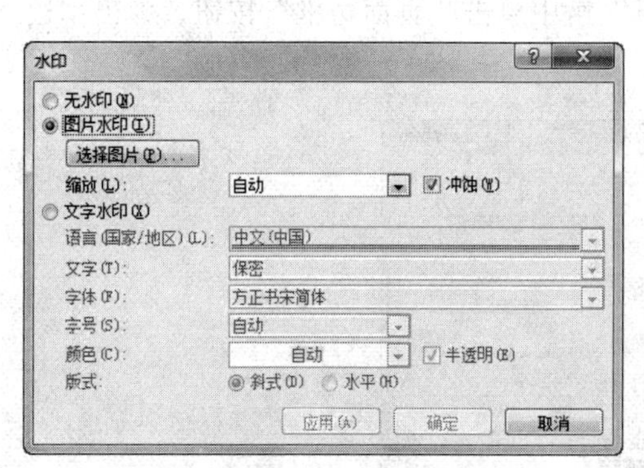

图 3-15 “水印”对话框

图 3-16 “插入图片”对话框

③ 在“水印”对话框中单击“应用”按钮，再单击“关闭”按钮，设置后的效果如图 3-17 所示。

（9）设置整篇文档上、下页边距为默认值，左、右页边距为 3.2 cm。

① 选择“页面布局”选项卡，在“页面设置”组中单击“页边距”下拉按钮，在弹出的菜单中单击“自定义边距”命令，弹出“页面设置”对话框，如图 3-18 所示。

毕业纪念册，卷首语

编辑：豆蝉小组 ——分节符(连续)——

终于还是要说再见了，这个夏天貌似也表现得不够决绝，一直拖泥带水阴晴不定的热着，我们也在畏畏缩缩念念不舍的告别。

其实不用怕，大家只是在赴一场遥远的约。我们不约定，何时再见面，我们却相信，一定会再见。奔跑的少年要去寻他的理想，找他的生活。绽放的女孩要等到她的春天，最灿烂地盛开。是时候离开这个地方去做这些对我们来说很重要的事，我们信心满满，我们迫不及待。

那么多的酸甜苦辣都要尝一尝，体验几许的心酸，所有的好事坏事光鲜落寞繁华荒芜小人伪君子通通来一遍，告诉我们这个世界多么的不平淡，和生活如此的不简单。说不定过去一个三年五载，当你的生活从汽水变成了啤酒，从红领巾变成了领带，从真屌丝逆袭成假高帅，更多的责任让你渐渐明白这些无奈都是你即将远走黯然告慰的青春。

在青春的舞台，各自唱着跳着这仅此一次不能彩排的演出，旋转跳跃，和声婉转，那些日子一群人慷慨激昂的生命，那些日子一群人仓皇失措的曾经，都是不能重来的桥段。幸好不是独舞，让你不孤独，很多人踩着节拍走进你的世界，很多人唱着再见和你说再见。只是希望我们这一趟华丽的表演，起舞，不落幕。

依稀还记得四年之前我们带着憧憬的表情走到一起的模样，兴奋地看着一张张如今不忍离开的脸庞，熄灯了开始谈人生谈理想，还有我们喜欢的姑娘。那时候的少年喜欢低头说忧伤，现在的女神依然高高在上，曾经陪着伤心的朋友彻夜的疯狂，未来会不会还有人像你们一样，那些给你烟抽的兄弟你有没有忘，那个陪你聊天的闺蜜你还想不想。有人要去更高更远的地方，有人站在这里默默为你鼓掌。

如果哪一天风停了，云散了，你还会抬头看天么？如花的少年。可是你一定要相信一直都有这么一群散落在天涯的人希望远在海角的你在风清云淡的日子里过得坚强一点，勇敢向前。

启程吧少年，带着梦想奔赴彼岸，我们不见不散。——分节符(连续)——

2013年6月25日星期二

图 3-17　插入“图片”后的样文

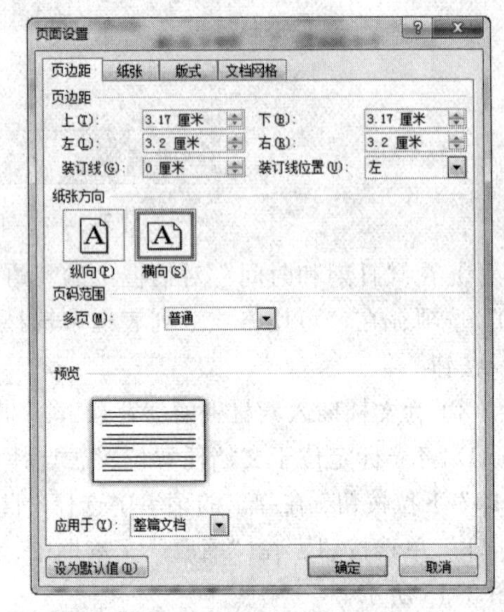

图 3-18　“页面设置”对话框

② 在“页面设置”对话框中选择“页边距”选项卡，将“左”、“右”设置为“3.2 厘米”，“应用于”设置为“整篇文档”，单击“确定”按钮。

（10）为整篇文档添加“艺术型”页面边框。

① 选择“页面布局”选项卡，在“页面背景”组中单击“页面边框”按钮，弹出“边框和底纹”对话框，如图 3-19 所示。

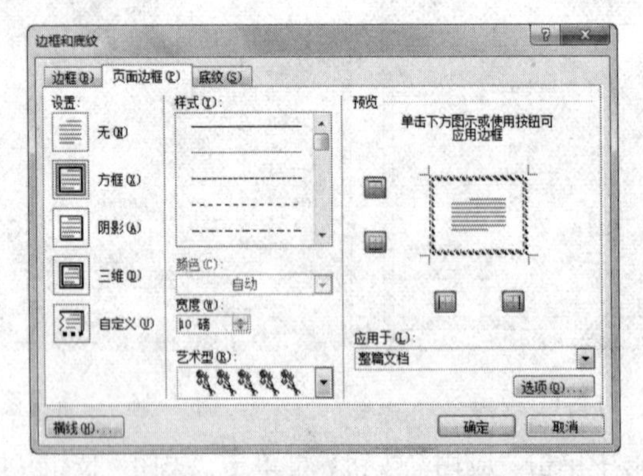

图 3-19　“边框和底纹”对话框

② 在“边框和底纹”对话框中选择“页面边框”选项卡，在“艺术型”下拉列表框中选择一种艺术边框，设置“宽度”为“10 磅”，“应用于”设置为“整篇文档”，单击“确定”按钮。

（11）在页面右下角插入页码。

① 选择“插入”选项卡，在“页眉和页脚”组中单击“页码”下拉按钮。

② 在弹出的菜单中选择“页面底端”命令，选择“普通数字 3”选项，如图 3-20 所示。

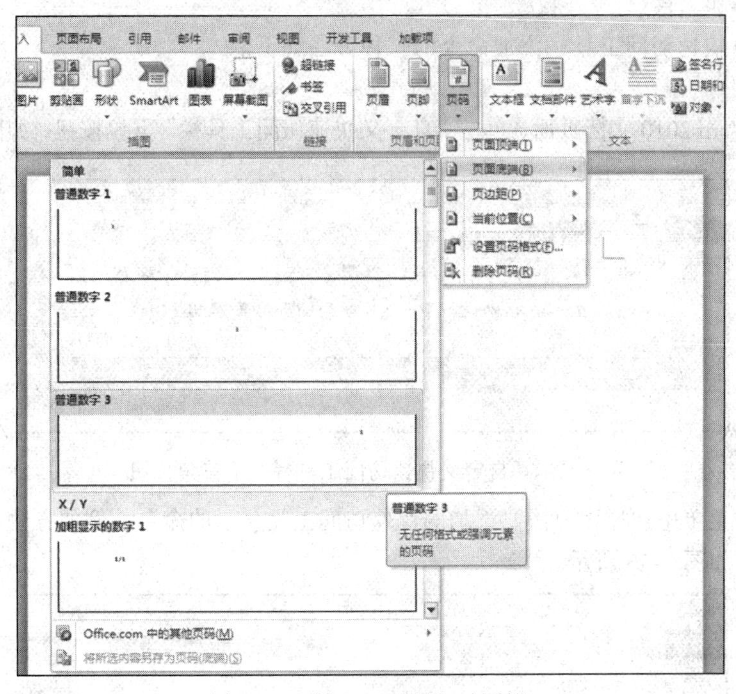

图 3-20　插入“页码”对话框

（12）将文档进行保存。

① 选择“文件”|“另存为”命令，弹出“另存为”对话框，如图 3-21 所示。

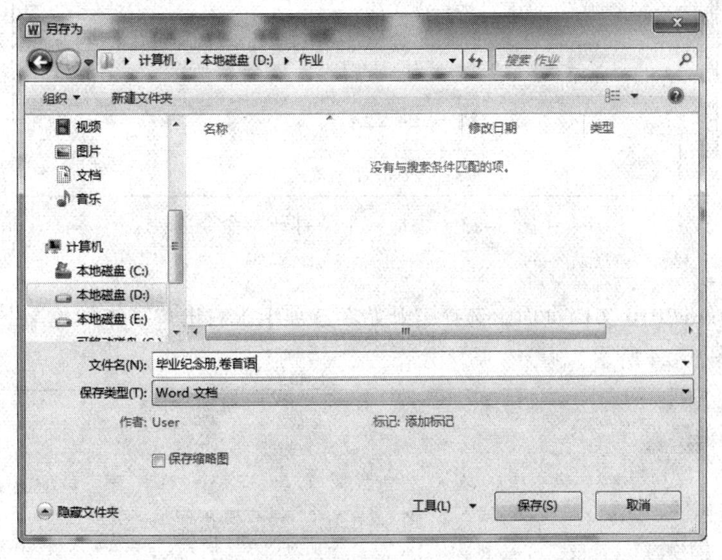

图 3-21　“另存为”对话框

② 在“另存为”对话框中，选择保存位置（如:D 盘根目录下的“作业”文件夹），输入文件名“毕业纪念册，卷首语.docx”，单击“保存”按钮即可。

操作技巧

1. 快速添加工具栏

Word 2010 快速访问工具栏添加命令的三种方法如下。

（1）方法一

① 打开 Word 2010 文档页面，单击“自定义快速访问工具栏”下拉按钮，如图 3-22 所示。

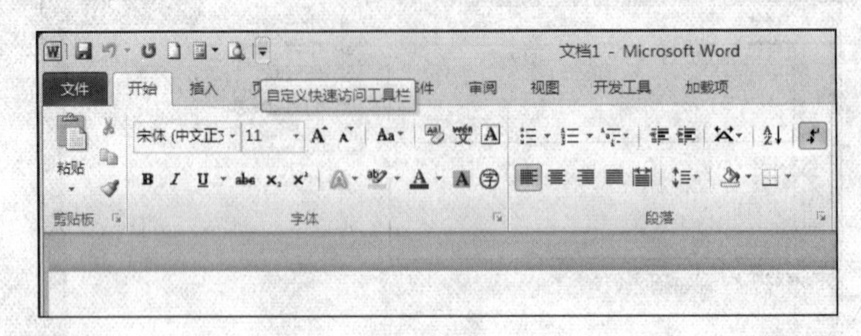

图 3-22 “自定义快速访问工具栏”下三角按钮

② 在下拉菜单中选择用户需要添加的快速访问工具显示的命令，例如方法一是添加一个“打开”命令，如图 3-23 所示。

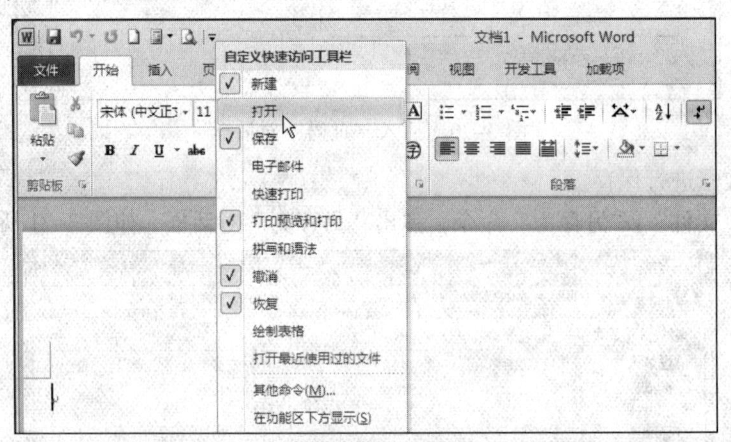

图 3-23 添加一个“打开”命令

（2）方法二

① 打开 Word 2010 文档页面，选择“开始”选项卡，右击“字体颜色”下拉按钮，弹出快捷菜单，如图 3-24 所示。

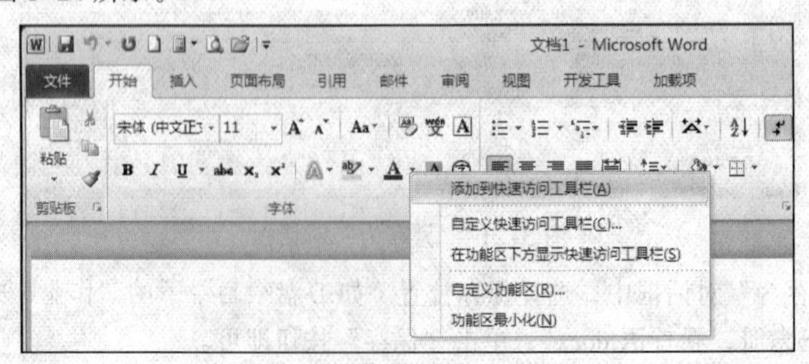

图 3-24 “字体颜色”下三角按钮

② 在弹出的快捷菜单中选择“添加到快速访问工具栏”选项，例如方法二是添加一个“字体颜色”命令，如图 3-25 所示。

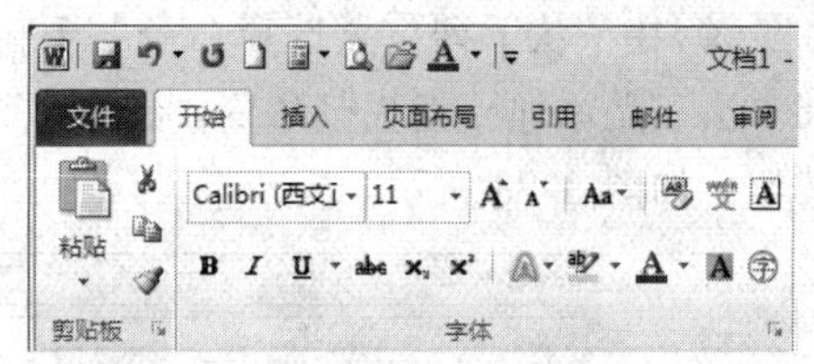

图 3-25 添加一个“字体颜色”命令

（3）方法三

① 首先打开 Word 2010 文档页面，选择“文件”|“选项”命令，如图 3-26 所示。

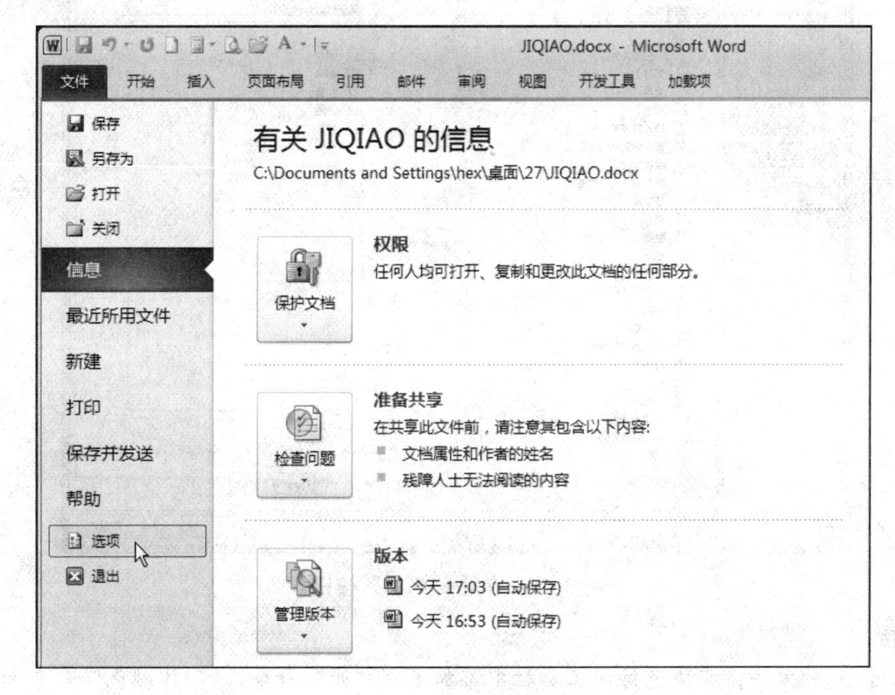

图 3-26 选择“选项”命令

② 在打开的“Word 选项”对话框中单击“快速访问工具栏”选项，如图 3-27 所示。

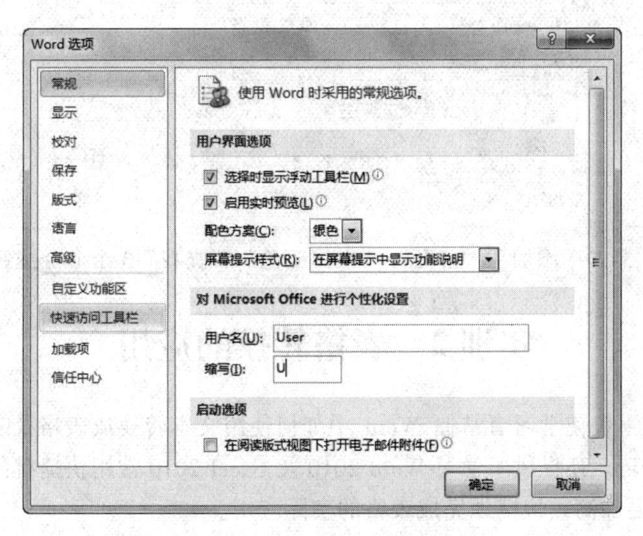

图 3-27 “Word 选项”对话框

③ 在“从下列位置选择命令”下拉列表中选择想要添加到快速访问工具栏的命令。例如方法三是添加“查找”命令。选中“查找”命令，单击“添加”按钮，然后单击“确定”按钮，如图 3-28 所示。

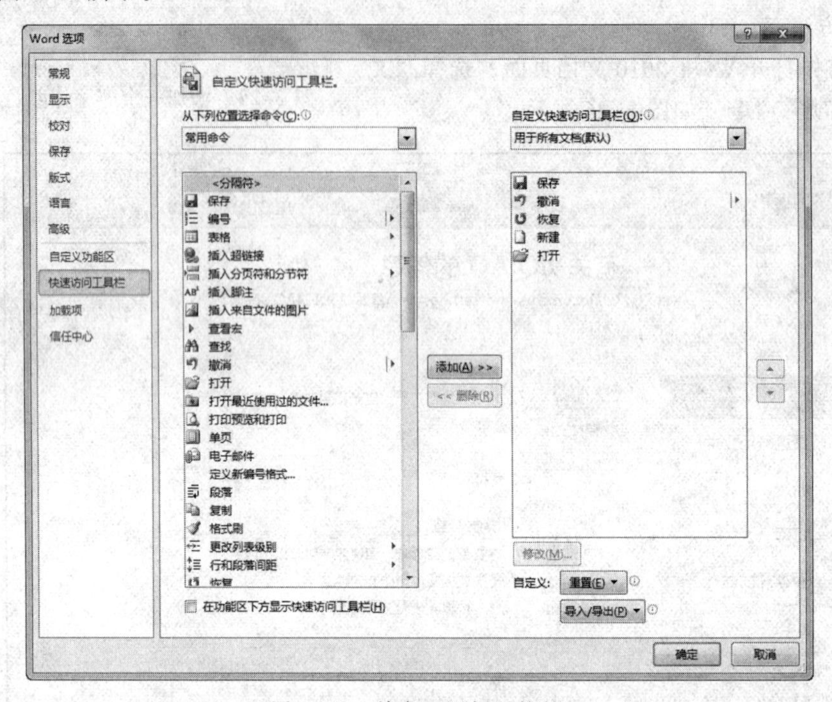

图 3-28 单击“添加”按钮

小结：

通过 3 种方法，在快速访问工具栏中添加了“打开”命令、“字体颜色”命令和“查找”命令 3 个命令，结果如图 3-29 所示，与图 3-22 相比发现在快速工具栏中新增了 3 个命令按钮。

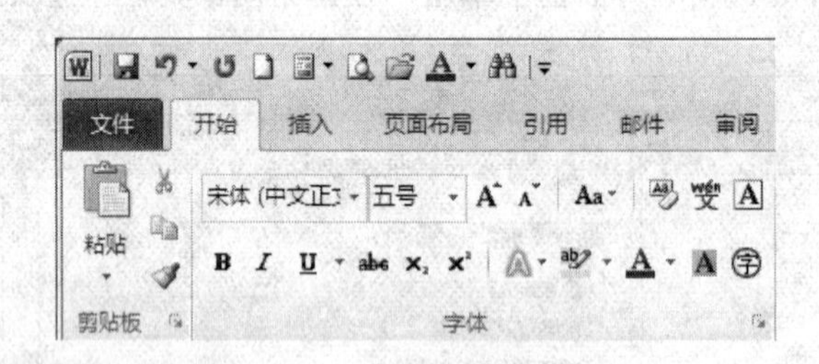

图 3-29 添加了“打开”“字体颜色”“查找”3 个命令按钮

实训 2 表格转换的应用

通过本实训，不仅使学习者掌握 Word 中如何使用文本转换成表格及表格转换成文本的不同设置的高级技巧，还提供了学习 Word 2010 及 Excel 2010 常用快捷键的练习机会，使学习者使用 Word 时更加高效快捷地完成表格的实际应用。

实训目标

制作一份表格转换文件，包括文本转换成表格、表格转换成文本、在 Word 2010 文档中插入日期、插入尾注的设置等。原文如图 3-30 和图 3-31 所示，制作后的样式如图 3-32 和图 3-33 所示。

表 1 Excel 2010 快捷键的说明

序号 快捷键 说明

1 Ctrl+; 输入当前日期。

2 Ctrl+A 选择整个工作表。

3 Ctrl+B 应用或取消加粗格式设置。

4 Ctrl+C 复制选定的单元格。

5 Ctrl+F 显示“查找和替换”对话框，“查找”选项卡处于选中状态。

6 Ctrl+G 显示“定位”对话框。

7 Ctrl+H 显示“查找和替换”对话框，“替换”选项卡处于选中状态。

8 Ctrl+I 应用或取消倾斜格式设置。

9 Ctrl+N 创建一个新的空白工作簿。

10 Ctrl+O 显示“打开”对话框以打开或查找文件。

11 Ctrl+P 显示“打印”对话框。

12 Ctrl+S 使用其当前文件名、位置和文件格式保存活动文件。

13 Ctrl+V 在插入点处插入剪贴板的内容，并替换任何所选内容。

14 Ctrl+W 关闭选定的工作簿窗口。

15 Ctrl+X 剪切选定的单元格。

16 Ctrl+Z 使用“撤消”命令来撤消上一个命令或删除最后键入内容。

17 F2 编辑活动单元格并将插入点放在单元格内容的结尾。

18 F4 重复上一个命令或操作。

19 F5 显示“定位”对话框。

20 F12显示“另存为”对话框。

图 3-30 表格.docx 原文第 1 页

表 2 Word 2010 快捷键的说明

序号	快捷键	说明
1	Ctrl+B	使字符变为粗体。
2	Ctrl+I	使字符变为斜体。
3	Ctrl+U	为字符添加下划线。
4	Ctrl+Shift+<	缩小字号。
5	Ctrl+Shift+>	增大字号。
6	Ctrl+C	复制所选文本或对象。
7	Ctrl+X	剪切所选文本或对象。
8	Ctrl+V	粘贴文本或对象。
9	Ctrl+Z	撤消上一步操作。
10	Ctrl+N	创建与当前或最近使用过的文档类型相同新文档。
11	Ctrl+O	打开文档。
12	Ctrl+W	关闭文档。
13	Ctrl+=	应用下标格式
14	Ctrl+Shift++	应用上标格式
15	Ctrl+S	保存文档。
16	Ctrl+F	查找内容、格式和特殊项。
17	Ctrl+H	替换文字、特定格式和特殊项。
18	Ctrl+G	定位至页、书签、表格、注释、图形或其他位置。
19	Ctrl+Z	撤消上一步操作。
20	Ctrl+Y	重复上一步操作。
21	Ctrl+Enter	分页符。
22	Ctrl+]	逐磅增大字号。
23	Ctrl+[	逐磅减小字号。
24	Ctrl+D	更改字符格式（“格式”菜单，“字体”命令）。
25	Shift+F3	更改字母大小写。
26	Ctrl+Shift+A	将所有字母设为大写。
27	Ctrl+1	单倍行距
28	Ctrl+2	双倍行距
29	Ctrl+5	1.5 倍行距
30	Ctrl+E	段落居中。
31	Ctrl+L	左对齐。
32	Ctrl+R	右对齐。
33	Ctrl+M	左侧段落缩进。
34	Page Up	在缩小显示比例时逐页向上翻阅预览页
35	Page Down	在缩小显示比例时逐页向下翻阅预览页
36	Ctrl+Home	在缩小显示比例时移至第一张预览页
37	Ctrl+End	在缩小显示比例时移至最后一张预览页

快捷键即热键，就是键盘上某几个特殊键组合起来完成一项特定任务。如果热键有冲突，解决的办法就是把其中一个热键改掉。热键能够极大地提高工作效率。

图 3-31　表格.DOCX 原文第 2 页

实训步骤

（1）打开“表格.docx 文件，如图 3-30 和图 3-31 所示。

（2）选中第 1 页文本，将文本转换为表格，并设置表格样式为“表格主题”格式，效果如图 3-32 所示。

（3）设置“表 1”标题及表格内的文字格式。

（4）在“表 1”的结尾处，插入“分节符”。

（5）选中第 2 页的“表 2”的“标题”设置字体、颜色、字号及位置。

（6）选中第 2 页表格，将“表格转换成文本”。

（7）对第 2 页的内容进行修饰排版，样式如图 3-33 所示。

（8）在第 2 页的末尾插入可自动更新的日期。

（9）插入尾注，说明快捷键的功能。

（10）为第 2 页添加页边框。

（11）将文档进行保存。

表 1　Excel 2010 快捷键的说明

序号	快捷键	说明
1	Ctrl+;	输入当前日期。
2	Ctrl+A	选择整个工作表。
3	Ctrl+B	应用或取消加粗格式设置。
4	Ctrl+C	复制选定的单元格。
5	Ctrl+F	显示“查找和替换”对话框，“查找”选项卡处于选中状态。
6	Ctrl+G	显示“定位”对话框。
7	Ctrl+H	显示“查找和替换”对话框，“替换”选项卡处于选中状态。
8	Ctrl+I	应用或取消倾斜格式设置。
9	Ctrl+N	创建一个新的空白工作簿。
10	Ctrl+O	显示“打开”对话框以打开或查找文件。
11	Ctrl+P	显示“打印”对话框。
12	Ctrl+S	使用其当前文件名、位置和文件格式保存活动文件。
13	Ctrl+V	在插入点处插入剪贴板的内容，并替换任何所选内容。
14	Ctrl+W	关闭选定的工作簿窗口。
15	Ctrl+X	剪切选定的单元格。
16	Ctrl+Z	使用“撤消”命令来撤消上一个命令或删除最后键入内容。
17	F2	编辑活动单元格并将插入点放在单元格内容的结尾。
18	F4	重复上一个命令或操作。
19	F5	显示“定位”对话框。
20	F12	显示“另存为”对话框。

图 3-32　“表格主题”样式

表 2 Word 2010 快捷键的说明

序号	快捷键	说明
1	Ctrl+B	使字符变为粗体。
2	Ctrl+I	使字符变为斜体。
3	Ctrl+U	为字符添加下划线。
4	Ctrl+Shift+<	缩小字号。
5	Ctrl+Shift+>	增大字号。
6	Ctrl+C	复制所选文本或对象。2013 年 6 月 25 日
7	Ctrl+X	剪切所选文本或对象。
8	Ctrl+V	粘贴文本或对象。
9	Ctrl+Z	撤消上一步操作。
10	Ctrl+N	创建与当前或最近使用过的文档类型相同新文档。
11	Ctrl+O	打开文档。
12	Ctrl+W	关闭文档。
13	Ctrl+=	应用下标格式
14	Ctrl+Shift++	应用上标格式
15	Ctrl+S	保存文档。
16	Ctrl+F	查找内容、格式和特殊项。
17	Ctrl+H	替换文字、特定格式和特殊项。
18	Ctrl+G	定位至页、书签、表格、注释、图形或其他位置。
19	Ctrl+Z	撤消上一步操作。
20	Ctrl+Y	重复上一步操作。
21	Ctrl+Enter	分页符。
22	Ctrl+]	逐磅增大字号。
23	Ctrl+[	逐磅减小字号。
24	Ctrl+D	更改字符格式（“格式”菜单，“字体”命令）。
25	Shift+F3	更改字母大小写。
26	Ctrl+Shift+A	将所有字母设为大写。
27	Ctrl+1	单倍行距
28	Ctrl+2	双倍行距
29	Ctrl+5	1.5 倍行距
30	Ctrl+E	段落居中。
31	Ctrl+L	左对齐。
32	Ctrl+R	右对齐。
33	Ctrl+M	左侧段落缩进。
34	Page Up	在缩小显示比例时逐页向上翻阅预览页
35	Page Down	在缩小显示比例时逐页向下翻阅预览页
36	Ctrl+Home	在缩小显示比例时移至第一张预览页
37	Ctrl+End	在缩小显示比例时移至最后一张预览页

2013 年 6 月 25 日

快捷键

快捷键即热键，就是键盘上某几个特殊键组合起来完成一项特定任务。如果热键有冲突，解决的办法就是把其中一个热键改掉。热键能够极大地提高工作效率。

图 3-33　第 2 页设置后的样式

实训提示

（1）打开“表格.docx”文件，如图 3-30 和图 3-31 所示。

（2）选中第 1 页文本，将文本转换为表格，并设置表格样式为“表格主题”格式。

① 选中第 1 页文本（除“表 1”的标题外），选择“插入”|“表格”|“文本转换为表格”命令，弹出“将文字转换成表格”对话框。

② 在弹出的“将文字转换成表格”对话框中，在 “列数”数值框中输入“3”，选中“文字分隔位置”选项组中的“制表符”单选按钮，如图 3-34 所示。则将选中的文本段落转换为一个 21 行 3 列的表格。单击“确定”按钮。

③ 选择表格样式为“表格主题”。

④ 再将表格的第一列设置为 1 厘米，方法是选中第一列右击，在弹出的快捷菜单中选择“表格属性”命令，打开“表格属性”对话框，选择“列”中的第一列“指定宽度”，输入“1.5 厘米”再单击“确定”按钮。

⑤ 同样的方法选择第二列“指定宽度”，输入“2 厘米”再单击“确定”按钮。

⑥ 选择第三列“指定宽度”，输入“12 厘米”再单击“确定”按钮。

（3）设置“表 1”标题的文字格式。

① 选中“表 1”的标题，设置字体为华文新魏，字号为三号、加粗，颜色为蓝色，强调颜色文字 1，居中，样文如图 3-32 所示。

② 选中“表 1”的标题，选择“开始”|“段落”命令，弹出“段落”对话框，在“间距”选项组中设置“段后”为“自动”，单击“确定”按钮，如图 3-35 所示。

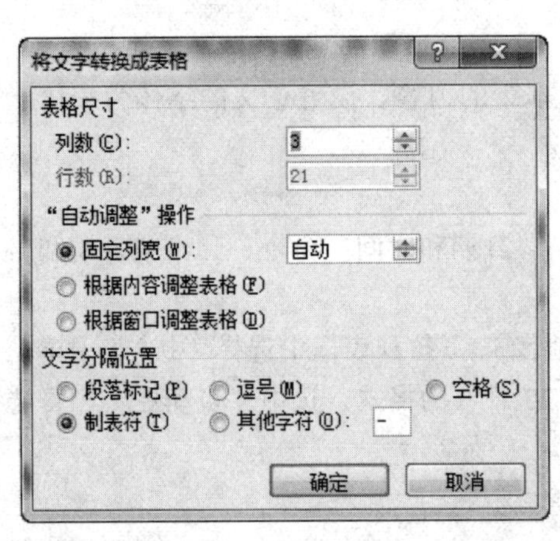

图 3-34 “将文字转换成表格”对话框

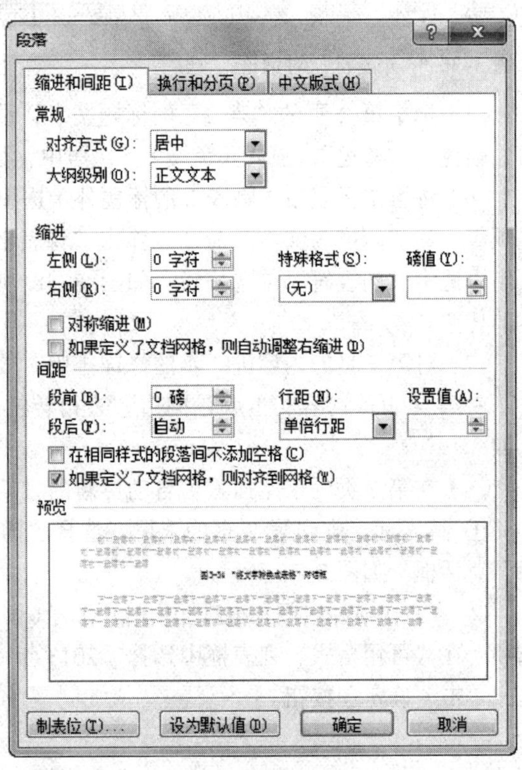

图 3-35 “段落”对话框

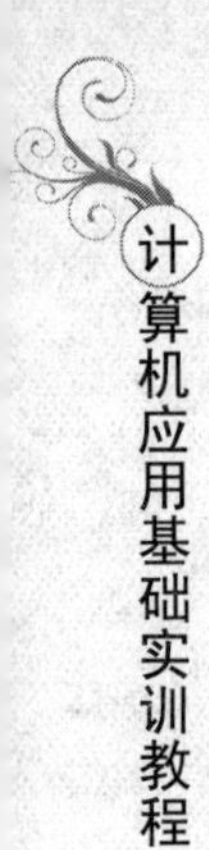

（4）将光标定位到第 1 页的最后，选择“页面布局”|“分隔符”，在弹出的菜单中选择“分节符”下的“连续”（插入分节符并在同一页上开始新节）命令，如图 3-36 所示。

插入“分节符”后的效果，如图 3-37 所示。

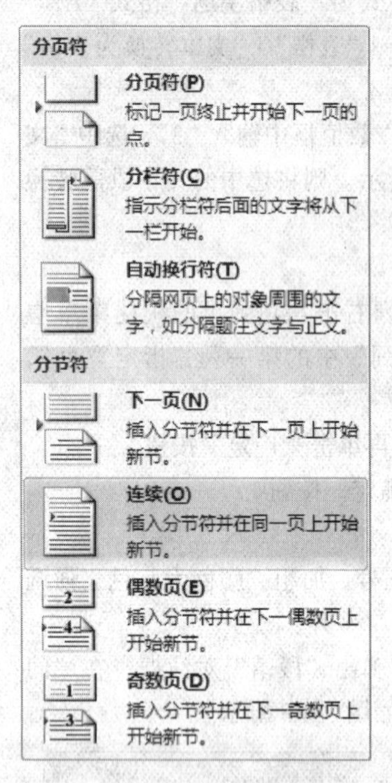

图 3-36 “分隔符”对话框

18	F4	重复上一个命令或操作。
19	F5	显示“定位”对话框。
20	F12	显示“另存为”对话框。

分节符(下一页)

表 2 Word2010 快捷键的说明

序号	快捷键	说明
1	Ctrl+B	使字符变为粗体。
2	Ctrl+I	使字符变为斜体。

图 3-37 插入“分节符”后的效果

（5）选中第 2 页的“表 2”的标题文字，设置字体为“华文新魏”，字号为“三号”、加粗，颜色为“蓝色”，强调颜色文字 1，居中，如图 3-33 所示。

（6）将第 2 页表格（除表 2 的标题外）选中，选择“表格工具”|“布局”，选择“数据”选项组中的“转换为文本”命令，弹出“将表格转换成文本”对话框。在“文字分隔符”选项组中选中“制表符”单选按钮，如图 3-38 所示，单击“确定”按钮，完成表格转换成文本的任务。

（7）对第 2 页的内容进一步的修饰排版，效果如图 3-33 所示。

将第 2 页的内容，也就是刚由“表格转换成文本”的内容，设置正文的字体为宋体、小四。

（8）在第 2 页的末尾插入可自动更新的日期。

① 将光标定位到第 2 页的末尾，选择“插入”|“日期和时间”命令，弹出“日期和时间”对话框，如图 3-39 所示。

② 在“日期和时间”对话框中的“语言（国家/地区）”下拉列表框中选择“中文（中国）”选项，在“可用格式”列表框中选择“2013 年 6 月 25 日”的格式，选中“自动更新”复选框，单击“确定”按钮。

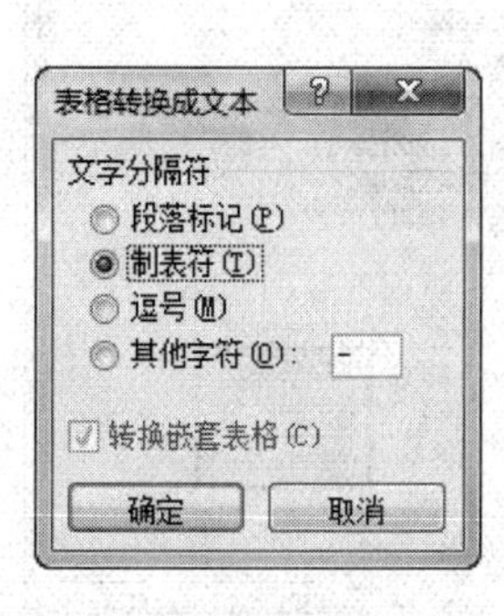

图 3-38 “表格转换成文本”对话框

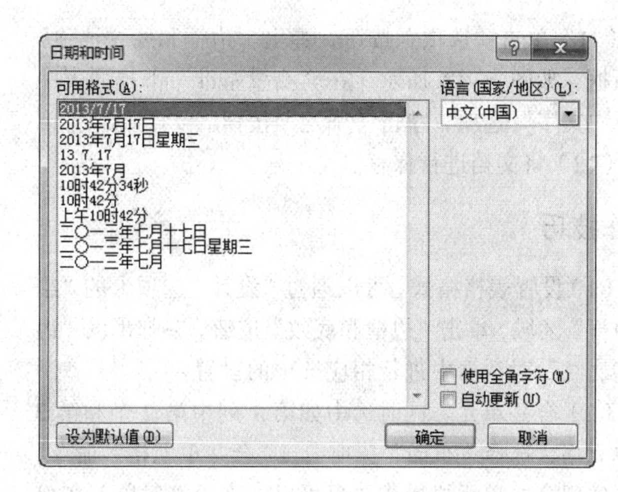

图 3-39 “日期和时间”对话框

（9）为第 2 页“快捷键”字符处插入脚注，内容为原文的最后一段文字。

① 脚注格式设置要求：放在第 2 页的底部，字体为宋体，字号为小五号。

② 选择“引用”|“插入脚注”命令，然后单击“脚注和尾注”按钮， 弹出“脚注和尾注”对话框，在“格式”选项组的“编号格式”下拉列表框中选择“A,B,C…”选项，如图 3-40 所示。

③ 在“位置”选项区中设置“脚注”为“页面底端”，单击“插入”按钮。

④ 在页面底端录入脚注内容：“快捷键即热键，就是键盘上某几个特殊键组合起来完成一项特定任务。如果热键有冲突，解决的办法就是把其中一个热键改掉。热键能够极大地提高工作效率。”或将第 2 页最后一段文字采用剪切、复制的方法完成脚注的录入。或者将“表格.doc”原文的最后一段直接录入，然后将原文最后一段删除。

（10）为第 2 页添加页面边框。

① 选择“格式”|“边框和底纹”命令，弹出“边框和底纹”对话框。

② 在“边框和底纹”对话框中选择“页面边框”选项卡，在“艺术型”下拉列表框中选择一种艺术边框，设置“宽度”为“10 磅”，“应用于”设置为“本节”，如图 3-41 所示。

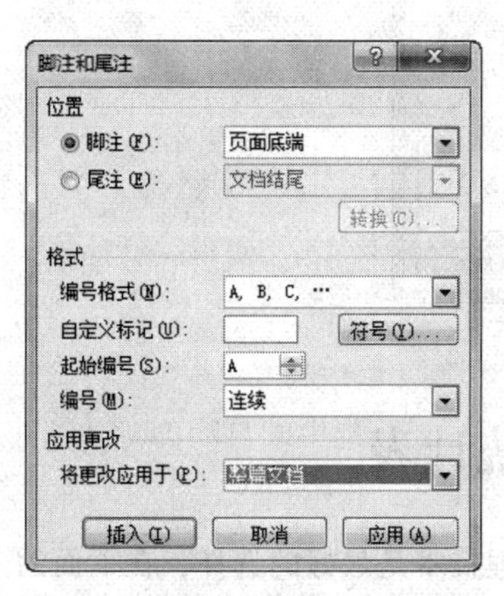

图 3-40 “脚注和尾注”对话框

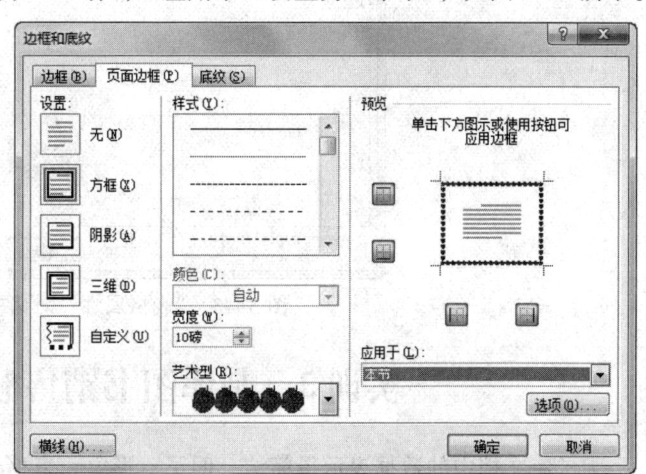

图 3-41 “边框和底纹”对话框

（11）单击“选项”按钮，弹出“边框和底纹选项”对话框，如图 3-42 所示，在“测量基准”下拉列表中选择“文字”选项，单击“确定”按钮。

（12）将文档进行保存。

操作技巧

（1）设置表格格式，可以通过“设计”选项卡的“绘图边框”区域，单击“边框和底纹”按钮，在弹出的“边框和底纹”对话框中进行相应选项的设置。

（2）合并单元。同时选中如第 1 列中第 2 个和第 3 个单元格，选择“布局”选项卡 |“合并单元格”命令，即可实现合并单元格操作。也可以右击所选对象，在弹出的快捷菜单中选择“合并单元格”命令。

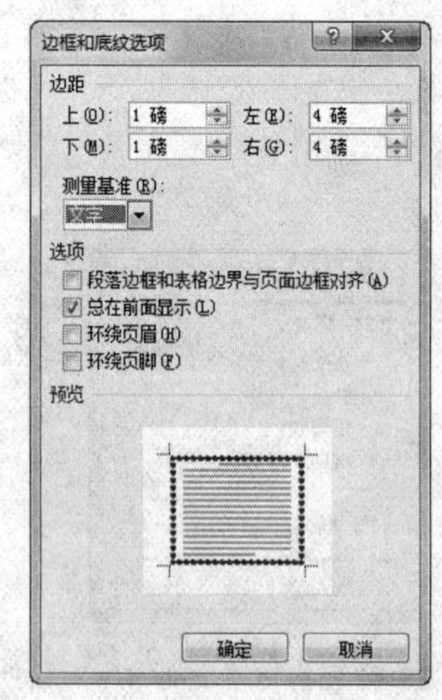

图 3-42 “边框和底纹选项”对话框

（3）在表格中插入一列或多列。右击所选对象，在弹出的快捷菜单中选择“插入列”命令。单击“布局”选项卡，在“行和列”区域中单击“插入列”按钮，即可插入一列，插入行与插入列类同，此处不再赘述。

（4）平均分布各列。选中整张表格，选择“布局”选项卡，在“单元格大小”区域中，单击“分布列”按钮，即可完成列宽相等的设置。行高设置与列宽设置类同，此处不再赘述。

（5）指定列宽的设置。选择“布局”选项卡，在“单元格大小”区域中，单击“表格属性”按钮，在弹出的“表格属性”对话框中选择“列”选项卡，在“指定宽度”数值框中输入“2 厘米”，也可精确设置列宽值，如图 3-43 所示。

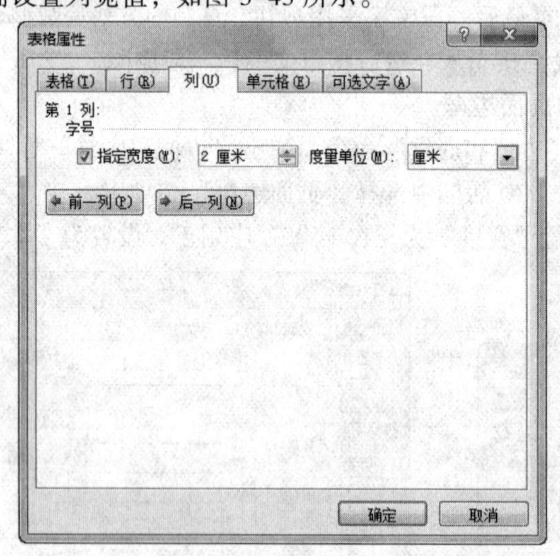

图 3-43 “表格属性”对话框

实训 3　制作图书销售额统计表

为了使文档中的数据表示得简洁、明了、形象，表格处理技术是最好的选择，在下面的实训中，将进行基本的排版，着重运用表格及图表来突出文章的内容。

实训目标

将图 3-44 的文字和表 3-1 的数据排成如图 3-45 和图 3-46 所示的形式。

计算机行业书籍销量

有很多朋友关心，一本书能赚多少钱？一本书能卖多少啊？过去的时候，我对这个也很感兴趣。

今天写了一本如何出书的文章，写了很长时间，很用心去写的，结果被小躺老师给枪毙了，他说我写的这篇文章会给人一种误解，误认为出书就是这么一套流程，这是懂懂出书的流程，并非大众出书的流程，所以不要去误导了别人，我去辩论了，但是还是被枪毙了，我说我们写的教程，多数是一些不走寻常路的思路，我写的并非是说出书的统一教程，而是说一种捷径。

目前的图书，整体的销售量每年都在上涨，而且出版行业并没有受网络的冲击太大，而且是在持续的增长，但是单种图书的销售量下降了，整体销售量提升的主要原因就是因为图书的种类增加了， 作者的营销手段先进了。

计算机类图书，在卓越上有销售记录的，就有差不多 4 万种，经管类的图书有 8 万多种，这是一个庞大的数据量，现在的图书销售，整体销量越来越高，单本的销售量越来越低。

计算机类图书不同于韩寒类的图书，韩寒类图书，首印就是 70 万本，版税都是几百万，一般新书都会直接排在销售榜的前 3 名的，而对于计算机类书来讲，计算机类图书，除了高校教材类的，一般销售量都不会太高，很难突破实现每年几十万本的销量。

卓越上，计算机类的图书，每天有 20 本的销量，就能够保持当日销售量的第一名，在刚出书的时候，我问过小躺老师，我问小躺老师这本书能卖多少本啊？小躺老师说 2 年内争取卖到 2 万本，很多书一年都卖不到 5000 本，如果书的定位不好，就会遭到书店退货，退货对于出版社来说就等于投资失败。

全国有 300 多家书店，一本书，在一个书店里，一天能够保证一本的销售量，就算很不错的销售量，因为一天就是一个书店平均卖出去 1 本，还能够有 300本/ 天的销售量，计算机类图书比不上经管类图书，是很难被摆放到畅销书区域的，所以只能是等待计算机人去买书的时候，才能够被发现。

电子书的优势是便于在同行里进行快速的传播，而实体书的优势是能够将行业外的一些人引进这个行业，并且有可能为作者找寻到朋友和老师，例如有校长看到懂懂的书以后，就对这本书很感兴趣，并且留上一本，做专门的研究。

计算机类的图书，与名字也有很大的关系，我的那本书，写的一般，名字起的比较好，加上新华书店和卓越等网店的销售，一天也有 300 多本的销售量。

总之一句话：不要指望通过图书来赚多少钱，出版图书是为自己创造成功阶梯的过程，也是为自己创造朋友的过程，更主要的是让别人认可自己的一个过程。

摘自：网络资讯 w1.28.com　　　2009 年 5 月 18 日

图 3-44 “计算机行业书籍销量”原文

表 3-1　销售额统计表

	星期一	星期二	星期三	星期四	星期五	星期六	星期日
计算机应用	1062	836	769	1067	986	2780	3572
电子表格	268	350	227	380	470	890	970
文字处理	345	860	230	480	720	19640	2860
图形图像	201	355	472	350	740	8966	1080
数码照片	132	280	308	156	2760	4320	6720
演示文稿	780	567	760	1460	830	3720	7680
软件工程	345	234	567	213	312	223	132
网络安全	690	580	432	780	970	1066	2090

创建和编辑表格

计算机行业书籍销量

有很多朋友关心，一本书能赚多少钱？一本书能卖多少啊？过去的时候，我对这个也很感兴趣。

今天写了一本如何出书的文章，写了很长时间，很用心去写的，结果被小鳊老师给枪毙了，他说我写的这篇文章会给人一种误解，误认为出书就是这么一套流程，这是懂懂出书的流程，并非大众出书的流程，所以不要去误导了别人，我去辩论了，但是还是被枪毙了，我说我们写的教程，多数是一些不走寻常路的思路，我写的并非是说出书的统一教程，而是说一种捷径。

目前的图书，整体的销售量每年都在上涨，而且出版行业并没有受网络的冲击太大，而且是在持续的增长，但是单种图书的销售量下降了，整体销售量提升的主要原因就是因为图书的种类增加了，作者的营销手段先进了。

计算机类图书，在卓越上有销售记录的，就有差不多 4 万种，经管类的图书有 8 万多种，这是一个庞大的数据量，现在的图书销售，整体销量越来越高，单本的销售量越来越低。

计算机类图书不同于韩寒类的图书，韩寒类图书，首印就是 70 万本，版税都是几百万，一般新书都会直接排在销售榜的前 3 名的，而对于计算机类书来讲，计算机类图书，除了高校教材类的，一般销售量都不会太高，很难突破实现每年几十万本的销量。

卓越上，计算机类的图书，每天有 20 本的销量，就能够保持当日销售量的第一名，在刚出书的时候，我问过小鳊老师，我问小鳊老师这本书能卖多少本啊？小鳊老师说 2 年内争取卖到 2 万本，很多书一年都卖不到 5000 本，如果书的定位不好，就会遭到书店退货，退货对于出版社来说就等于投资失败。

全国有 300 多家书店，一本书，在一个书店里，一天能够保证一本的销售量，就算很不错的销售量，因为一天就是一个书店平均卖出去 1 本，还能够有 300 本/天的销售量，计算机类图书比不上经管类图书，是很难被摆放到畅销书区域的，所以只能是等待计算机人去买书的时候，才能够被发现。

王通前几年出了一本书，卖了几千本，然后就没有再重印，因为王通觉得这个传播速度太慢了，不如自己的电子书被下载的次数高，这是计算机行业图书的特点。

电子书的优势是便于在同行里进行快速的传播，而实体书的优势是能够将行业外的一些人引进这个行业，并且有可能为作者找寻到朋友和老师，例如有校长看到懂懂的书以后，就对这本书很感兴趣，并且留上一本，做专门的研究。

电子书更实惠一些，传播起来更便捷一些，实体书更具有影响力一些，不仅仅是一种身份的体现，也是一种对自我的认可，所以电子书要出，实体书也要出。

计算机类的图书，与名字也有很大的关系，我的那本书，写的一般，名字起的比较好，加上新华书店和卓越等网店的销售，一天也有 300 多本的销售量。

计算机类版税一般都不会太高，5%到 10%，20 元的书给予的版税是每本 1~2 元，40 元的图书给予的是 2~4 元。

总之一句话：不要指望通过图书来赚多少钱，出版图书是为自己创造成功阶梯的过程，也是为自己创造朋友的过程，更主要的是让别人认可自己的一个过程。

摘自：网络资讯 w1.28.com　　2009 年 5 月 18 日

1

图 3-45　计算机行业书籍销量样张 1

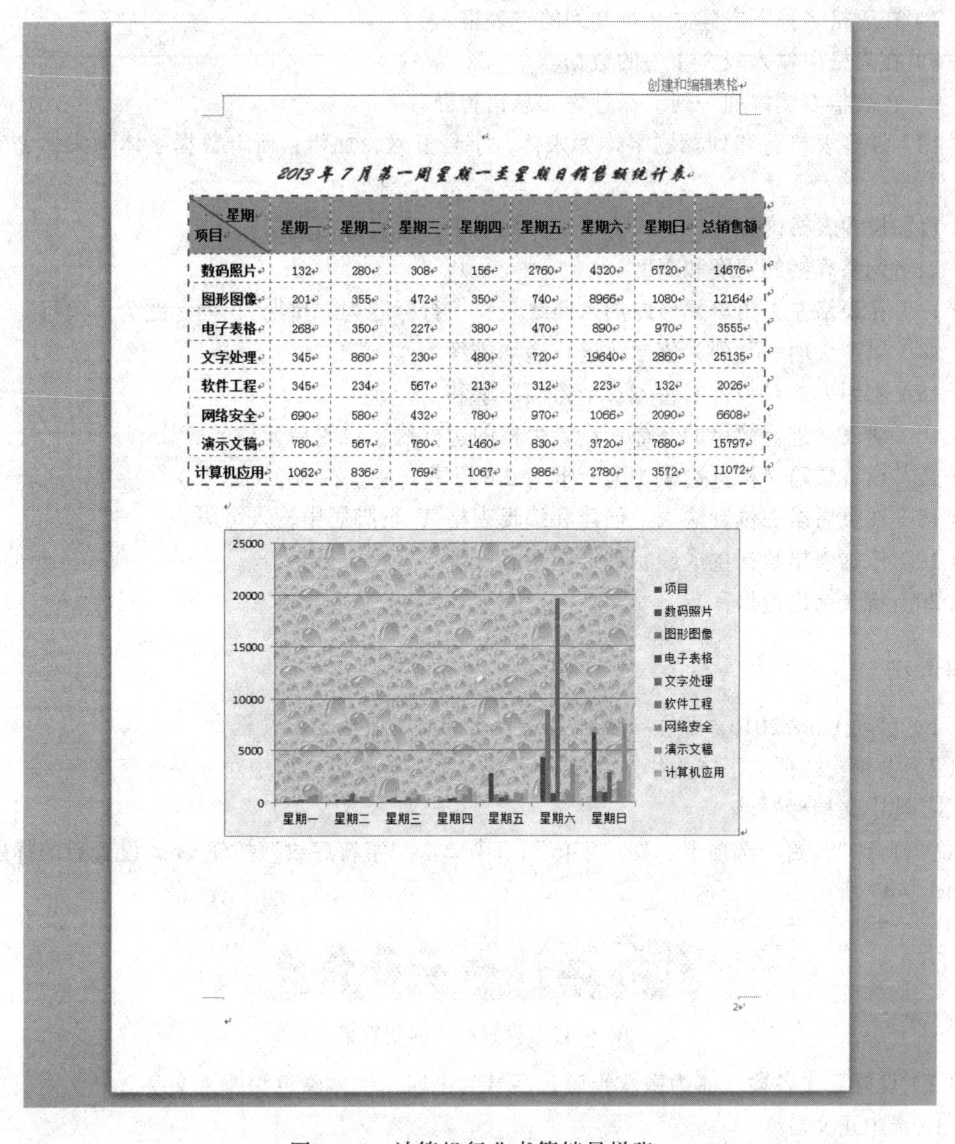
创建和编辑表格

2013年7月第一周星期一至星期日销售额统计表

星期 项目	星期一	星期二	星期三	星期四	星期五	星期六	星期日	总销售额
数码照片	132	280	308	156	2760	4320	6720	14676
图形图像	201	355	472	350	740	8966	1080	12164
电子表格	268	350	227	380	470	890	970	3555
文字处理	345	860	230	480	720	19640	2860	25135
软件工程	345	234	567	213	312	223	132	2026
网络安全	690	580	432	780	970	1066	2090	6608
演示文稿	780	567	760	1460	830	3720	7680	15797
计算机应用	1062	836	769	1067	986	2780	3572	11072

图 3-46　计算机行业书籍销量样张 2

实训步骤

（1）启动 Word 2010，建立空文档，录入图 3-44 所示的计算机行业书籍销量原文文档。

（2）设置文档标题字体为华文行楷，字号小一，加粗，居中对齐，加字符底纹。

（3）设置正文各段字体为楷体，字号小四、阴影效果。

（4）设置正文各段字符间距加宽为 0.3 磅。

（5）设置正文各段首行缩进 2 字符，左右缩进 0.6 厘米；行距为固定值 16 磅。

（6）在正文下方输入表格名称“2013 年 7 月第一周星期一至星期日销售额统计表”。设置表格名称“2013 年 7 月第一周星期一至星期日销售额统计表”字体为华文行楷，字号三号、加粗、倾斜、阴影并居中。

（7）在表格名称下方建立 8 行 9 列的空表格。

（8）在表格中输入表 3-1 中的数据。

（9）在表格右侧添加一列，标题为“总销售额”。

（10）设置表格行和列标题字体为宋体，字号五号，加粗；所有数据字体为宋体，字号五号。

（11）设置表格内容对齐方式为水平方向居中，垂直方向也居中。

（12）调整表格的宽度和高度。

（13）在表格左上角单元格内加入斜线表头，行标题为“星期”，列标题为“项目”。

（14）以“星期一”列为依据，进行递增排序。

（15）利用公式对每种书籍“总销售额”求和。

（16）对表格进行简单的修饰：设置表格的边框线，设置单元格的底纹。

（17）设置整篇文档页边距（上、下为 2.6 厘米，左、右为 3.2 厘米）。

（18）在页眉居右位置输入“创建和编辑表格”，页脚居中输入页码。

（19）依据表格数据生成簇状柱形图图表。

（20）将文档进行保存。

实训提示

（1）启动 Word 2010，建立空文档，录入实训原文所给出的文档。

（2）设置文档标题字体为华文行楷，字号为小一，加粗，居中对齐，加字符底纹。

① 选中文档标题。

② 打开“开始”选项卡，在“字体”组中单击“字符底纹”按钮 A，设置后的标题效果如图 3-47 所示。

计算机行业书籍销量

图 3-47　设置后的标题效果

（3）设置正文各段字体为微软雅黑，字号为小四，字体颜色深蓝，文字 2。

① 选中正文。

② 打开“开始”选项卡，在“字体”组中单击“字体对话框启动器”按钮，弹出“字体”对话框。

③ 在“字体”对话框中选择“字体”选项卡，分别选择中文字体为“微软雅黑”，自形为“常规”，字号为“小四”，字体颜色为“深蓝，文字 2”，单击“确定”按钮，如图 3-48 所示。

（4）设置正文各段字符间距为加宽磅值为 0.3 磅。

① 选中正文。

② 打开“开始”选项卡，在“字体”组中单击“字体对话框启动器”按钮，弹出“字体”对话框。

③ 在“字体”对话框中打开“高级”选项卡，在“间距”下拉列表框中选择“加宽”选项，“磅值”设置为“0.3 磅”，单击“确定”按钮，如图 3-49 所示。

图 3-48　设置字体效果

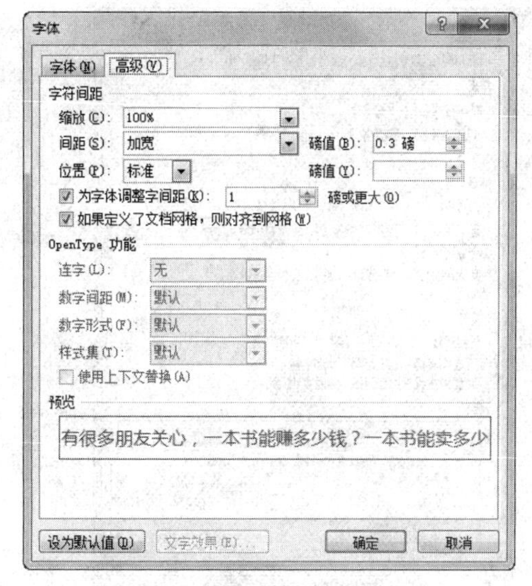

图 3-49　设置字符间距

（5）设置正文各段“首行缩进”为“2 字符”，左右缩进 0.3 厘米；“行距”为固定值 13 磅。

① 选中正文。

② 打开“开始”选项卡，在“段落”组中单击“段落对话框启动器”按钮，弹出“段落”对话框。

③ 在“段落”对话框中选择“缩进和间距”选项卡，在“缩进”选项组中将“左”、“右”设置为“0.3 厘米”；在“特殊格式”下拉列表框中选择“首行缩进”选项，设置“磅值”为“2 字符”；在“行距”下拉列表框中选择“固定值”选项，设置“设置值”为“13 磅”，单击“确定”按钮，如图 3-50 所示。

（6）在正文下方输入表格名称“2013 年 7 月第一周星期一至星期日销售额统计表”。设置表格名称“2013 年 7 月第一周星期一至星期日销售额统计表”字体为华文行楷，字号为三号、加粗、倾斜、深蓝，文字 2 并居中。

（7）在表格名称下方建立 9 行 8 列的空表格。

① 打开“插入”选项卡，单击“表格”下拉按钮下的“插入表格”命令，弹出“插入表格”对话框，如图 3-51 所示。

② 在“插入表格”对话框中的“表格尺寸”选项组中设置“列数”为“8”、“行数”为“9”，单击“确定”按钮，即可生成 9 行 8 列的空表格。

（8）在表格中输入表 3-1 中的数据。

（9）在表格右侧添加一列，标题为“总销售额”。

① 选中表格的最后一列并单击鼠标右键，打开快速菜单。

② 选择“插入”|“在右侧插入列”命令，添加一列。

③ 在添加列的最上方单元格中输入“总销售额”。

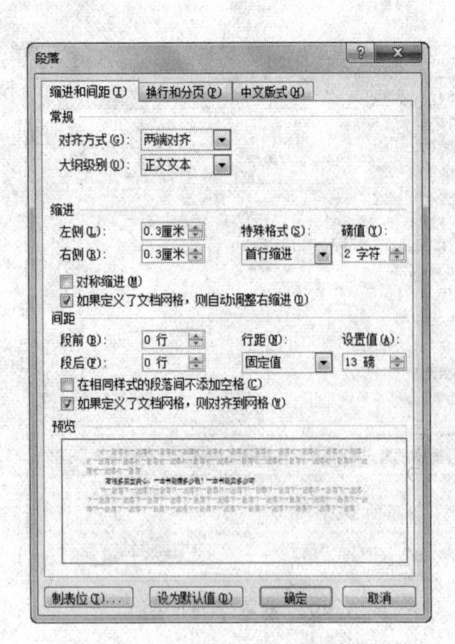

图 3-50　设置段落效果

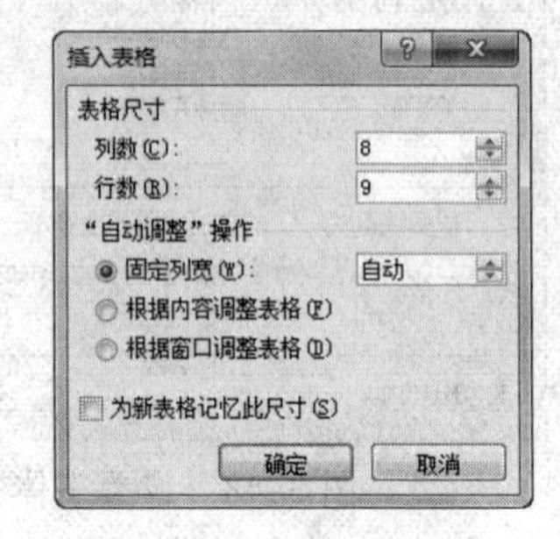

图 3-51　“插入表格”对话框

(10) 设置表格行和列标题字体为宋体，字号五号，加粗；所有数据字体为宋体，字号五号。

(11) 表格内容对齐方式为水平方向居中，垂直方向也居中。

① 选中整个表格并单击鼠标右键。

② 在弹出的快捷菜单中选择“单元格对齐方式”中的按钮。

(12) 调整表格的宽度和高度。

① 选中整个表格。

② 将鼠标指针移动到表格右下角的控制点上，当鼠标指针变为双向箭头时，拖动鼠标调整整个表格的大小。

③ 将鼠标指针移动到第一个单元格右侧的边框线上，拖动鼠标调整该单元格的宽度；将鼠标指针移动到第一个单元格底端的边框线上，拖动鼠标调整该单元格的高度。调整后的表格如图 3-52 所示。

2013 年 7 月第一周星期一至星期日销售额统计表

	星期一	星期二	星期三	星期四	星期五	星期六	星期日	总销售额
计算机应用	1062	836	769	1067	986	2780	3572	
电子表格	268	350	227	380	470	890	970	
文字处理	345	860	230	480	720	19640	2860	
图形图像	201	355	472	350	740	8966	1080	
数码照片	132	280	308	156	2760	4320	6720	
演示文稿	780	567	760	1460	830	3720	7680	
软件工程	345	234	567	213	312	223	132	
网络安全	690	580	432	780	970	1066	2090	

图 3-52　调整后的表格

（13）在表格左上角单元格内加入斜线表头，行标题为“星期”，列标题为“项目”。

① 将光标定位于表格的第一个单元格。

② 打开“页面布局”选项卡，在“页面背景”组中选择“页面边框”命令，弹出“边框和底纹”对话框。单击“边框”选项卡，在“应用于”下拉列表中选择“单元格”命令，然后在“预览”区域的右下角单击“斜下框线”按钮，再单击“确定”按钮，如图 3-53 所示。

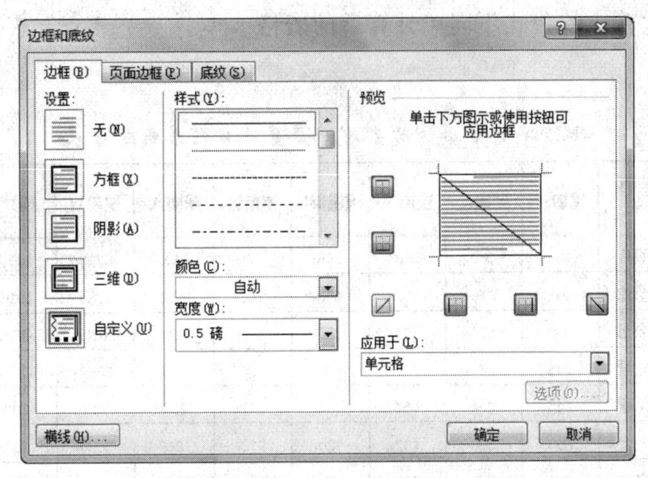

图 3-53 “边框和底纹” 对话框中“插入斜线”

③ 在第一个单元格中输入“星期”文字，然后按【Enter】键，再输入“项目”文字，最后调整合适的位置即可。

（14）以“星期一”列为依据，进行递增排序。

① 将光标定位于表格的任意单元格。

② 选择“表格工具”，单击“布局”选项卡，在“数据”组中单击“排序”命令，弹出“排序”对话框，如图 3-54 所示。

③ 在“排序”对话框中的“主要关键字”下拉列表框中选择“星期一”选项，再选中“升序”单选按钮，单击“确定”按钮。

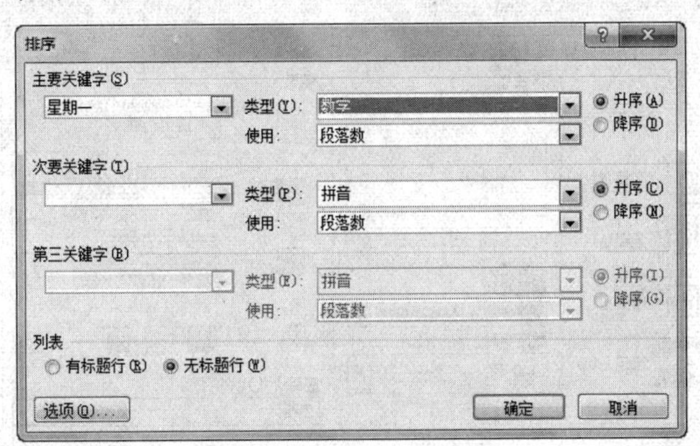

图 3-54 “排序”对话框

（15）利用公式对每种书籍“总销售额”求和。

① 将光标定位于放置第一种书籍“总销售额”结果的单元格。

② 选择“表格工具”，打开“布局”选项卡，在“数据”组中单击“公式”按钮，弹出“公式”对话框，如图 3-55 所示。

③ 在“公式”对话框中，输入公式“=SUM(B2:H2)”（或输入公式“=SUM(left)”），单击“确定”按钮。

④ 计算出每种书籍的“总销售额”，方法同以上 3 步，只是每次输入的公式不同。计算后的表格如图 3-56 所示。

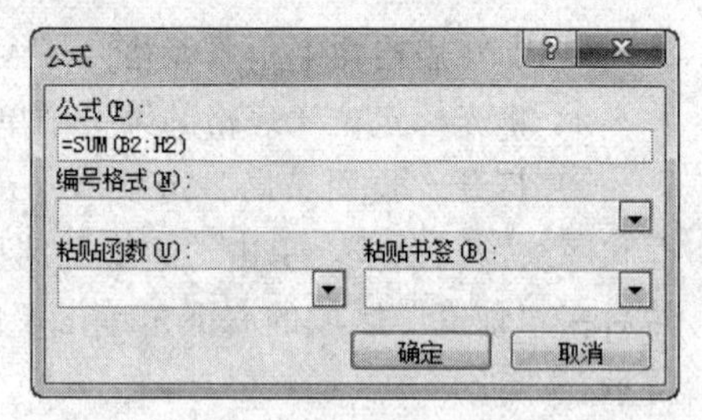

图 3-55 “公式”对话框

2013年7月第一周星期一至星期日销售额统计表

星期 项目	星期一	星期二	星期三	星期四	星期五	星期六	星期日	总销售额
数码照片	132	280	308	156	2760	4320	6720	14676
图形图像	201	355	472	350	740	8966	1080	12164
电子表格	268	350	227	380	470	890	970	3555
文字处理	345	860	230	480	720	19640	2860	25135
软件工程	345	234	567	213	312	223	132	2026
网络安全	690	580	432	780	970	1066	2090	6608
演示文稿	780	567	760	1460	830	3720	7680	15797
计算机应用	1062	836	769	1067	986	2780	3572	11072

图 3-56 计算后的表格

（16）对表格进行简单的修饰：设置表格的边框线，设置单元格的底纹。

① 选中整个表格。

② 选择“表格工具”，单击“设计”选项卡，在“绘图边框”组中单击“边框和底纹对话框启动器”按钮，弹出“边框和底纹”对话框，如图 3-57 所示。

图 3-57 “边框格底纹”对话框

③ 在“边框和底纹”对话框中，选择“边框”选项卡，在“设置”选项区域中选择“自定义”，在“样式”选择区域中选择线形、“颜色”设置外边框；再选择“线形”、“颜色”设置“内边框”。单击“确定”按钮。

④ 选中表格的第一行，选择“格式”|“边框和底纹”命令，在弹出的“边框和底纹”对话框中打开“底纹”选项卡，选择“填充”的颜色，单击“确定”按钮。修饰后的表格如图 3-58 所示。

2013年7月第一周星期一至星期日销售额统计表

星期 项目	星期一	星期二	星期三	星期四	星期五	星期六	星期日	总销售额
数码照片	132	280	308	156	2760	4320	6720	14676
图形图像	201	355	472	350	740	8966	1080	12164
电子表格	268	350	227	380	470	890	970	3555
文字处理	345	860	230	480	720	19640	2860	25135
软件工程	345	234	567	213	312	223	132	2026
网络安全	690	580	432	780	970	1066	2090	6608
演示文稿	780	567	760	1460	830	3720	7680	15797
计算机应用	1062	836	769	1067	986	2780	3572	11072

图 3-58 修饰后的表格

（17）设置整篇文档页边距（上、下为 2.6 厘米，左、右为 3.2 厘米）。

（18）页眉居右位置输入“创建和编辑表格”，页脚居中输入页码。

① 打开“插入”选项卡，在“页眉和页脚”组中单击“页眉”按钮，再单击“编辑页眉”命令，进入“页眉和页脚”编辑状态。

② 将光标定位到页眉位置，输入“创建和编辑表格”，单击“开始”选项卡，在“段落组”中单击“文本右对齐”按钮。

③ 在“插入”选项卡上的“页眉和页脚”组中，单击“页码”按钮，单击“页面底端”，“普通数字 3”，再单击“关闭页眉页脚”按钮。

（19）依据表格数据生成簇状柱形图图表。

① 选中表格的前 8 列，单击“复制”按钮或按【CTRL+C】组合键，将鼠标定位到需要插入图表的位置上，本例是表格的下方。

② 然后单击“插入”选项卡→在“插图”选项组中单击“图表”按钮，在打开的“插入图表”对话框中，选择图表类型，此处选默认值，簇状柱形图，再单击“确定”按钮。

③ 在随即打开的 Excel 表中单击 A1 单元格（如果图表区域的大小不合适，请拖曳区域的右下角，默认只有系列 3，本例是系列 7）。按【Ctrl+V】组合键将先前复制的表格粘贴过来，可以看到当前的 Word 文档也会插入一个图表，如图 3-59 所示。

④ 如果对图表效果不是很满意的话，也可以通过“图表工具”选项区下单击“设计”选项卡，进行相关调整，本例需要行列转换。在“数据”组中单击“切换行/列”按钮，如图 3-60 所示。

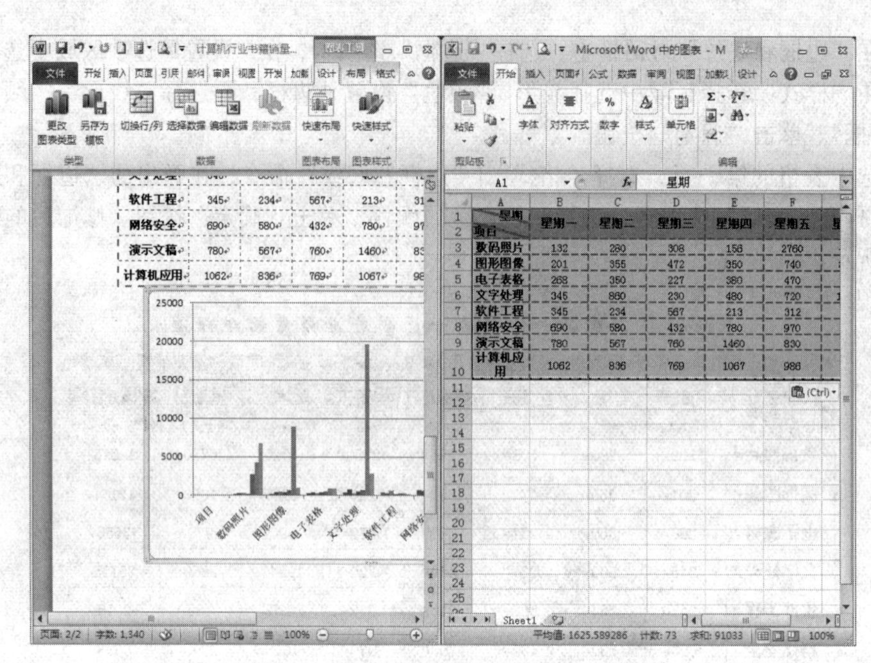

图 3-59　插入图表

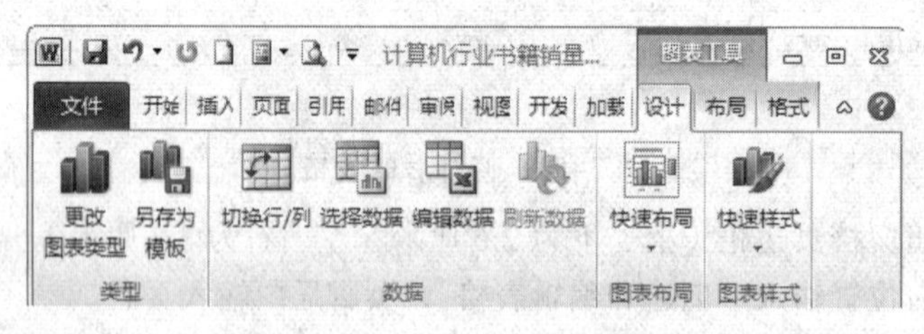

图 3-60　“切换行/列”按钮

⑤ 图表操作完成后，可以直接关闭右方这个 Excel 电子表格，可以看到 Word 当中已经出现基于表格所创建的图表，如图 3-61 所示。单击“图表”将其选中，仍然可以使用“图表工具”来进行相关编辑操作。

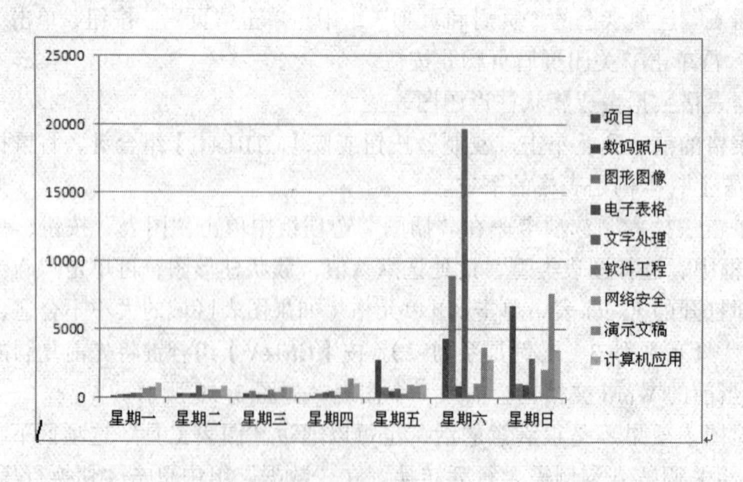

图 3-61　“切换行/列”后的图表

⑥ 双击图表的“绘图区”区域，弹出“设置图表区格式”对话框，如图 3-62 所示。

⑦ 选中“填充”选项组中的“图片或纹理填充”单选按钮，单击“纹理”下拉箭头，弹出填充的样式，如图 3-63 所示。选择“纹理”区域中的“水滴”样式，单击“关闭”按钮。

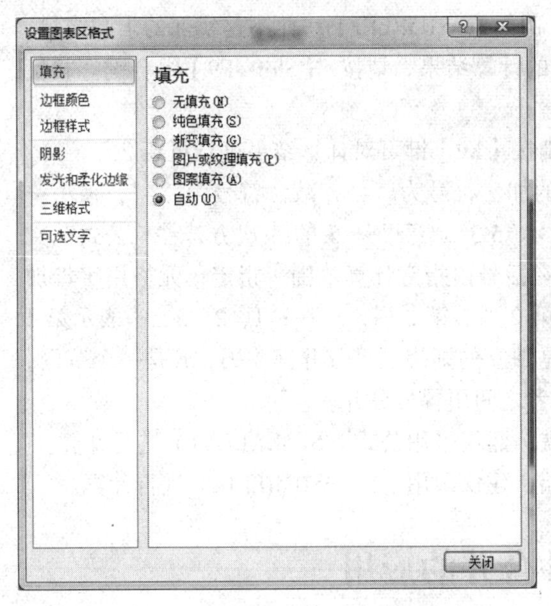

图 3-62 “设置图表区格式”对话框

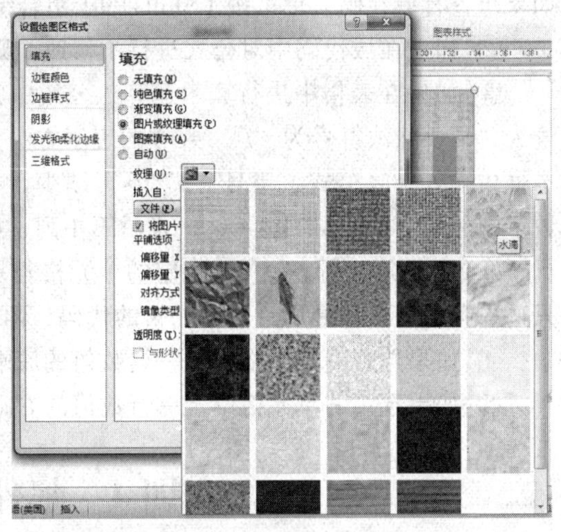

图 3-63 设置“绘图区”为 “水滴”样式

⑧ 使用同样的方法，将“图表区”设置为“羊皮”样式，如图 3-64 所示。

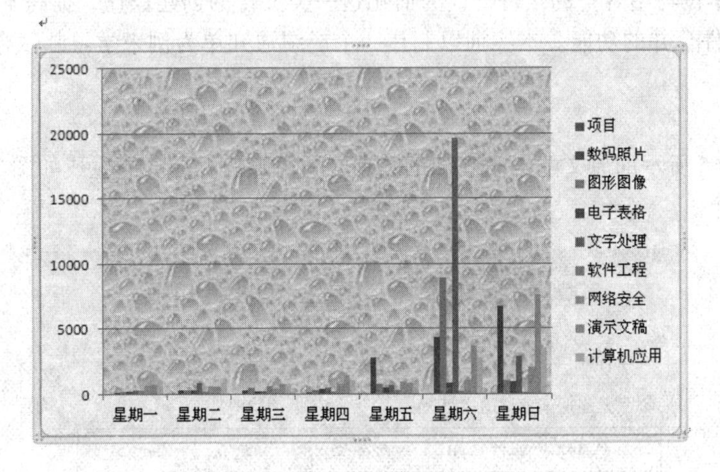

图 3-64 设置后的图表

（20）将文档进行保存。

操作技巧

（1）在表格末尾快速添加一行。

将光标定位到表格最后一行的最后一个单元格，然后按【Tab】键；或将光标定位到表格最后一行外的段落标记处，然后按【Enter】键。

（2）表格中光标顺序移动的快捷键。

① 移动到下一个单元格的快捷键：【Tab】。

② 移动到上一个单元格的快捷键：【Shift+Tab】。

（3）表格中公式的使用。

① 如果单元格中显示的是大括号和代码（例如，{=SUM(LEFT)}）而不是实际的求和结果，则表明 Word 正在显示域代码。要显示域代码的计算结果，请按 【Shift+F9】组合键。相反如果想查看域代码，也可按【Shift+F9】组合键。

② 如果在域代码中对公式进行了修改，则按【F9】键可对计算结果进行更新。

③ 如果在表格中进行算术运算，公式中的加法符号为“+”，减法符号为“-”，乘法符号为“*”，除法符号为“/”。乘方的表示方法为“5^3”，意思是 5 的 3 次方，在“公式”文本框中输入计算公式，等号“=”不可缺少，在括号内指定计算范围，指定单元格用字母加数字的形式表示。A、B、C、…表示第 1 列、第 2 列、第 3 列、……；1、2、3、…表示第 1 行、第 2 行、第 3 行、……。指定的单元格若是独立的则用逗号分开其代码；若是一个范围，只输入其第一个和最后一个单元格的代码，两者之间用冒号分开。

④ 如果选定的单元格位于一列数值的底端，建议采用公式 =SUM(ABOVE) 进行计算。

⑤ 如果选定的单元格位于一行数值的右端，建议采用公式 =SUM(LEFT) 进行计算。

实训 4　邮件合并的应用

在实际工作中经常会遇到需要同时给多人发信的情况，例如：生日邀请、节日问候、成绩通知单或者单位写给客户的信件等。为简化这一类文档的创建操作，提高工作效率，Word 2010 提供了邮件合并的功能。本实训以制作一个成绩通知单为例来学习邮件合并功能。

实训目标

将如图 3-65 所示的原文配合表 3-2 的数据，利用邮件合并功能生成如图 3-66 所示的每名学生的成绩单。

XXX 学院期末考试学生成绩通知单

同学你好！

以下是你期末考试的成绩：

计算机基础	软件应用	网络安全	总分	平均分

XXX 学院教务处

2013-6-29

图 3-65　成绩单原文

表 3-2 成 绩 表

专业	姓名	性别	计算机基础	软件应用	网络安全	总分	平均分	评价
计应	钱多多	男	980	870	850	2700	90.0	优秀
网管	蔡晓晨	女	680	770	800	2250	75.0	中
电政	张晓点	女	830	790	820	2440	81.3	良好
网管	张大伟	男	750	800	760	2310	77.0	中
网管	闫方方	男	850	900	880	2630	87.7	良好
计应	李小光	女	820	810	760	2390	79.7	中
计应	李红娇	女	770	860	801	2431	81.3	良好
网管	王豪	男	840	920	900	2660	88.7	良好
网管	金婷婷	男	880	560	880	2320	77.3	中
电政	李健	男	730	720	800	2250	75.0	中
计应	崔航	女	780	800	800	2380	79.3	中
电政	李劲	女	670	750	770	2190	73.0	中
网管	蔡源源	女	860	700	700	2260	75.3	中
电政	陈旭旭	男	870	770	640	2280	76.0	中
电政	魏大鹏	男	790	800	790	2380	79.3	中
电政	李立丽	女	710	900	870	2480	82.7	良好
网管	于亮亮	男	900	880	920	2700	90.0	优秀
计应	张小楠	男	580	650	600	1830	61.0	及格
电政	刘丰硕	女	870	900	890	2660	88.7	良好
网管	闫加	男	600	500	570	1670	55.7	不及格
电政	张林	女	690	760	730	2180	726.67	中
计应	毛晓虎	男	890	780	900	2570	85.67	良好

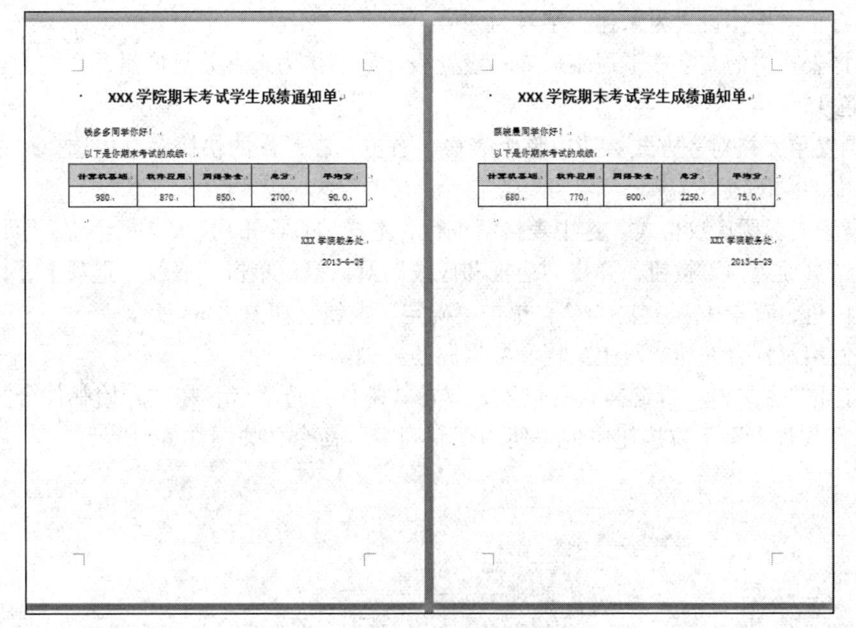
XXX 学院期末考试学生成绩通知单

钱多多同学你好！

以下是你期末考试的成绩：

计算机基础	软件应用	网络安全	总分	平均分
980	870	850	2700	90.0

XXX 学院教务处

2013-6-29

XXX 学院期末考试学生成绩通知单

蔡晓晨同学你好！

以下是你期末考试的成绩：

计算机基础	软件应用	网络安全	总分	平均分
680	770	800	2250	75.0

XXX 学院教务处

2013-6-29

图 3-66 合并后的成绩单样文

实训步骤

（1）启动 Word 2010，建立空文档，录入并保存如图 3-65 所示的原文所给出的文档作为主文档。

（2）建立空文档，录入并保存表 3-2 所示的表格，作为数据源。

（3）将“×××学院期末考试学生成绩通知单”设置为标题 1 样式并且居中。

（4）将正文字体设置为宋体，字号为四号。

（5）将表格中的文字靠下居中对齐；设置表标题字体为隶书并且加粗，底纹为白色，背景 1，深色 15%。

（6）使用邮件合并功能对主文档和数据源建立关联。

（7）在主文档中插入合并域。

（8）生成每个学生的成绩通知单，并作为新文件保存。

实训提示

（1）启动 Word 2010，建立空文档，录入并保存原文所给出的文档作为主文档。

（2）建立空文档，录入并保存表格，作为数据源。

（3）将“×××学院期末考试学生成绩通知单”设置为标题 1 样式并且居中。

① 选中标题。

② 在“开始”选项卡中的“样式”区域单击“标题 1”选项，单击“段落”区域中的“居中”按钮，效果如图 3-67 所示。

▪ XXX 学院期末考试学生成绩通知单↵

图 3-67　标题设置效果

（4）将正文字体设置为宋体，字号为四号。

（5）将表格中的文字靠下居中对齐；设置表标题字体为隶书并且加粗，底纹为白色，背景 1，深色 15%。

① 设置单元格对齐方式。选中整个表格，右击，在弹出的快捷菜单中选择“单元格对齐方式”中的按钮。

② 设置表标题底纹格式。选中表格第 1 行，选择“页面布局”选项卡，在“页面背景”组中单击“页面边框”按钮，弹出“边框和底纹”对话框。单击“底纹”选项卡，设置“填充”为“白色，背景 1，深色 15%”，单击“确定”按钮，如图 3-68 所示。

（6）使用邮件合并功能对主文档和数据源建立关联。

① 打开“主文档”指定插入的位置，单击“邮件”选项卡，在“开始邮件合并”组中单击“选择收件人”下拉按钮中的“使用现有列表”命令，如图 3-69 所示。

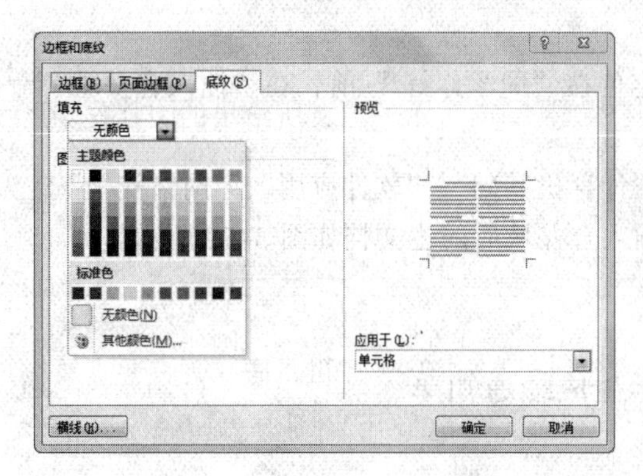

图 3-68 “边框和底纹”对话框　　　　图 3-69 “使用现有列表”命令

② 弹出“选取数据源”对话框，打开文档“数据源 2010.docx”所在的位置，选中该文档，单击“打开”按钮，如图 3-70 所示。

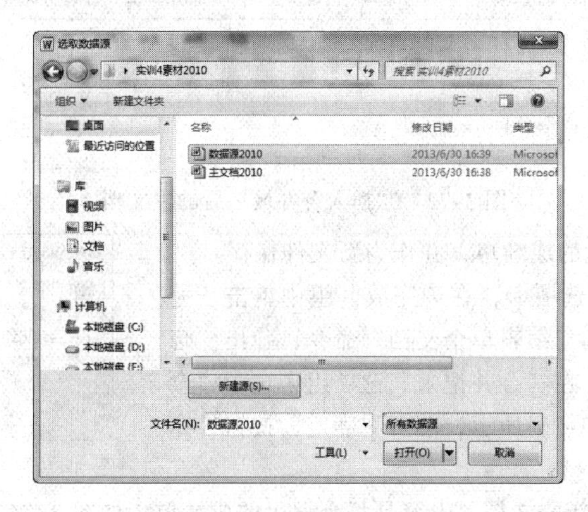

图 3-70 “选取数据源”对话框

③ 单击“邮件”选项卡，在“编写和插入域”组中单击“插入合并域”下拉按钮，如图 3-71 所示。

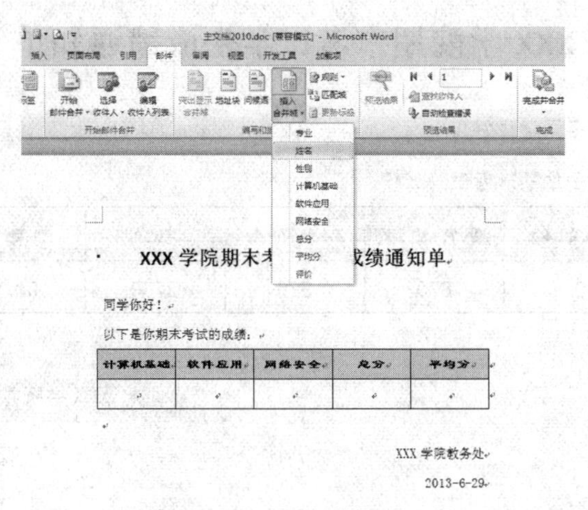

图 3-71 “插入合并域”菜单

（7）在主文档中插入合并域。

① 以上把数据源引入到主文档中，将光标定位在“同学你好!”前，在“插入合并域”菜单下，单击“姓名”选项。

② 参照步骤①，分别将“数据库域”中的“计算机基础”、“软件应用”、“网络安全”、“总分”、“平均成绩”插入到表格相应的位置。插入合并域后的主文档如图 3-72 所示。

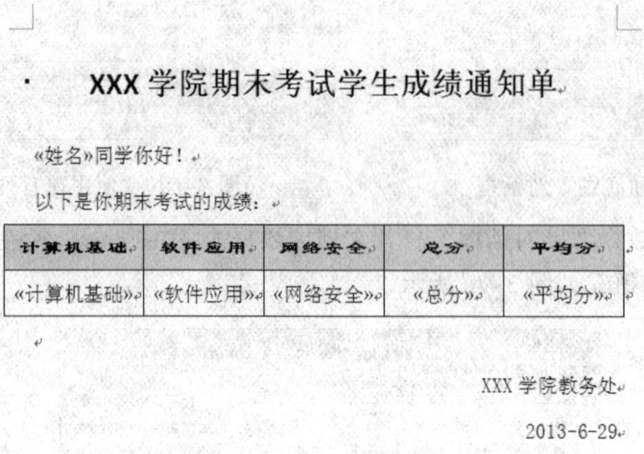

XXX 学院期末考试学生成绩通知单

«姓名»同学你好！

以下是你期末考试的成绩：

计算机基础	软件应用	网络安全	总分	平均分
«计算机基础»	«软件应用»	«网络安全»	«总分»	«平均分»

XXX 学院教务处

2013-6-29

图 3-72　“插入合并域”后的主文档

（8）生成每个同学的成绩单，并作为新文件保存。

① 单击“邮件”选项卡，在“完成”组中单击“完成合并”下拉按钮中的“编辑单个文档”命令，弹出“合并到新文档”对话框。在“合并记录”选项组中选中“全部”单选按钮，如图 3-73 所示，单击“确定”按钮，完成合并链接。

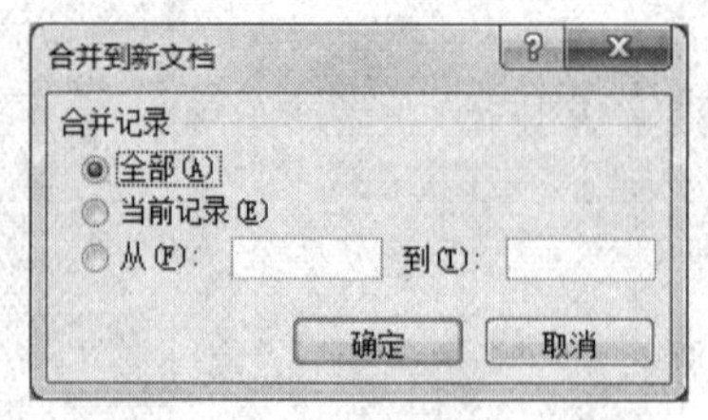

图 3-73　“合并到新文档”对话框

② 随即生成一个新的文档，内容是每个学生的成绩单，如图 3-74 所示。最后将该文档进行保存。

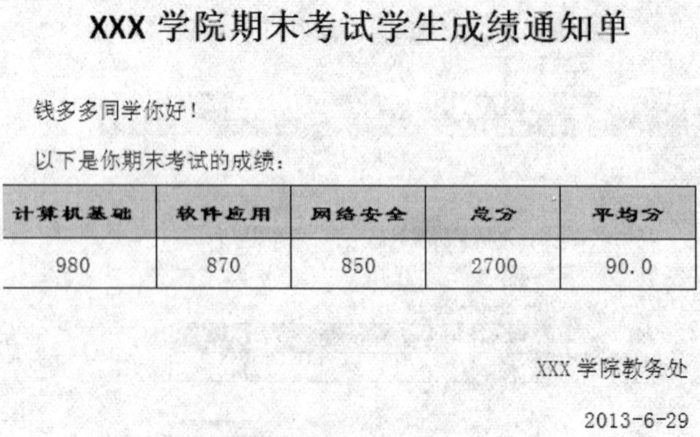

XXX 学院期末考试学生成绩通知单

钱多多同学你好！

以下是你期末考试的成绩：

计算机基础	软件应用	网络安全	总分	平均分
980	870	850	2700	90.0

XXX 学院教务处

2013-6-29

图 3-74　生成一个新的文档

操作技巧

邮件合并中的省纸的办法如下所述。

（1）在一页 A4 纸上显示两名学生的成绩单。在主文档中将插入域后的成绩单，在同一页复制一份，调整两份成绩单的间隔，将光标定位到第 2 张成绩单之前的位置，单击“邮件”选项卡，在“编写和插入域”组中单击“规则”下拉箭头中的“下一条记录”选项，如图 3-75 所示。

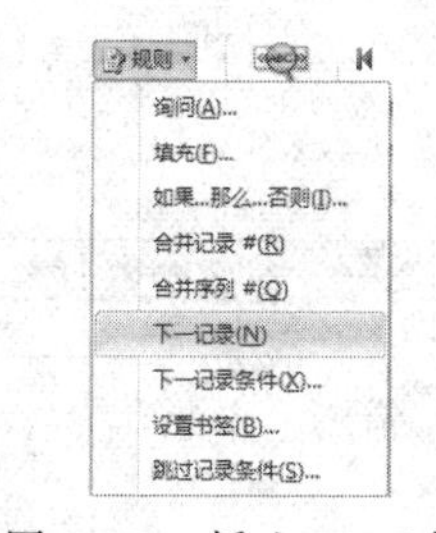

图 3-75 插入 Word 域

（2）插入 Word 后的效果，请注意两条记录中间的《下一记录》显示，表明一页纸可以打印两个成绩单。调整后的效果，如图 3-76 所示。

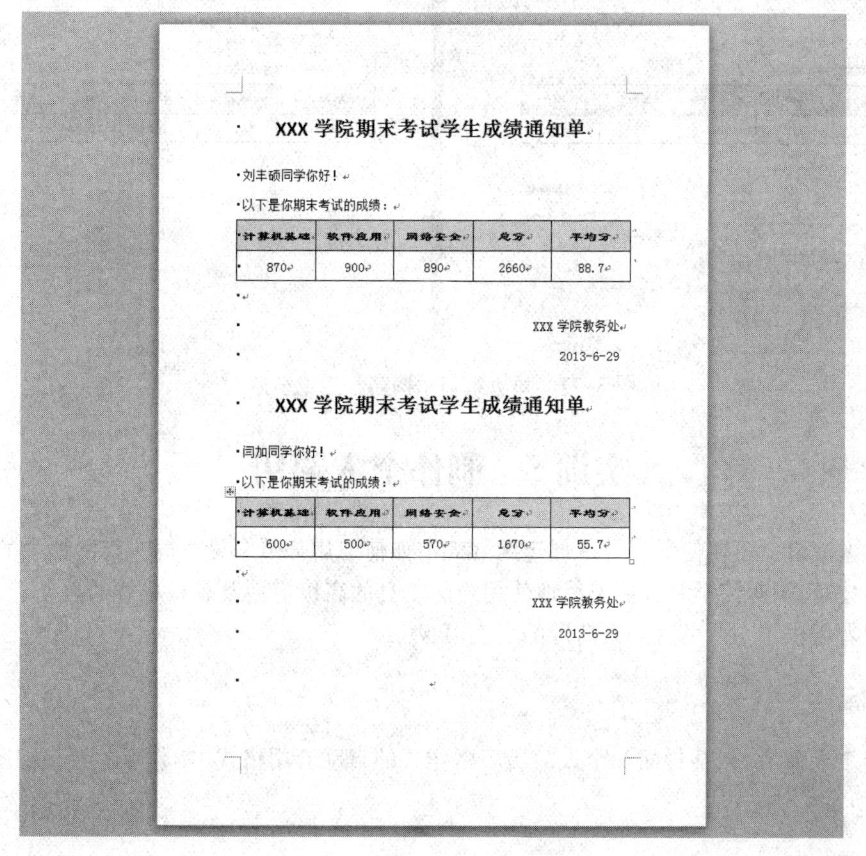

XXX 学院期末考试学生成绩通知单

刘丰硕同学你好！

以下是你期末考试的成绩：

计算机基础	软件应用	网络安全	总分	平均分
870	900	890	2660	88.7

XXX 学院教务处

2013-6-29

XXX 学院期末考试学生成绩通知单

闫加同学你好！

以下是你期末考试的成绩：

计算机基础	软件应用	网络安全	总分	平均分
600	500	570	1670	55.7

XXX 学院教务处

2013-6-29

图 3-76 “插入 Word 域”后

（3）如果真正实现一张纸打印两份成绩单，还需要再一次在“完成”组中单击“完成合并”下拉按钮中的“编辑单个文档”命令，弹出“合并到新文档”对话框。在“合并记录”选项组中选中“全部”单选按钮，单击“确定”按钮，完成合并链接，如图 3-73 所示。

（4）又一次生成一个新的文档，每页纸可以显示两名学生的成绩单。将该文档进行再一次保存，效果如图 3-77 所示。

XXX 学院期末考试学生成绩通知单

钱多多同学你好！

以下是你期末考试的成绩：

计算机基础	软件应用	网络安全	总分	平均分
980	870	850	2700	90.0

XXX 学院教务处

2013-6-29

XXX 学院期末考试学生成绩通知单

张晓点同学你好！

以下是你期末考试的成绩：

计算机基础	软件应用	网络安全	总分	平均分
830	790	820	2440	81.3

XXX 学院教务处

2013-6-29

XXX 学院期末考试学生成绩通知单

蔡晓晨同学你好！

以下是你期末考试的成绩：

计算机基础	软件应用	网络安全	总分	平均分
680	770	800	2250	75.0

XXX 学院教务处

2013-6-29

XXX 学院期末考试学生成绩通知单

张大伟同学你好！

以下是你期末考试的成绩：

计算机基础	软件应用	网络安全	总分	平均分
750	800	760	2310	77.0

XXX 学院教务处

2013-6-29

图 3-77　每页纸显示两名学生成绩单

实训 5　制作个人简历

通过本案例，不仅使学习者掌握运用 Word 如何使用分节来设置同一篇文档中的不同设置的高级技巧，同时使学习者更熟练地使用绘图工具的高级应用及表格样式的自动套用格式，还给学习者提供了一个书写个人简历的真实模板。

实训目标

制作个人简历：包括封面和个人简历表格样式的自动套用格式，制作后的效果如图 3-78、图 3-79 所示。

实训步骤

（1）启动 Word 2010，建立空文档，以下所有内容均在同一篇文档中编辑。

（2）设计个人简历的封面。利用绘图工具制作封面，样式可参考图 3-78。

李四个人简历

2013届XXX教育学院硕士研究生简历

应聘岗位：计算机教师

个人信息

姓名	李四	出生日期	1988.06	
政治面貌	中共党员	生源地	山东青岛	
专 业	计算机应用	职务	院学习部部长	
英语等级	六级	计算机等级	三级	
普通话等级	一级甲等	电子邮箱	lisi2013@163.com	
电话	13601066665（京）	QQ	12345678	

教育经历

2008/09—2011/07：XXX教育学院　计算机应用专业　硕士学位

2004/09—2008/07：XXX教育学院　计算机科学与技术专业　学士学位

奖励情况

2010/11：获XXX教育学院2009-2010年优秀研究生一等奖学金

2010/03：获XXX教育学院2008-2009年优秀研究生单项奖学金（社会活动奖）

2009/12：获XXX教育学院2009年度校园文化先进个人

2009/11：获XXX教育学院参与十一运会志愿服务先进志愿者

2007-2008：获国家励志奖学金（班级唯一获奖者）、北京市优秀毕业生（班级仅有的两名获奖者之一）、XXX教育学院优秀毕业生（班级仅有的两名获奖者之一）、XXX教育学院优秀学生干部、优秀团干部、优秀团员、三好学生、一等奖学金

2006-2007：获北京市优秀学生干部、优秀团干部、三好学生、一等奖学金

科研情况

参与北京市第四批研究生重点课程建设项目《多媒体教学资源设计与开发》，编号：YKC0099

责任描述：主要负责该课程教学网站的版面设计及图片处理、效果制作。

论文

1、《浅析PHOTOSHOP CS4内容识别比例功能》《照相机》 国家中文核心期刊 2009/12

2、《图像尺寸变换技巧》 《电脑开发与应用》 普通期刊 2010/03

3、《学做懒人轻松打造HDR效果》 《照相机》 国家中文核心期刊 2010/10

4、《一分钟快速修图体验》 《摄影与摄像》 中国摄影摄像类核心期刊 2010/11

5、《图像尺寸变换技巧》 《电脑开发与应用》 普通期刊 2010/03

2、《学做懒人轻松打造HDR效果》 《照相机》 国家中文核心期刊 2010/10

4、《一分钟快速修图体验》 《摄影与摄像》 中国摄影摄像类核心期刊 2010/11

实习经历

1、北京第九十六中学　实习岗位：计算机老师 时间：2010/10-2010/12

2、教授初中一年级信息技术课程，锻炼了自我教育教学能力，提高自我教学实践经验。

3、帮助该校计算机老师开展全国中小学电脑制作活动作品的准备工作。

4、成功策划、组织并完成学校电子海报设计大赛。

1

图3-78 “个人简历”制作效果

李四个人简历

课外活动

1、第十一届全国运动会赛会志愿者　地点：北京　时间：2009/04—2009/10

2、XXX教育学院传播学院百十名研究生申请者中唯一入选者，并经过学校三次选拔脱颖而出。

3、服务网球比赛新闻媒体，优异表现，并获得XXX教育学院参与十一运会志愿服务先进志愿者。

4、曾被第十一届全国运动会志愿者工作部指定媒体《北京市青年报》的“志愿风采”栏目报道。

自我评价

读研之前，我所学专业是计算机科学与技术。通过专业培养，能够熟练运用Office软件；熟练应用C语言；利用ASP语言独立开发符合WEB标准的中小型网站，以及维护网站建设；熟悉计算机网络和网络安全知识，能够有效利用互联网资源。怀着对教师事业的热爱并将自己所学教于他人的愿望,以及为了提升自己的教育学、心理学知识水平，研究生阶段选择了计算机应用专业。希望自己可以将知识与能力更好的结合，时刻按照“宽专业、厚基础、强能力、高素质”的标准去锻炼及发展自我。在校期间，认真学习计算机应用学科的基本理论和基础知识；掌握教学系统分析、设计、管理、评价的方法；具备计算机课件制作的基本能力；熟悉国家关于教育、计算机应用方面的有关方针、政策、法规；了解计算机应用理论前沿、应用前景和发展动态。

未来社会需要的是高素质复合型人才，因而我在学习基础课程之外，积极参加导师的课题项目，钻研摄影技巧，熟练运用Photoshop软件进行图片处理、设计，并把自己的设计技巧与经验以论文形式发表于国家中文核心期刊《照相机》、中国摄影摄像类核心期刊《摄影与摄像》，同时还参与了北京市科学技术协会组织的北京市科技全运成果展展板设计，使自己的设计水平和经验得到提高。

研究生课余时间，我在高校培训机构担任全国计算机等级考试的主讲教师。使我在教学工作方面得到了较好的锻炼，掌握了教学各个环节的基本方法，了解了教师工作的主要内容及其意义，具备了独立从事教学工作的能力。在教师管理方面和学生沟通方面获益匪浅，认识到教好一个班不仅仅靠能力，更重要的是：用责任心，用激情，让学生愉快学习。这次兼职为我以后的教学工作奠定了基础。

在校期间我曾多次参加志愿者服务工作，在由我校承办的“中国MPA专业学位设置十周年纪念大会”上，我进行过礼仪服务；在第十一届全运会期间，我作为网球比赛志愿者服务来自全国各地的新闻媒体，通过这些活动提高了我的综合素质和办事能力。

相信工作对个人来说不仅是谋生的工具，更应该是个人一生为之奋斗的事业，将以饱满的热情和十足的信心迎接工作带给我的挑战。

李四

2013年7月3日

2

图3-79 “个人简历”表格

（3）在“封面”后另起一页，建立表格，设置表格样式，录入简历内容。

（4）为个人简历表格所在的页添加页眉和页脚，页眉内容为“李四个人简历”，右对齐；页脚内容为插入页码，居中对齐。

（5）将文档进行保存。

实训提示

（1）启动 Word 2010，建立空文档，以下所有内容均在同一篇文档中编辑。

（2）设计个人简历的封面。利用“插图”组中的形状制作封面。

① 单击“插入”选项卡，在“插图”组中单击“形状”下拉箭头，打开“形状”菜单，如图 3-80 所示。

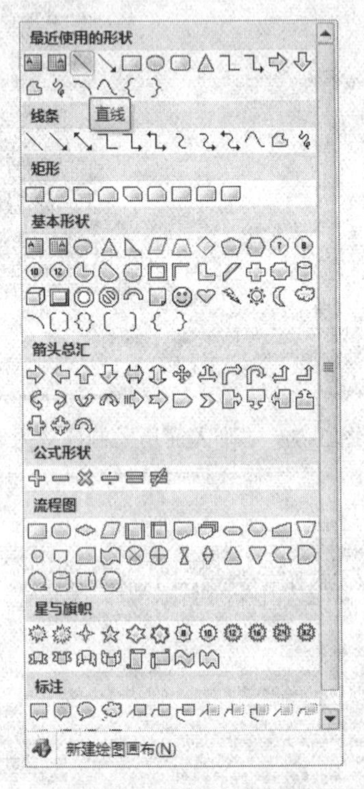

图 3-80 “形状”菜单

② 单击“线条”选项中的“直线”按钮，拖动鼠标画出四条直线，分别为水平线两条、垂直线两条。调整四条直线的长度及宽度的摆放位置。然后双击第一条直线，打开“绘图工具/格式”选项卡，在“形状样式”组中单击“其他”按钮，打开“形状样式”图例，选择“粗线-强调颜色 5”，如图 3-81 所示。

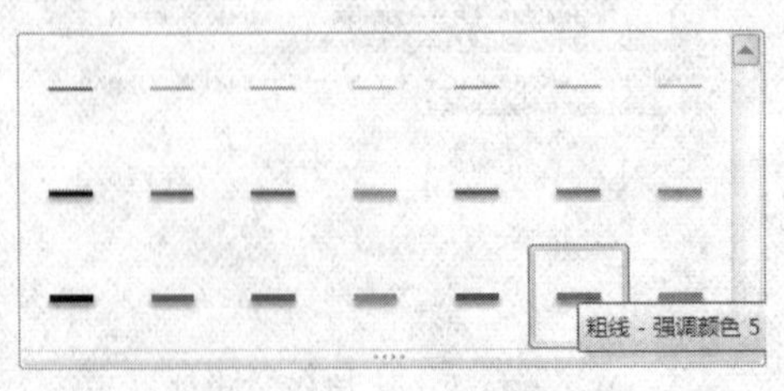

图 3-81 打开“形状样式”

③ 按照相同的方法，设置第二条、第三条及第四条直线，效果如图 3-82 所示。

④ 文档的水印。选择“页面布局”|“页面背景”，单击“水印”下拉箭头，调出“水印”对话框，选中“文字水印”单选按钮，然后选择或输入所需文本。再对文本进行设置，选择所需的其他选项，然后单击“应用”按钮。本例中，选中“文字水印”单选按钮，然后在“文字”文本框中输入文字“简”，在“颜色”下拉列表框中选择“水绿色，强调颜色文字 5，淡色 60%”；选中“半透明”复选框，其他选项按 Word 默认效果，单击“确定”按钮如图 3-83 所示。

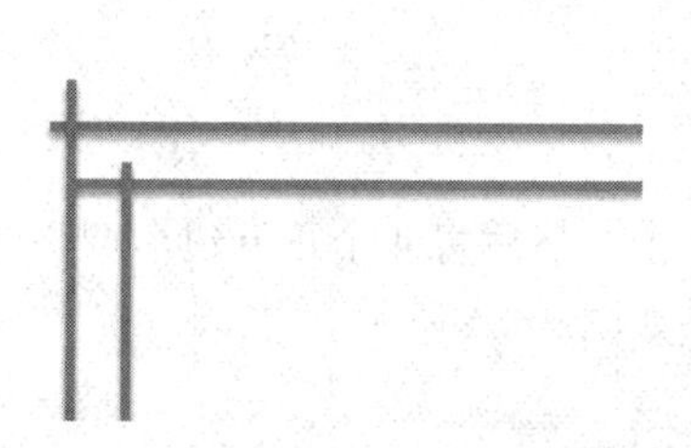

图 3-82　封面四条线效果

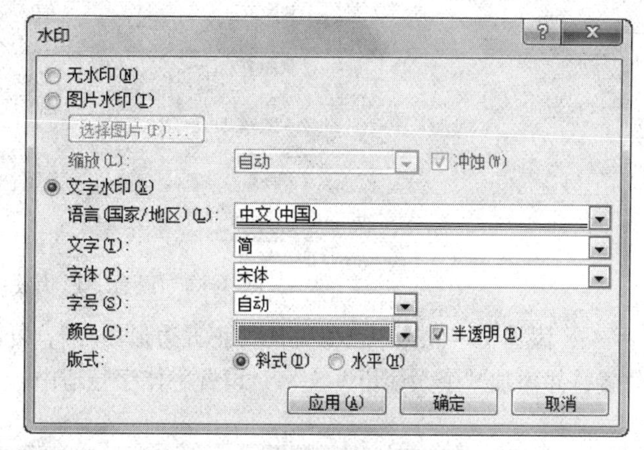

图 3-83　“水印”对话框

⑤ 单击“形状”选项中“基本形状”中的“正五边形”按钮，拖动鼠标画出一个正五边形。调整图形的大小，选中图形，弹出“绘图工具/格式” 选项卡，在“形状样式”组中，单击“其他”按钮，打开“形状样式”图例，选择“浅色 1 轮廓，彩色填充-水绿色，强调颜色 5”，如图 3-84 所示。

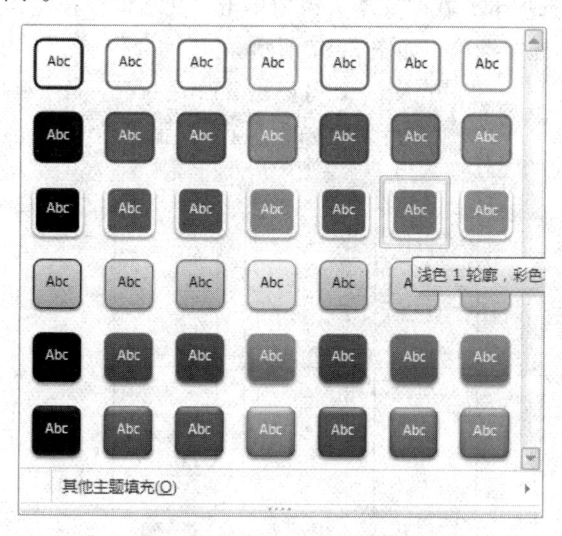

图 3-84　打开“形状样式”

⑥ 然后设置形状效果，单击“形状效果”下拉箭头选择“预设”选项，单击“预设 5”命令，如图 3-85 所示。

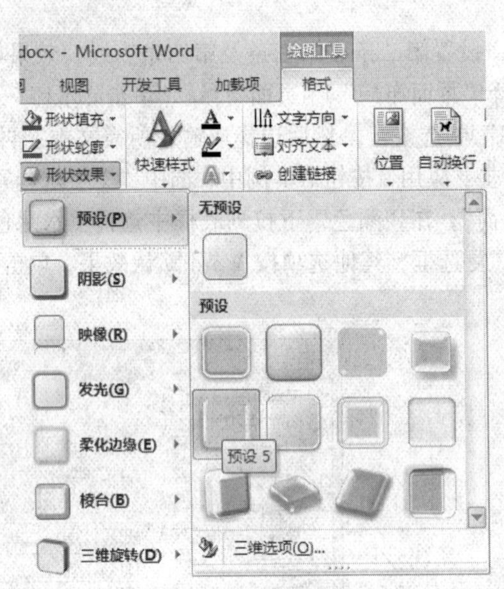

图 3-85　设置“形状效果”

⑦ 添加文字。选中已做好的“正五边形图形”，复制 3 个，然后将 4 个正五边形调整好位置，并添加“个人简历”文字，设置字体字号适中，效果如图 3-86 所示。

图 3-86　“正五边形”效果

⑧ 单击“插入”选项卡，在“文本”组中单击“文本框”按钮，弹出“文本框”的样式，再单击“绘制文本框”选项，如图 3-87 所示。

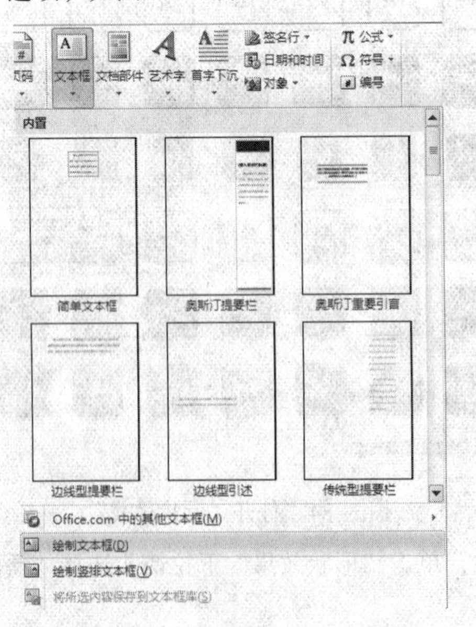

图 3-87　“绘制文本框”选项

⑨ 拖动鼠标画出文本框，添加文字，输入“专业：”，设置为楷体、小三，加粗、颜色为“水绿色，强调文字颜色 5”。然后输入“计算机应用”文字，设置为华文行楷、四号，颜色为“自动配色”，其他两行设置与第 1 行相同。

⑩ 选中文本框，弹出“绘图工具/格式”选项卡，单击“格式”，在“形状样式”组中单击“形状轮廓”下拉箭头，单击“无轮廓”选项，如图 3-88 所示。设置后的效果如图 3-89 所示。

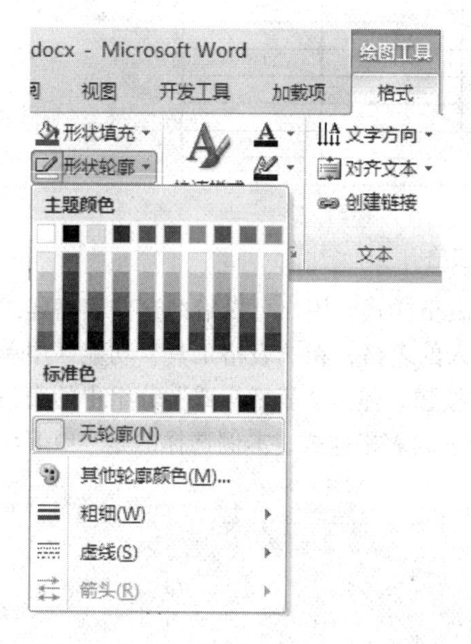

图 3-88　设置“形状轮廓”选项

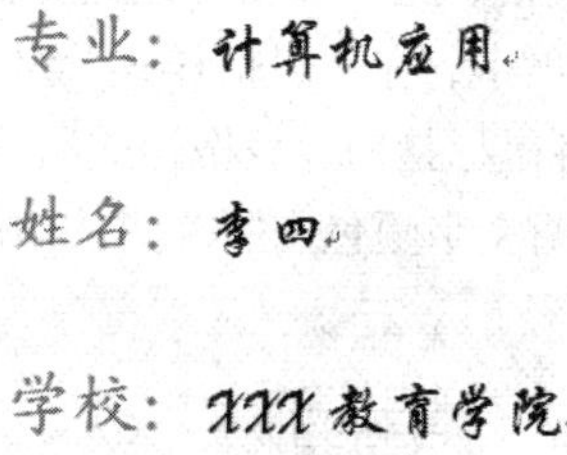

专业：计算机应用

姓名：李四

学校：XXX 教育学院

图 3-89　文本框效果

⑪ 将图 3-89 所示的文本框，叠放次序置于顶层，效果如图 3-78 所示。

（3）将“个人简历”的内容输入到第 2 页，建立表格，自动套用表格样式，修改表格样式，录入表格内容。

① 将光标定位到第 1 页的最后，单击“页面布局”选项卡，在“页面设置”组中单击“分隔符”下拉箭头，打开“分隔符”选项，在“分节符类型”选项组中单击“下一页”选项，如图 3-90 所示。

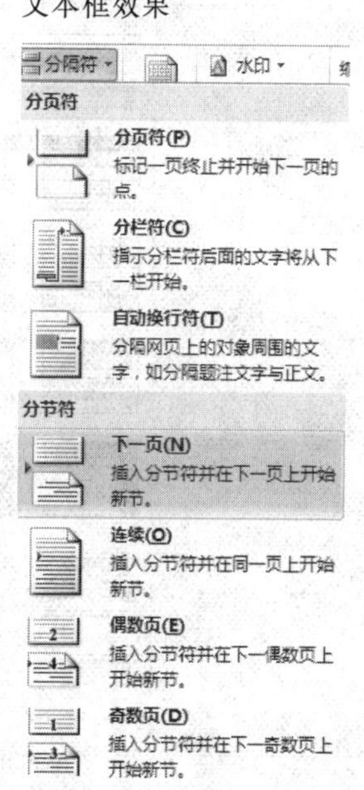

图 3-90　“分隔符”选项

② 在第 2 页中，输入“个人简历”的内容，插入表格，并且对标题及表格内容，字体、字号、颜色等进行设置。

③ 输入简历第 1 行文字内容为“2013 届×××教育学院硕士研究生简历”，设置为华文行楷、二号，居中。

④ 第 2 行文字内容为“应聘岗位：计算机教师”，设置为华文行楷、三号、加粗，居中。

⑤ 插入 10 行 5 列的表格，如图 3-91 所示。刚插入的表格，每一个单元格的大小都是一样的，若要做个有特殊要求的表格，必须做进一步设置。

2013届XXX教育学院硕士研究生简历

应聘岗位：计算机教师

图 3-91　新建表格

⑥ Word2010 中提供了多种适用于不同用途的表格样式。用户可以借助这些表格样式快速格式化表格，选择表格样式的方法是：选择刚插入的表格，在“表格工具”功能区中单击“设计”选项卡，在“表格样式”组中单击“其他”按钮，弹出“表格样式”分组中的表格样式列表，将鼠标指向“表格样式”，通过预览选择合适的表格样式，本例选择的是“中等深浅底纹 1–强调文字颜色 1”，效果如图 3-92 所示。

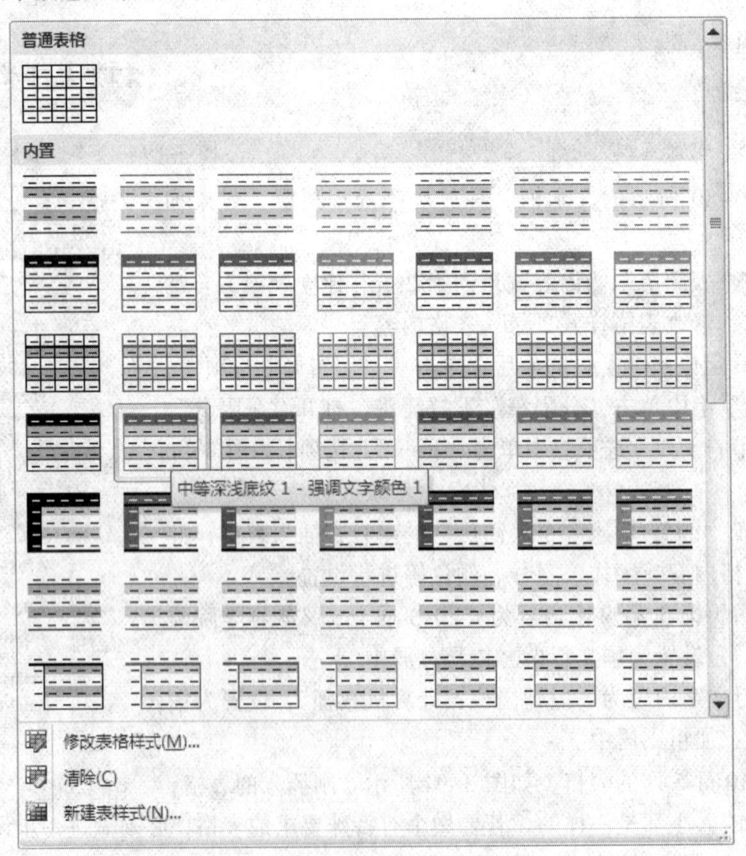

图 3-92　表格样式

⑦ 设置表格为“普通表格”，在“表格样式”组中单击“其他”按钮，弹出“表格样式”分组中的表格样式列表，单击“修改表格样式”命令，打开“修改样式”对话框。在“样式基准:”文本框中选择“普通表格”列表，再单击“确定”按钮，如图 3-93 所示。

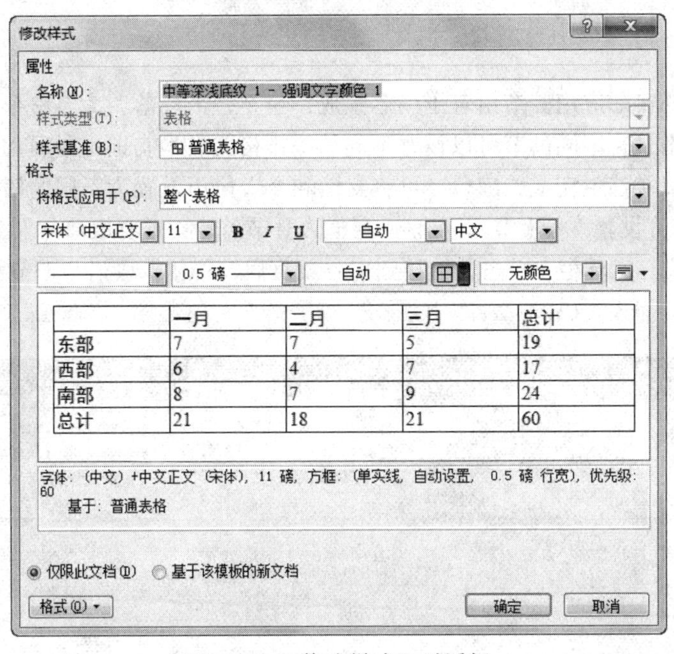

图 3-93 “修改样式”对话框

⑧ 合并单元格。合并单元格是将多个单元格合为一个单元格，合并单元格的操作方法是，选中表格的第 1 行并右击，在弹出的快捷菜单中选择“合并单元格”命令，输入文字“个人信息”，设置为宋体、五号、加粗，左对齐。

⑨ 将第 2 行至第 7 行最后一列的 6 个单元格合并成一个单元格，选中这 6 个单元格并右击，在弹出的快捷菜单中选择“合并单元格”命令。

⑩ 插入照片。选中合并后的单元格，选择“插入”|“图片”|“来自文件”命令，查找“个人简历照片.jpg”，单击“插入”按钮，调整照片大小，效果如图 3-78 所示。

⑪ 调整表格的行高和列宽。

⑫ 录入第 2 行至第 7 行各单元格的全部内容，学习者自己填写的内容统一为宋体五号，表格要求参见图 3-78。例如，“姓名”设置为宋体、五号、加粗。

⑬ 选中表格的第 8 行，选择“合并单元格”命令，输入文字“教育经历”，设置为宋体、五号、加粗，左对齐。

⑭ 个人简历后面的内容操作方法如⑤、⑥的操作步骤，表格最初插入的是 5 列 10 行，对于本实训来说，行数是远远不够的，建议边录入边插入新的行，一直插入到够用为止。同时要考虑是合并一行，还是合并多行，然后进行边框和底纹、表格内文字的设置。整体效果如图 3-79 所示。

⑮ 在个人简历最后输入“李四”并设置为华文行楷、小四，插入当天的日期，选择“自动更新”。

（4）为个人简历表格所在的页添加页眉和页脚，页眉内容为“李四个人简历”，右对齐；页脚内容为插入页码，居中对齐。

（5）将文档进行保存。

操作技巧

（1）分节符的实际应用。节由若干段落组成，小至一个段落，大至整个文档。同一个节具有相同的编排格式，不同的节可以设置不同的编排格式。本实训由封面和个人简历两部分组成，要求在一篇文档中完成，编辑时可将封面和个人简历设置为不同的两个节。

① 使用分节符设置“与上节不同”。一旦插入分节符后，需要取消与上节相同。方法为，打开“页眉和页脚”工具栏，单击“链接到前一条页眉”按钮，取消与上节相同，如图 3-94 所示，否则封面会插入页码。

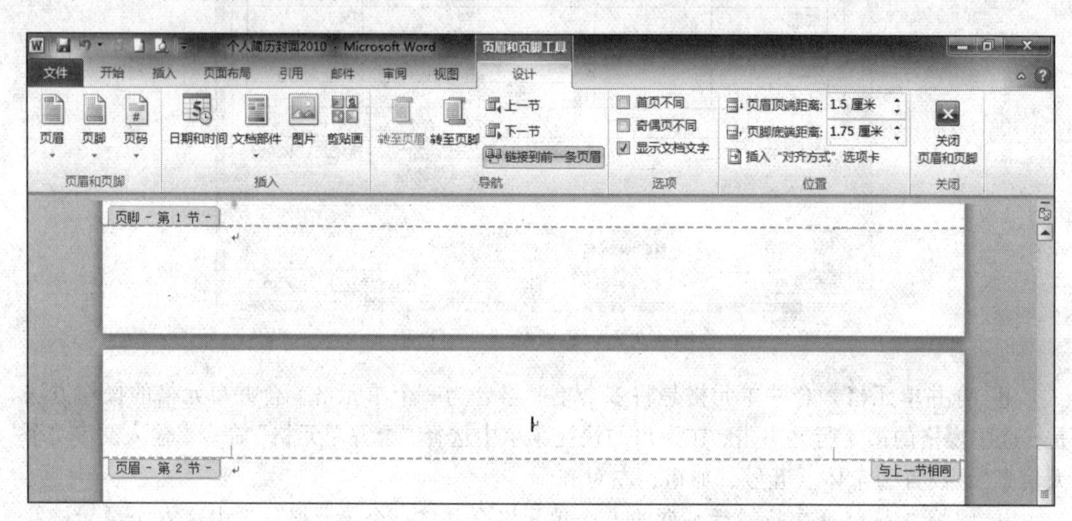

图 3-94　分节符

② 插入页码，本实训是从第 2 页插入页码，而且是由页码 1 开始。方法为，单击“插入”选项卡，在“页眉和页脚”组中单击“插入”下拉箭头中的“设置页码格式”命令，在弹出的“页码格式”对话框中选中“起始页码”单选按钮并输入“1”，单击“确定”按钮，如图 3-95 所示。

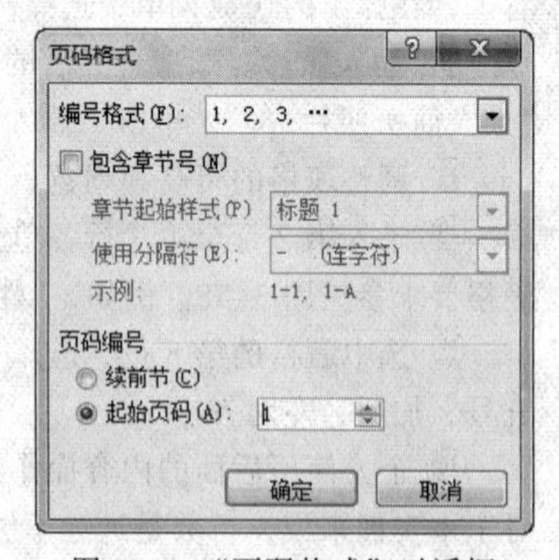

图 3-95　“页码格式”对话框

③ 对于封面插入的水印，从第 2 页开始不需要显示水印，在“页眉和页脚”编辑模式中删除本节的水印，即可实现。

（2）快速改变文档中的字号大小。对于文档中的文字大小，可以使用快捷键实现效果更佳，如想把文字变小，使用【Ctrl+[】组合键；想把文字变大使用【Ctrl+]】组合键；文字居中使用【Ctrl+E】组合键。

实训 6　论 文 排 版

无论是大学毕业还是硕士、博士毕业，都需提交毕业论文，除写好论文外，更关键的一环是如何为论文排版，如何生成目录，如何添加不同的页眉页脚。学习者应当在制作长文档前规划好各种设置，尤其是样式设置。不同的篇章部分一定要分节，而不是分页，在下面的实训中将以一篇论文为例，对其进行编辑排版，在排版过程中解决以上问题。

实训目标

这份论文要求的格式是：A4 纸；要有封面和目录；单面打印；除封面和目录外，每页的页眉是论文的题目；页码一律在页面底端的右侧，封面和摘要没有页码，目录是单独的页码，目录之后的页码从第 1 页开始，按页码的顺序进行排版，包括参考文献。

将图 3-96 ~ 图 3-98 所示的论文原文排版成如图 3-99 ~ 图 3-108 所示的形式。

计算机基础教学中引进 IC3 的实践与体会
李四
XXX 教育学院计算机系，北京 100000
Lisi2013@163.com
摘　要：本文首先展示了目前高职院校计算机基础教育的现状及存在的问题，进而在教学过程中引进 IC3 国际认证考试。在实践过程中体会和总结 IC3 考试的便利及特点。 通过引入 IC3 认证考试一方面促进了教师业务水平的提高，一方面提升了学生的计算机基础整体应用能力。
关键词：IC3；计算机基础教学；考试；证书
1 计算机基础教育的现状及存在的问题
随着计算机技术的飞速发展，信息量的急剧增加，计算机应用的日新月异，对职业学校计算机基础教育也提出了新的挑战和要求。
1.1 现状
目前好多城市的中、小学已普遍开设了计算机信息技术的课程，而日益增加的家庭计算机又为部分学生提供了良好的计算机学习环境。大学计算机基础教育已经脱离了原来的“零起点”，但高校新生入学时计算机基础水平差距较大，原因是：非高考科目，各个中学要求不统一；没有接触过计算机的学生仍占有一定比例，而在中学学习过计算机的学生，大部分基础知识和应用知识掌握的不系统、不全面。各地区教育水平发展不平衡、城乡高中生计算机教学差距悬殊。
1.2 问题
随着信息技术迅猛发展和计算机技术日益普及，学生计算机应用水平和计算机文化意识有了明显的提高，从近几年的教学状况和教学效果来看，出现了新的问题。一是学生学习的起点不一、学习主动性不强；二是教学模式陈旧、教学方法落后、教学内容滞后，三是学生不够重视、缺乏兴趣、学生学习个性无法发挥；四是师生交互不够、老师忙于讲课，没有时间搞教学研究；五是教学软硬件条件影响教学效果。
学生对计算机知识掌握的水平参差不齐，给教学组织带来了很大的困难，教学方法及教学效果难以把握，课程涉及内容较多，而课时数有限，无法真正实现因材施教。
进入大学的学生不同程度地都受过信息技术的初步教育，高职高专的信息技术类课程与中等教育存在着重叠与交叉的问题，因此，计算机基础课程的内容改革势在必行。
2 引进 IC3 后，计算机基础教学效果的提高
2.1 引入 IC3 认证考试对计算机基础教学的促进作用
2009 年 9 月我院计算机系对 09 级本系的两个班的学生的计算机基础课程进行了改革，将计算机应用专业和网络系统管理专业的 79 名学生的“计算机概论”课程，进行了课程置换，引入了 IC3 的课程。IC3 是一种在国际上被证明了的权威、有效的能力认证，英文全称为 Internet and Computing Core Certification，称为“计算机综合应用能力认证”。引入 IC3 认证考试对计算机基础教学的促进作用有如下几点。
没有增加课时，增加了教学内容
课程置换大体情况是这样的，在没有增加学时的情况下，却增加了教学内容，而教学进度和考试安排进展的情况有条不紊。按照 IC3 的课程体系分为三个模块，考试的时间、题数、题目类型及分数如表 1 所示。

表 1 IC3 考试模块（科目）、形式与内容

模块	内容	题数	考试时间	及格成绩
计算机基础	计算机硬件 计算机软件 操作系统软件	43-45 题	45 分钟	约 800 分
常用应用软件	文字处理能力 常用软件功能能力 电子表格能力 简报与绘图能力	43-45 题	45 分钟	约 800 分
网络应用与安全	网络 电子邮件 因特网 计算机与社会	43-45 题	45 分钟	约 800 分

开课的顺序调整为先讲常用应用软件模块，老师采用的是案例教学方法，讲课注重于知识点的强化，同时学生结合 IC3 相匹配的在线辅助教学与管理平台进行系统复习，马上参加常用应用软件模块的考试，成绩可喜，79 名学生参加常用应用软件模块的考试，通过 78 名；接下来讲计算机基础模块，学生边听课边利用 IC3 在线辅助教学与管理平台上网复习，紧接着就参加该模块的考试，79 名学生参加考试，通过 66 名；最后讲网络应用与安全模块，学生仍然是边听课、边使用 IC3 在线辅助教学与管理平台进行复习，最后一个模块安排在期末考试时间段内，与学校期末考试同步进行，参加考试的学生是 79 名，通过的人数是 76 名，成绩比较理想，学生受益匪浅。
每名学生均有一个 IC3 在线辅助教学与管理平台的账号
凡是参加 IC3 课程的每名学生均可以申请到一个微软 IC3 在线辅助教学与管理平台的学习账号，有了这个账号学生可以课后上网练习，IC3 考试的在线辅助教学与管理平台是一个很好的软件，它涵盖了 280 多个相关知识点，学生在做题的时候有 3 次机会，前两次错误它会提示你答案错误，第 3 次它会对本题的相关知识进行讲解，让学习者能更牢靠的掌握相关知识。只要能上网的地方，学生都可以自主学习，学生不会做的题全部有提示，教你如何答题做作业，相当于 24 小时的小助教，是老师的好帮手。
老师随时随地了解学生的学习情况
学生有了这个学习账号，该软件老师有管理学生的权限，老师可以随时观察学生复习情况，老师可以掌握全班学生的整体学习情况，随时了解学生学习的新动态，老师在上课时好调整讲课的内容，重点讲解大部分学生答错的内容，老师讲课有针对性，IC3 的在线辅助教学与管理平台，为教师对课程的跟踪提供了方便，教师根据学生学习的记录情况，可即时调整教学内容，学生学习记录情况如图 1 所示。在教学实施过程中，利用微软办公软件国际认证及计算机综合应用能力全球标准认证为平台来训练学生，真正实现了与国际接轨，借鉴国外的教育思想与教学理念，对我国的职业教育的改革将起到促进作用。

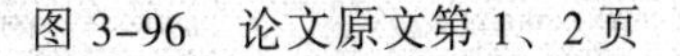
图 3-96　论文原文第 1、2 页

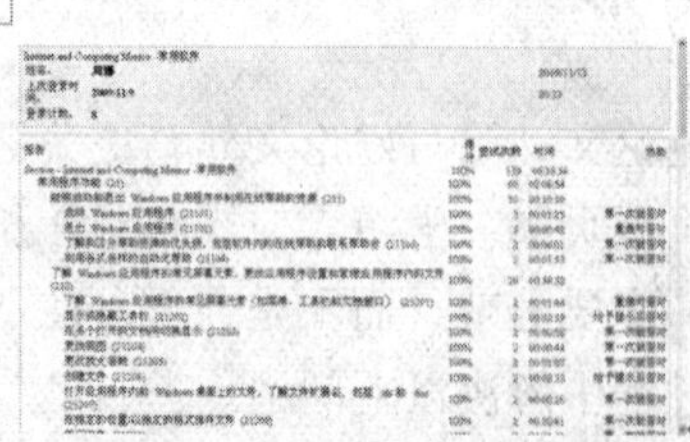

图 1 某一名学生学习的记录情况

获取证书

证书是求职的敲门砖，是能力的部分体现。职业学校学生由于能力参差不齐，毕业时只有一个毕业证是远远不够的，在岗位需求多样化的今天更需要含金量大及通用性强的一些证书，那什么考试证书"含金"量高、又具有实用性、时效性、模块化呢？对于计算机基础课来说，就是 IC3 国际计算机综合能力的认证。IC3 已被全球 60 多个国家认可，大量国际性机构对认证给予支持，确保通过考试的人才可以通行世界。

由 2009 年 9 月至 2010 年 1 月笔者对计算机系的 79 名学生采用了 IC3 的教学方式，参加了 IC3 的考试，结果如表 3 及图 3 所示：

表 2 IC3 考试成绩分析表

IC3 考试模块	参加人数	通过人数	通过比例
常用应用软件模块	79	78	98.7%
计算机基础模块	79	66	83.5%
网络应用与安全模块	79	74	93.7%

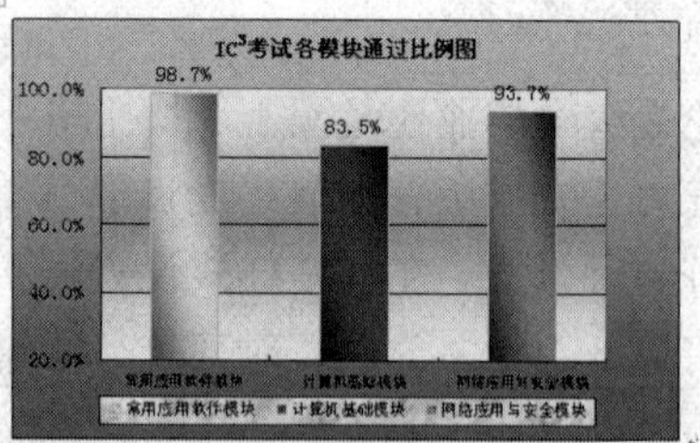

图 2 IC3 考试成绩通过率图

通过以上考试分析可以看出，引入了 IC3 的教学，学生的成绩提高很大。

2.3 IC3 国际认证标准体系与计算机公共课的结合点

《计算机应用基础》是一门实践性强、发展很快的课程。在各高校的课程设置中是重点内容，但是多年来在教材建设和教学实践中一直围绕"计算机知识体系"做文章；习惯地套用计算机原理的知识结构，造成了计算机应用基础课枯燥、难懂，无法达到使学生初步掌握计算机基本操作的教学目的。

IC3 课程采用了"任务驱动型"的教学模式：IC3 的教材系统全面而又简单清晰地介绍计算机基础知识、常用软件和网络知识，全书以 IC3 认证所要求掌握的知识点为线索，将教学内容按主题展开，并且通过丰富的教学实验来使学生边学边用，通过这种"任务驱动"的模式，使学生既目标明确又比较轻松地逐个掌握计算机知识，并在教程的帮助下自己动手熟悉并牢记所学内容。同时，在该教材中，IC3 课程，对操作步骤采用"步骤图示法"，明确的指示操作过程，增强了教材的可读、可操作性。通过这样针对任务的具体操作，切实落实"任务驱动"的教学方法，以求达到好的教学效果。可以看出，IC3 课程体系既是目前计算机公共课技能训练的有效手段，也成为目前职业学校计算机公共课课程改革的价值取向。而 IC3 课程体系却注重学生的实际操作能力和最新的计算机软件发展。经过一段时间的 IC3 课程的学习，学生在计算机基础理论和实践上有了很大提升，不仅通过率大大提高，更重要的是计算机基础方面的技能有很好的提升。所以，笔者认为在目前高校计算机注重理论知识的课程体系基础上，结合 IC3 项目的教学方法能够进一步提高学生的计算机应用能力，改进的教学内容、教学方法提高了学生的学习兴趣，激发学生的好奇心和求知欲，提升教学质量。

3 IC3 考试的便利及特点

3.1 不受时间和空间的限制

IC3 的考试不受时间和空间的限制,任何时间的任何地方只要计算机能上 Internet 就可以进行考试，IC3 采用网上考试，标准统一，要求一致，考试十分便利。

图 3-97 论文原文第 3、4 页

3.2 百分之百上机考试

IC3 的考试的特点是 100%上机考试，没有笔试，考试的类型包括单选题、多选题、填空题、是非题、连线题及操作题，所有类型的题目全部是在线完成。IC3 考题的最大特点是每个题目注重知识点及能力的考核，侧重于应用能力的考核。如单选题与是非题适用于考核基本知识；多选题可用于考核基本知识和概念以及内涵与延伸；填空题可以考核知识与概念，又可考核基本能力；连线题适用于考核多个知识和概念之间的细微差别；操作题适用于考核综合能力。IC3 非常注重对应用能力的考核，很大比重的考题都涉及实际应用，没有直接对名词和概念进行考核。因此，参加 IC3 的学习并通过认证考试后，潜移默化地提高了计算机应用能力。

3.3 提交试卷,立刻显示考试成绩

IC3 的考试，学生只要提交试卷，立刻可以显示考试的成绩，考生不用查分,马上看到自己的考试成绩，而其它认证，一段时间后才出成绩。

3.4 获得国际权威性的认证

引入了 IC3 的教学及考试，的确为学生夯实计算机的基础，让学生充分地学以致用，并合乎先进企业对实践能力的要求，IC3 国际认证增加了学生的学习动力和职业竞争力，提高了人才培养的质量，体现高等职业教育人才培养的特色。世界的考试评鉴机构认为：IC3 是最完善的计算机基础教程，它触发了学生触类旁通的能力，使学生可以轻松地掌握和领悟其他高级的计算机知识。IC3 国际认证获得世界 128 个国家及国际性机构等对该认证给予支持，确保通过 IC3 考试的人才可以通行世界。美国 1800 多所大学对通过 IC3 认证考试的学生打开方便之门，通过该认证考试的学生可以在世界任何一个地区申请免修美国大学的部分学分。

4 IC3 对教师的影响

4.1 老师不要出考题，不要阅卷

考核是教学过程中的一个重要环节，是评价教学质量和反馈教学信息的重要手段，课程结束后必然要考试，这是摆在每位教师面前必不可少的环节，课程结束后不但要出考卷，而且要阅卷，如果有不及格的同学还得补考等，老师的工作量极大，引入了 IC3 的考试后，老师不用出题、也不要阅卷了。传统的期末考试是事后检查，侧重于知识的记忆和简单应用，对学生的激励作用不大，教师也不能及时反馈信息。而 IC3 适合应用的需要，学生结合使用 IC3 学习软件，实现了将考核贯穿于整个教学过程，IC3 考试是系统随机组卷，系统自动阅卷。对于教师来说，教学目标明确，任务统一，衡量尺度易行，节省了印卷成本，又可减轻出卷、改卷的负担。同时也减少了泄漏试题的可能性，可有效防止考试作弊；可保障考试结果的公正性与真实性，缩小人工评卷掌握标准的差异。

IC3 教学的进展中对学生进行考核。使学生更注重每一堂课所学的内容，注重知识的积累，可减轻学生的学习压力，也有利于教师及时总结并将结果反馈给学生，从而使教师和学生对教与学有比较全面的定性定量认识，找出教与学的成功部分与薄弱环节，以便采取补救措施。

4.2 对个别用功不够的学生加以督促

IC3 在线辅助教学与管理平台可以把学生学习的过程完全记录下来，老师可以跟踪学生的学习记录情况，对个别用功不够的学生加以督促，单独辅导，多与学生交流，提高他们的学习兴趣，为学生学习计算机课程打下良好的基础；

4.3 采取有针对性的措施对薄弱环节进行强化

及时了解学生的学习情况，采取有针对性的措施（方法、内容）对薄弱环节进行强化，师生交流渠道的增加，使教师可以及时得到教学反馈，便于教师及时做出调整；可以减轻老师的工作强度，使教师有更多的精力用于教学研究，提高教学效果。

5 "考证促学"的意义

5.1 加强师资建设

考证并不仅仅考学生，其实也在考老师，笔者深有体会。学校一旦要求学生考取证书，首先要求老师必定须取得证书，要组织老师培训学习，可加强老师业务水平的提高。老师所学的知识又可以作为实践经验传授给学生。其次，有了考试，老师为了学生考试通过，也会自觉的来了解考试信息，了解考试大纲、考试题型，教学生如何复习，给学生辅导。在这个过程中，老师也学到很多知识，提高实践能力，积累教学实例，增强教学水平。

5.2 教学目标统一，全面考核学生水平

职业学校的考试，往往都是考得比较肤浅，容易通过，这样没有学习压力，导致学生学习目标不明确。在同一个学校，常出现不同老师教学进度，教学重点不同的情况。甚至很多学校最后考试也不是统一出试卷，试卷质量也不高，最终导致教学质量滑坡。如果采用 IC3 考试的方式，明确规定学生学完计算机基础后必须通过 IC3 考试，这样，老师和学生目标定位明确。IC3 考试分三个模块，即能测试学生对理论知识掌握的情况，同时更能测试出他们的实践操作能力,全面提升学生的应用能力。

5.3 获取证书，提高学生就业竞争力

IC3 是全球第一张计算机基础综合技能认证。作为学生升学、用人单位选人的重要参考，在全球范围内有着很高的认可度，具有较高的含金量。试题的命题组是由来自 20 个国家，汇集 270 个题材的国际专家组成；每年试题都得到国际计算机行业的第三方专家鉴定，保证每道试题的质量。通过该认证考试的学生可以在世界任何一地来申请免修美国大学的部分学分。获取 IC3 证书，无疑可以增加学生就业竞争的砝码，提高就业竞争力。

6 结束语

总之，高职高专计算机基础教育存在的问题，就是面向应用的基础课程如何适应职业教育需求与市场需求进行变革的问题。在教学的过程中我们选择一种适合职业学院发展特点的认证考试，以取证促进教学，将会是提高计算机基础教学的教学质量的一种有效手段。

参 考 文 献

[1] 程亮.IC3 计算机综合能力全球国际认证.解放日报--人才市场报.2005 年 04 月
[2] 李京平，IC3 国际认证标准与我国职业教育，计算机教育.1 期,25-27,2010 年 01 月
[3] 戴建耘，提升台湾中小学教师信息素养以达国际标准之补救教学策略的实证研究，计算机教育.1 期,28-36,2010 年 01 月

图 3-98 论文原文第 5、6 页

论文

论文题目：计算机基础教学中引进 IC^3 的实践与体会

作者：李四

2013 年 7 月 12 日

图 3-99　论文封面

计算机基础教学中引进 IC^3 的实践与体会

李四
（XXX 学院计算机系，北京 100000）
Lisi2013@163.com

摘要：本文首先展示了目前高职院校计算机基础教育的现状及存在的问题，进而在教学过程中引进 IC^3 国际认证考试，在实践过程中体会和总结 IC^3 考试的便利及特点，通过引入 IC^3 认证考试一方面促进了教师业务水平的提高，另一方面提升了学生的计算机基础整体应用能力。

关键词：IC^3；计算机基础教学；考试；证书

图 3-100　论文摘要

目录

图 3-101　论文目录

▪1　计算机基础教育的现状及存在的问题

随着计算机技术的飞速发展，信息量的急剧增加，计算机应用的日新月异，对职业学校计算机基础教育也提出了新的挑战和要求。

▪1.1 现状

目前好多城市的中、小学已普遍开设了计算机信息技术的课程，而日益增加的家庭计算机又为部分学生提供了良好的计算机学习环境。大学计算机基础教育已经脱离了原来的“零起点”，但高校新生入学时计算机基础水平差距较大，原因是：非高考科目，各个中学要求不统一；没有接触过计算机的学生仍占有一定比例，而在中学学习过计算机的学生，大部分基础知识和应用知识掌握的不系统、不全面。各地区教育水平发展不平衡、城乡高中生计算机教学差距悬殊。

▪1.2 问题

随着信息技术迅猛发展和计算机技术日益普及，学生计算机应用水平和计算机文化意识有了明显的提高，从近几年的教学状况和教学效果来看，出现了新的问题。一是学生学习的起点不一、学习主动性不强；二是教学模式陈旧、教学方法落后、教学内容滞后，三是学生不够重视、缺乏兴趣、学生学习个性无法发挥；四是师生交互不够、老师忙于讲课，没有时间搞教学研究；五是教学软硬件条件影响教学效果。

学生对计算机知识掌握的水平参差不齐，给教学组织带来了很大的困难，教学方法及教学效果难以把握，课程涉及内容较多，而课时数有限，无法真正实现因材施教。

进入大学的学生不同程度地都受过信息技术的初步教育，高职高专的信息技术类课程与中等教育存在着重叠与交叉的问题，因此，计算机基础课程的内容改革势在必行。

▪2　引进 IC³[1] 后，计算机基础教学效果的提高

▪2.1 引入 IC^3 认证考试对计算机基础教学的促进作用

2009 年 9 月我院计算机系对 09 级本系的两个班的学生的计算机基础课程进行了改革，将计算机应用专业和网络系统管理专业的 79 名学生的“计算机概论”课程，进行了课程置换，引入了 IC^3 的课程。IC^3 是一种在国际上被证明了的权威、有效的能力认证，英文全称为 Internet and Computing Core Certification，称为“计算机综合应用能力认证”。引入 IC3 认证考试对计算机基础教学的促进作用有如下几点。

没有增加课时，增加了教学内容

课程置换大体情况是这样的，在没有增加学时的情况下，却增加了教学内容，而教学进度和考试安排进展的情况有条不紊。按照 IC^3 的课程体系分为三个模块，考试的时间、题数、题目类型及分数如表 1 所示。

1　（Internet and Computing Core Certification）简称 IC³

图 3-102　排版后论文正文第 1 页

表 1　IC³考试模块（科目）、形式与内容

模块	内容	题数	考试时间	及格成绩
计算机基础	计算机硬件 计算机软件 操作系统软件	43-45 题	45 分钟	约 800 分
常用应用软件	文字处理能力 常用软件功能能力 电子表格能力 简报与绘图能力	43-45 题	45 分钟	约 800 分
网络应用与安全	网络 电子邮件 因特网 计算机与社会	43-45 题	45 分钟	约 800 分

开课的顺序调整为先讲常用应用软件模块，老师采用的是案例教学方法，讲课注重于知识点的强化，同时学生结合 IC³相匹配的在线辅助教学与管理平台进行系统复习，马上参加常用应用软件模块的考试，成绩可喜，79 名学生参加常用应用软件模块的考试，通过 78 名；接下来讲计算机基础模块，学生边听课边利用 IC³在线辅助教学与管理平台上网复习，紧接着就参加该模块的考试， 79 名学生参加考试，通过 66 名；最后讲网络应用与安全模块，学生仍然是边听课、边使用 IC³在线辅助教学与管理平台进行复习，最后一个模块安排在期末考试时间段内，与学校期末考试同步进行，参加考试的学生是 79 名，通过的人数是 76 名，成绩比较理想，学生受益匪浅。

- 每名学生均有一个 IC³在线辅助教学与管理平台的账号

凡是参加 IC³课程的每名学生均可以申请到一个微软 IC³在线辅助教学与管理平台的学习账号，有了这个账号学生可以课后上网练习，IC³考试的在线辅助教学与管理平台是一个很好的软件，它涵盖了 280 多个相关知识点，学生在做题的时候,有 3 次机会，前两次错误它会提示你答案错误，第 3 次它会对本题的相关知识进行讲解，让学习者能更牢靠的掌握相关知识。只要能上网的地方，学生都可以自主学习，学生不会做的题全部有提示，教你如何答题做作业，相当于 24 小时的小助教，是老师的好帮手。

- 老师随时随地了解学生的学习情况

学生有了这个学习账号，该软件老师有管理学生的权限，老师可以随时观察学生复习情况，老师可以掌握全班学生的整体学习情况，随时了解学生学习的新动态，老师在上课时好调整讲课的内容，重点讲解大部分学生答错的内容，老师讲课有针对性，IC³的在线辅助教学与管理平台，为教师对课程的跟踪提供了方便，教师根据学生学习的记录情况，可即时调整教学内容，学生学习记录情况如图 2 所示。在教学实施过程中，利用微软办公软件国际认证及计算机综合应用能力全球标准认证为平台来训练学生，真正实现了与国际接轨，借鉴国外的教育思想与教学理念，对我国的职业教育的改革将起到促进作用。

2

图 3-103　排版后论文正文第 2 页

图 1 某一名学生学习的记录情况

获取证书。证书是求职的敲门砖，是能力的部分体现。职业学校学生由于能力参差不齐，毕业时只有一个毕业证是远远不够的，在岗位需求多样化的今天更需要含金量大及通用性强的一些证书，那什么考试证书"含金"量高、又具有实用性、时效性、模块化呢？对于计算机基础课来说，就是 IC³国际计算机综合能力的认证。IC³已被全球 60 多个国家认可，大量国际性机构对认证给予支持，确保通过考试的人才可以通行世界。

由 2009 年 9 月至 2010 年 1 月笔者对计算机系的 79 名学生采用了 IC³的教学方式，参加了 IC³的考试，结果如表 2 及图 2 所示。

表 2　IC3 考试成绩分析表

IC³ 考试模块	参加人数	通过人数	通过比例
常用应用软件模块	79	78	98.7%
计算机基础模块	79	66	83.5%
网络应用与安全模块	79	74	93.7%

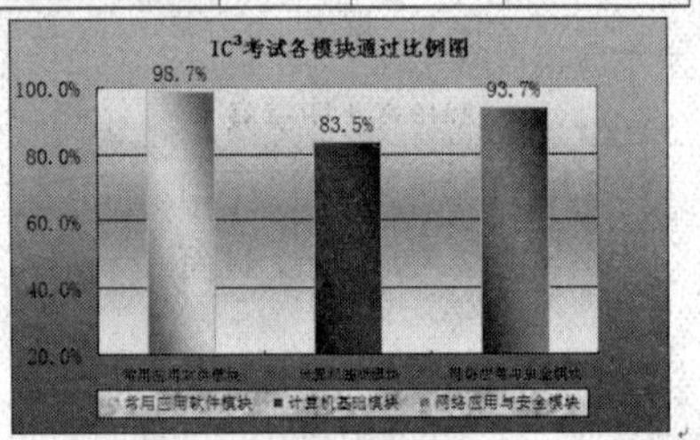

图 2　IC3 考试成绩通过率图

3

图 3-104　排版后论文正文第 3 页

通过以上考试分析可以看出，引入了 IC³的教学，学生的成绩提高很大。

2.2 IC³国际认证标准体系与计算机公共课的结合点

《计算机应用基础》是一门实践性强、发展很快的课程。在各高校的课程设置中是重点内容，但是多年来在教材建设和教学实践中一直围绕"计算机知识体系"做文章，习惯地套用计算机原理的知识结构，造成了计算机应用基础课枯燥、难懂，无法达到使学生初步掌握计算机基本操作的教学目的。

IC³课程采用了"任务驱动型"的教学模式，IC³的教材系统全面而又简单清晰地介绍计算机基础知识、常用软件和网络知识，全书以 IC³认证所要求掌握的知识点为线索，将教学内容按主题展开，并且通过丰富的教学实验来使学生边学边用，通过这种"任务驱动"的模式，使学生既目标明确又比较轻松地逐个掌握计算机知识，并在教程的帮助下自己动手熟悉并牢记所学内容。同时，在该教材中，IC³课程，对操作步骤采用"步骤图示法"，明确的指示操作过程，增强了教材的可读、可操作性。通过这样针对任务的具体操作，切实落实"任务驱动"的教学方法，以求达到好的教学效果。可以看出， IC³课程体系既是目前计算机公共课技能训练的有效手段，也成为目前职业学校计算机公共课课程改革的价值取向。经过一段时间的 IC³课程的学习，学生在计算机基础理论和实践上有了很大提升，不仅通过率大大提高，更重要的是计算机基础方面的技能有很好的提升。所以，笔者认为在目前高校计算机注重理论知识的课程体系基础上，结合 IC³项目的教学方法能够进一步提高学生的计算机应用能力，改进的教学内容、教学方法提高了学生的学习兴趣，激发学生的好奇心和求知欲，提升教学质量。

3　IC³考试的便利及特点

3.1 不受时间和空间的限制

IC³的考试不受时间和空间的限制,任何时间的任何地方只要计算机能上 Internet 就可以进行考试，IC³采用网上考试，标准统一，要求一致，考试十分便利。

3.2 百分之百上机考试

IC³的考试的特点是 100%上机考试，没有笔试，考试的类型包括单选题、多选题、填空题、是非题、连线题及操作题，所有类型的题目全部是在线完成。IC³考题的最大特点是每个题目注重知识点及能力的考核，侧重于应用能力的考核。如单选题与是非题适用于考核基本知识，多选题可用于考核基本知识和概念以及内涵与延伸，填空题可以考核知识与概念，又可考核基本能力；连线题适用于考核多个知识和概念之间的细微差别；操作题适用于考核综合能力。IC³非常注重对应用能力的考核，很大比重的考题都涉及实际应用，没有直接对名词和概念进行考核。因此，参加 IC³的学习并通过认证考试后，潜移默化地提高了计算机应用能力。

3.3 提交试卷 立刻显示考试成绩

IC³的考试，学生只要提交试卷，立刻可以显示考试的成绩，考生不用查分，马上看到自己的考试成绩，而其它认证，一段时间后才出成绩。

3.4 获得国际权威性的认证

引入了 IC³的教学及考试，的确为学生夯实计算机的基础，让学生充分地学以致用，并合乎先进企业对实践能力的要求，IC³国际认证增加了学生的学习动力和职业竞争力，提高了人才培养的质量，体现高等职业教育人才培养的特色。世界的考试评鉴机构认为：IC³是最完善的计算机基础教程，它触发了学生触类旁通的能力，使学生可以轻松地掌握和领悟其他高级的计算机知识。IC³国际认证获得世界 128 个国家及国际性机构等对该认证给予支持，确保通过 IC³考试的人才可以通行世界。美国 1800 多所大学对通过 IC³认证考试的学生打开方便之门，通过该认证考试的学生可以在世界任何一个地区申请免修美国大学的部分学分。

4

图 3-105　排版后论文正文第 4 页

4　IC³对教师的影响

4.1 老师不要出考题，不要阅卷

考核是教学过程中的一个重要环节，是评价教学质量和反馈教学信息的重要手段，课程结束后必然要考试，这是摆在每位教师面前必不可少的环节，课程结束后不但要出考卷，而且要阅卷，如果有不及格的同学还得补考等，老师的工作量极大，引入了 IC³的考试后，老师不用出题、也不要阅卷了。传统的期末考试是事后检查，侧重于知识的记忆和简单应用，对学生的激励作用不大，教师也不能及时反馈信息。而 IC³适合应用的需要，学生结合使用 IC3 学习软件，实现了将考核贯穿于整个教学过程，IC³考试是系统随机组卷，系统自动阅卷。对于教师来说，教学目标明确，任务统一，衡量尺度易行，节省了印卷成本，又可减轻出卷、改卷的负担。同时也减少了泄漏试题的可能性，可有效防止考试作弊；可保障考试结果的公正性与真实性，缩小人工评卷掌握标准的差异。

IC³教学的进展中对学生进行考核，使学生更注重每一堂课所学的内容，注重知识的积累，可减轻学生的学习压力，也有利于教师及时总结并将结果反馈给学生，从而使教师和学生对教与学有比较全面的定性定量认识，找出教与学的成功部分与薄弱环节，以便采取补救措施。

4.2 对个别用功不够的学生加以督促

IC³在线辅助教学与管理平台可以把学生学习的过程完全记录下来，老师可以跟踪学生的学习记录情况，对个别用功不够的学生加以督促，单独辅导，多与学生交流，提高他们的学习兴趣，为学生学习计算机课程打下良好的基础；

4.3 采取有针对性的措施对薄弱环节进行强化

及时了解学生的学习情况，采取有针对性的措施（方法、内容）对薄弱环节进行强化，师生交流渠道的增加，使教师可以及时得到教学反馈，便于教师及时做出调整，可以减轻老师的工作强度，使教师有更多的精力用于教学研究，提高教学效果。

5　"考证促学"的意义

5.1 加强师资建设

考证并不仅仅考学生，其实也在考老师，笔者深有体会。学校一旦要求学生考取证书，首先要求老师必定须取得证书，要组织老师培训学习，可加强老师业务水平的提高。老师所学的知识又可以作为实践经验传授给学生。其次，有了考试，老师为了学生考试通过，也会自觉的来了解考试信息，了解考试大纲、考试题型，教学生如何复习，给学生辅导。在这个过程中，老师也学到很多知识，提高实践能力，积累教学实例，增强教学水平。

5.2 教学目标统一，全面考核学生水平

职业学校的考试，往往都是考得比较肤浅，容易通过，这样没有学习压力，导致学生学习目标不明确。在同一个学校，常出现不同老师教学进度，教学重点不同的情况。甚至很多学校最后考试也不是统一出试卷，试卷质量也不高，最终导致教学质量滑坡。如果采用 IC³考试的方式，明确规定学生学完计算机基础后必须通过 IC³考试，这样，老师和学生目标定位明确。IC³考试分三个模块，即能测试学生对理论知识掌握的情况，同时更能测试出他们的实践操作能力,全面提升学生的应用能力。

5.3 获取证书，提高学生就业竞争力

IC³是全球第一张计算机基础综合技能认证。作为学生升学、用人单位选人的重要参考，在全球范围内有着很高的认可度，具有较高的含金量。试题的命题组是由来自 20 个国家，汇集 270 个题材的国际专家组成；每年试题都得到国际计算机行业的第三方专家鉴定，保证每道试题的质量。通过该认证考试的学生可以在世界任何一地来申请免修美国大学的部分学

5

图 3-106　排版后论文正文第 5 页

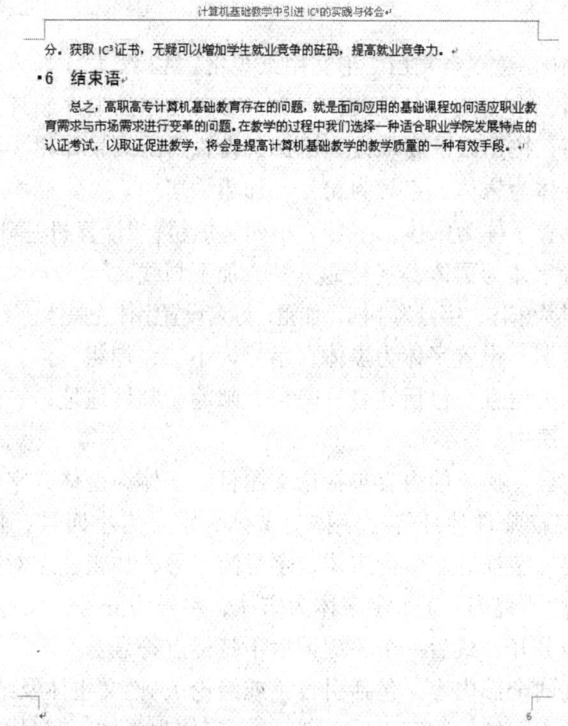

计算机基础教学中引进IC³的实践与体会

分。获取IC³证书，无疑可以增加学生就业竞争的砝码，提高就业竞争力。

6 结束语

总之，高职高专计算机基础教育存在的问题，就是面向应用的基础课程如何适应职业教育需求与市场需求进行变革的问题。在教学的过程中我们选择一种适合职业学院发展特点的认证考试，以取证促进教学，将会是提高计算机基础教学的教学质量的一种有效手段。

6

图 3-107 排版后论文正文第 6 页

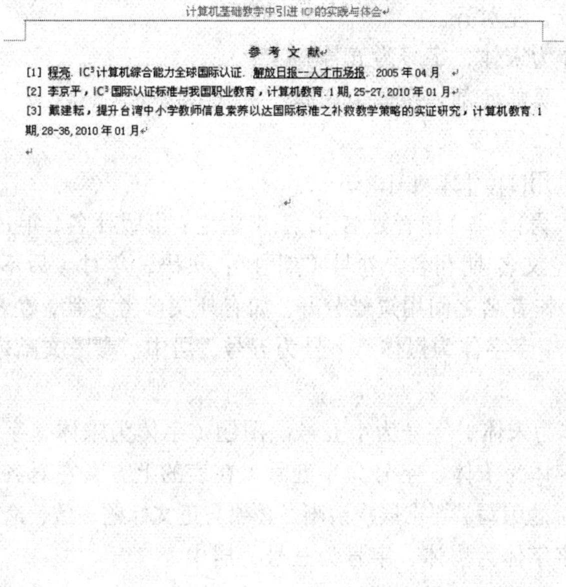

计算机基础教学中引进IC³的实践与体会

参 考 文 献

[1] 程亮. IC³计算机综合能力全球国际认证. 解放日报—人才市场报. 2005 年 04 月

[2] 李京平，IC³国际认证标准与我国职业教育，计算机教育.1 期, 25-27, 2010 年 01 月

[3] 戴建耘，提升台湾中小学教师信息素养以达国际标准之补救教学策略的实证研究，计算机教育.1 期, 28-36, 2010 年 01 月

7

图 3-108 论文参考文献

实训步骤

（1）启动 Word 2010，建立空文档。论文用纸规格：A4 纸（21 厘米 × 29.7 厘米），印刷。论文装订要求：按封面、中文摘要、目录、正文、参考文献的顺序装订。

（2）制作论文封面，按照以下要求设置格式，设置后的效果如图 3-99 所示。

- “论文”设置字体为宋体，字号为初号，加粗，居中。
- “论文题目”设置字体为宋体，字号为小四，加粗；“计算机基础教学中引进 IC^3 的实践与体会”设置字体为黑体，字号为三号，加下划线。
- “作者”设置字体为宋体，字号为小四，加粗；姓名设置字体为黑体，字号为三号，加下划线。
- 底部居中输入日期，设置字体为黑体，字号为小二，加粗。

（3）录入作者的相关信息。包括姓名、院校、邮编、邮件地址，一律设置字体为楷体，加粗，字号为小四号，居中。

（4）录入摘要的内容。摘要的内容包括论文题目，字体为楷体，字号为三号，加粗、居中；录入作者姓名、院校邮件地址等，字体为楷体，字号为小四号，加粗，居中，效果如图 3-100 所示。“摘要”字样，字体为宋体，字号为五号，加粗、左对齐；摘要正文，字体为宋体，字号为五号；“关键词”3 个字字体为宋体，字号为五号，关键词一般为 3 ~ 5 个，每一关键词之间用分号分开，最后一个关键词后不打标点符号。

（5）录入论文正文的全部内容，包括引言（或绪论）、论文主体及结束语。

（6）设置一级标题为阿拉伯数字 1，2，3，…，字体为黑体，字号为四号，左对齐。

（7）二级标题前面冠之于一级标题，用阿拉伯数字表示，形如 1.1，1.2，1.3，…，字体为黑体，字号为小四号，左对齐。

（8）设置正文字体为宋体，字号为五号。

（9）脚注放在同一页的底部，字体为宋体，字号为六号。

（10）参考文献格式设置要求。

- 参考文献的序号用[1]，[2]，[3]，……。
- 文献的著录格式为：（书）作者姓名.书名.出版地：出版社名，年月（后不加标点）。（期刊）作者姓名.论文名.期刊名，卷号（期号）：页码，年月（后不加标点）。
- 如有多位作者，作者名之间用逗号分开。如有外文参考文献，姓名缩写后的点应去掉。
- “参考文献”4 个字字体为黑体，字号为五号，居中。参考文献内容文字字体为宋体，字号为小五号。

（11）图/表中字体为宋体，字号为小五号。图题（字体为宋体，字号为小五号）在图的下方，居中；表题（字体为宋体，字号为小五号）在表的上方，左对齐。

（12）目录按两级标题编写，要求层次清晰，必须与正文标题一致，论文目录格式设置要求。

- “目录”两个字字体为黑体，字号为三号，居中。
- 一级标题字体为黑体，字号为四号。
- 二级标题字体为黑体，字号为小四号。

（13）页码格式设置要求。

- 封面无页码。
- 目录页单独设置页码，页码位于右下角。

- 正文部分设置页码，页码位于页面底端居中位置；并在正文部分添加页眉，内容是论文的标题，即“计算机基础教学中引进 IC3 的实践与体会”，居中，字体为宋体，字号为小五号。

（14）将文档进行保存。

实训提示

（1）启动 Word 2010，建立空文档。论文用纸规格：A4 纸（21 厘米 × 29.7 厘米），印刷。论文装订要求：按封面、中文摘要、目录、正文、参考文献的顺序装订。

① 新建 Word 文档。

② 调整页面设置。切换至“页面布局”功能区，单击“显示页面设置对话框”按钮，在弹出的“页面设置”对话框中设置“纸张大小”为 A4，如图 3-109 所示。

（2）制作论文封面，按照以下要求设置格式。

- “论文”设置字体为宋体，字号为初号，加粗，居中。
- “论文题目”设置字体为宋体，字号为小四，加粗；“计算机基础教学中引进 IC3 的实践与体会”设置字体为黑体，字号为三号，加下画线。
- “作者”设置字体为宋体，字号为小四，加粗；“张三”设置字体为黑体，字号为三号，加下画线。
- 底部居中输入日期，设置字体为黑体，字号为小二，加粗。
- 封面设置后的效果如图 3-99 所示。

（3）录入作者的相关信息。作者的信息包括姓名、院校、邮编、邮件地址，一律设置字体为楷体，加粗，字号为小四号，居中，如图 3-100 所示。

（4）录入摘要的内容。摘要的内容包括论文题目，字体为楷体，加粗，字号为小四号，居中；“摘要”字样，字体为宋体，字号为五号，左对齐；摘要正文字体为宋体，字号为五号；“关键词”3 字字体为宋体，字号为五号，关键词一般为 3 ~ 5 个，每一关键词之间用分号分开，最后一个关键词后不打标点符号。

① 将光标移到封面最后，插入一个分节符。插入的方法为：切换至“页面布局”选项卡，单击“页面布局”组中的“分隔符”按钮，选择“下一页”” 命令，如图 3-110 所示。

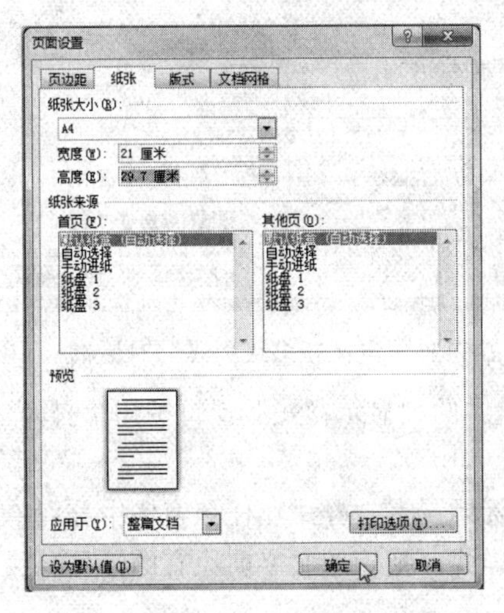

图 3-109 “页面设置”对话框

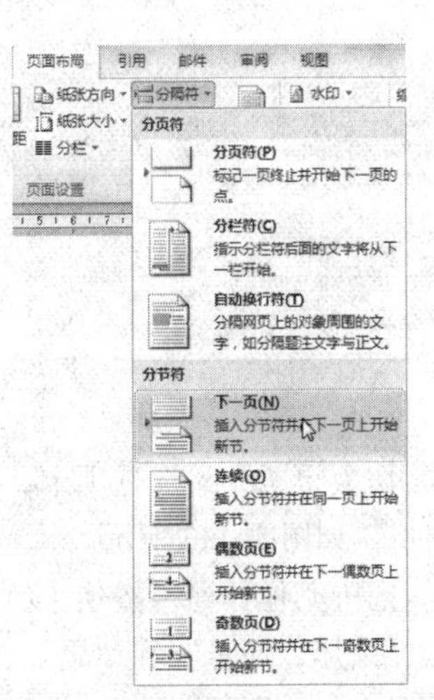

图 3-110 插入分隔符

② 录入摘要内容。

③ 设置摘要格式。

④ 录入关键词。

⑤ 设置关键词格式。

（5）录入论文正文的全部内容，包括引言（或结论）、论文主体及结束语。

① 在最后一个关键词后，插入一个分节符。

② 录入论文内容。

（6）设置一级标题为阿拉伯数字 1，2，3，…，字体为黑体，字号为四号，左对齐。

① 选中第 1 个一级标题“1 计算机基础教育的现状及存在的问题”，设置字体为黑体，字号为四号。

② 切换至“开始”“选项卡，单击“段落”组中的“多级列表”按钮，选择一种多级符号样式，如图 3-111 所示，选择了第一种样式，与要求基本符合，但仍需进行格式设置。执行“多级列表”菜单中的“定义新的多级列表”命令，弹出“定义新多级列表”对话框，如图 3-112 所示。“单击要修改的级别”选择“1”级，设置“编号对齐方式”为“左对齐”，设置“对其位置”为“0 厘米”，单击“字体”按钮，弹出“字体”对话框，设置字体和字号。选择“单击要修改的级别”为“2”级，设置“编号对齐方式”为“左对齐”，设置“对其位置”为“0 厘米”，“文本缩进位置”为“0.75 厘米”，单击“字体”按钮，弹出“字体”对话框，设置字体和字号，单击“确定”按钮。

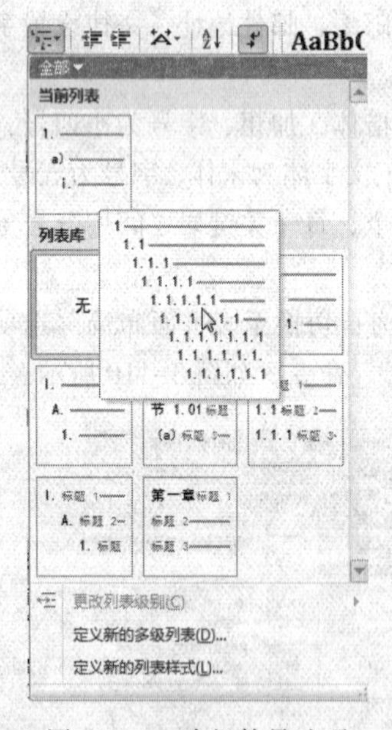

图 3-111　多级符号选项

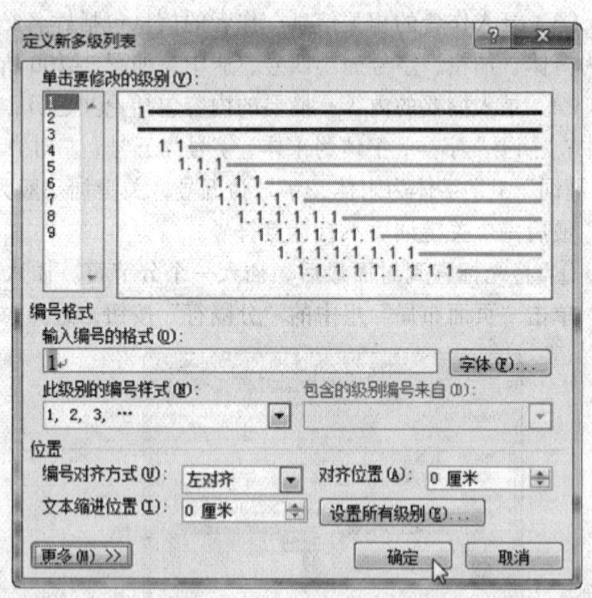

图 3-112　“定义新多级列表”对话框

③ 切换至“开始”选项卡，单击“样式”组中的“显示样式”窗口按钮，打开“样式”任务窗格，如图 3-113 所示。

④ 选中其他标题。按住【Ctrl】键选中多个标题。在“样式”任务窗格中分别单击“多级符号，黑体，四号”和“黑体，四号，黑色”样式。把标题文字前原有的编号删除，完成状态如图 3-114 所示。

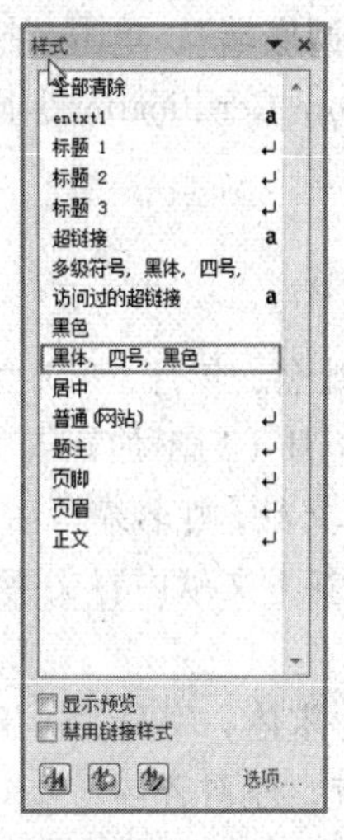

图 3-113 “样式”任务窗格

1→ 计算机基础教育的现状及存在的问题↵

随着计算机技术的飞速发展，信息量的急剧增加，计算机应用的日新月异，对职业学校计算机基础教育也提出了新的挑战和要求。↵

2→ 现状↵

目前好多城市的中、小学已普遍开设了计算机信息技术的课程，而日益增加的家庭计算机又为部分学生提供了良好的计算机学习环境。大学计算机基础教育已经脱离了原来的“零起点”，但高校新生入学时计算机基础水平差距较大，原因是：非高考科目，各个中学要求不统一；没有接触过计算机的学生仍占有一定比例，而在中学学习过计算机的学生，大部分基础知识和应用知识掌握的不系统、不全面。各地区教育水平发展不平衡、城乡高中生计算机教学差距悬殊。↵

3→ 问题↵

随着信息技术迅猛发展和计算机技术日益普及，学生计算机应用水平和计算机文化意识有了明显的提高，从近几年的教学状况和教学效果来看，出现了新的问题。一是学生学习的起点不一、学习主动性不强；二是教学模式陈旧、教学内容滞后、教学内容滞后，三是学生不够重视、缺乏兴趣、学生学习个性无法发挥；四是师生交互不够、老师忙于讲课，没有时间搞教学研究；五是教学软硬件条件影响教学效果。↵
学生对计算机知识掌握的水平参差不齐，给教学组织带来了很大的困难，教学方法及教学效果难以把握，课程涉及内容较多，而课时数有限，无法真正实现因材施教。↵
进入大学的学生不同程度地都受过信息技术的初步教育，高职高专的信息技术类课程与中等教育存在着重叠与交叉的问题，因此，计算机基础课程的内容改革势在必行。↵

4→ 引进 IC3 后，计算机基础教学效果的提高↵

图 3-114 设置样式后的完成状态

（7）二级标题前面冠之于一级标题，用阿拉伯数字表示，形如 1.1，1.2，1.3，…，字体为黑体，字号为小四号，左对齐。

① 选中标题“2 现状”，设置字体为黑体，字号为小四号。

② 单击“段落”组中的“增加缩进量”按钮，所选标题改变为二级标题。

③ 单击“段落”组中的“显示段落对话框”按钮，弹出“段落”对话框，如图 3-115 所示，在“缩进和间距”选项卡中设置“大纲级别”为“2 级”。

④ 单击“格式”工具栏中的“格式刷”按钮，将格式复制到“2.2…、2.3…”。

⑤ 参照“排版后的论文”，按照以上步骤设置所有二级标题格式。

（8）设置正文字体为宋体，字号为五号。

按住【Ctrl】键选中标题以外的正文部分，同时设置字体和字号。

（9）脚注放在同一页的底部，字体为宋体，字号为小五号。

① 为文中的“IC3”添加脚注。选中“IC3”文字，切换至“引用”选项卡，单击“脚注”组中的“显示脚注和尾注对话框”按钮，弹出“脚注和尾注”对话框，如图 3-116 所示。

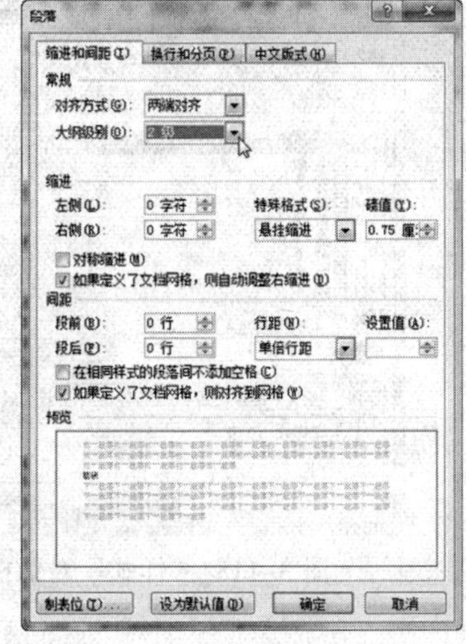

图 3-115 “段落”对话框

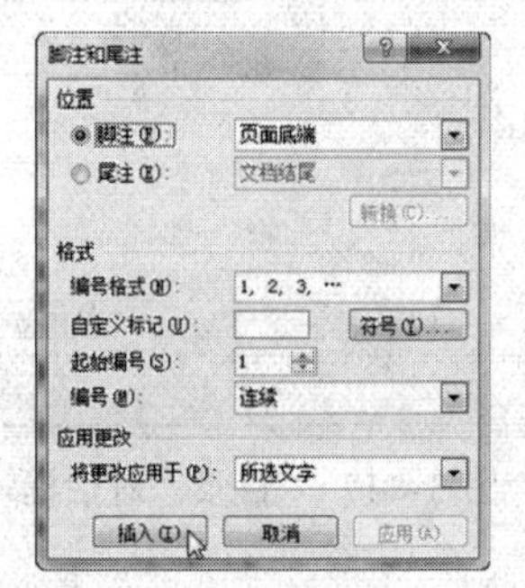

图 3-116 “脚注和尾注”对话框

② 在“脚注和尾注”对话框中设置“脚注”位置为“页面底端”，单击“插入”按钮。

③ 在页面底端录入脚注内容“(Internet and Computing Core Certification）简称 IC³”，设置字体和字号。

（10）参考文献格式设置要求。

- 参考文献的序号用[1]，[2]，[3]，……。
- 文献的著录格式为（书）作者姓名.书名.出版地：出版社名，年月（后不加标点）。（期刊）作者姓名.论文名.期刊名，卷号（期号）：页码，年月（后不加标点）。
- 如有多位作者，作者名之间用逗号分开。如有外文参考文献，姓名缩写后的点应去掉。
- “参考文献”4 个字字体为黑体，字号为五号，居中。参考文献内容文字字体为宋体，字号为小五号。

（11）图/表中字体为宋体，字号为小五号。图题（字体为宋体，字号为小五号）在图的下方，居中；表题（字体为宋体，字号为小五号）在表的上方，左对齐。

（12）目录按两级标题编写，要求层次清晰，必须与正文标题一致，论文目录格式设置要求。

- “目录”两个字字体为黑体，字号为三号，居中。
- 一级标题字体为黑体，字号为四号。
- 二级标题字体为黑体，字号为小四号。

① 在正文前插入一个分节符，得到一个空白页。

② 在空白页录入“目录”，并设置格式。

③ 另起一行，切换至“引用”选项卡，单击“目录”组中的“目录”按钮，执行“插入目录”命令，弹出“目录”对话框，如图 3-117 所示。“显示级别”设置为“2”，单击“修改”按钮，弹出“样式”对话框，如图 3-118 所示。“样式”设置为“目录 1”，单击“修改”按钮，弹出“修改样式”对话框，如图 3-119 所示。“格式”设置为“黑体”、“四号”。单击“确定”按钮，返回“样式”对话框。“样式”设置为“目录 2”，使用以上的方法设置字体字号，仍返回“样式”对话框，单击“确定”按钮，返回“目录”对话框，单击“确定”按钮。目录自动生成，如图 3-93 所示。

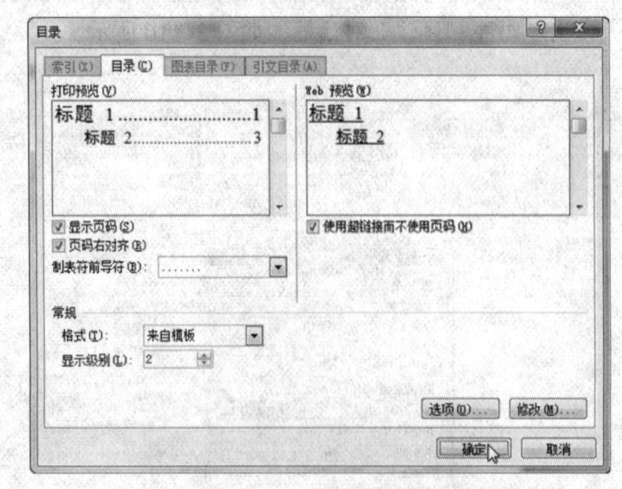

图 3-117 “目录”对话框

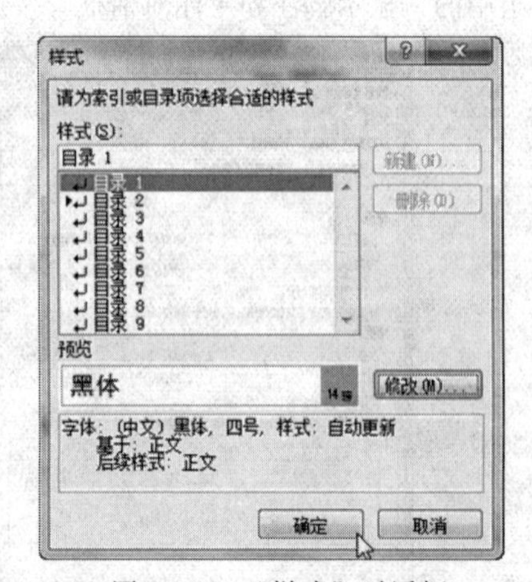

图 3-118 “样式”对话框

（13）页码格式设置要求如下。

- 封面无页码。
- 目录页单独设置页码，页码位于右下角。
- 正文部分设置页码，页码位于页面底端右下角；并在正文部分添加页眉，内容是论文的标题，即“计算机基础教学中引进 IC^3 的实践与体会”，居中，字体为宋体，字号为小五号。

① 将鼠标移动至任意一页的页面下方，单击鼠标右键，在弹出的快捷菜单中，执行“编辑页脚”命令，进入页脚编辑状态。由于在上述操作中加入了 3 个分节符，将全文分为三节，取消每节之间的链接（默认情况下每节是链接的），即将鼠标指针定位于某一节，切换至“页眉和页脚”工具栏中的“设计”“选项卡，单击“导航组”中的“链接到前一条页眉”按钮，即可取消每节之间的链接。单击“页眉和页脚”工具栏中的关闭按钮，回到正文的编辑状态。

② 将光标定位于目录一节中，切换至“插入”选项卡，选择“页码”|“页面底端”|“普通数字 3”命令，插入页码；选择“页码”|“设置页码格式”命令，弹出“页码格式”对话框，如图 3-120 所示。在“页码编号”选项组中设置“起始页码”为“1”，单击“确定”按钮，单击“确定”按钮。

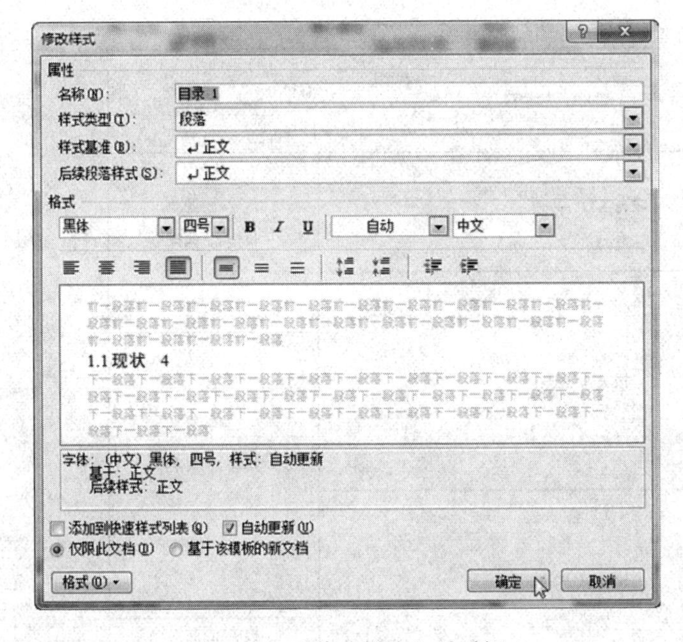

图 3-119 “修改样式”对话框

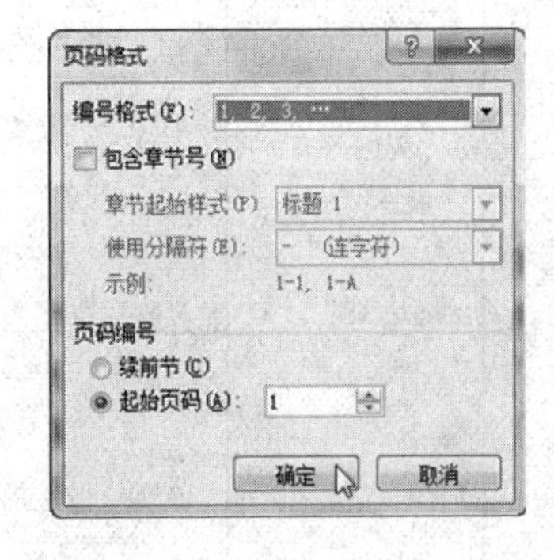

图 3-120 “页码格式”对话框

③ 为正文部分设置页眉和页脚，可参考步骤②的操作过程。

（14）将文档进行保存。

操作技巧

（1）目录的更新。

对文档进行了更改，但目录中却不会显示该更改。这时，应进行以下操作。

在添加、删除、移动或编辑了文档中的标题或其他文本之后，切换至“引用”选项卡，单击“目录”组中的“更新目录”按钮可更新目录，亦可选中目录再按【F9】键来更新。

（2）多级符号的使用。

通过更改列表中项目的层次级别，可将原有的列表转换为多级符号列表。单击第一个编号以外的编号，并按【Tab】键或【Shift+Tab】组合键，也可以单击“增加缩进量”按钮或“减少缩进量”按钮。

综合实训　制作手抄报

在办公自动化的当今，使用计算机排版的文件、海报、电子贺卡、手抄报，越来越多地应用到学习、工作、生活当中。下面的实训我们将制作一份图文并茂，内容丰富的手抄报。

实训目标

录入有关文字，插入图片，设置边框与底纹格式，制作一份手抄报，中间效果与最终结果如图 3-121 和图 3-122 所示。

模块 1：艺术字
模块 2：文字
模块 3：文字
模块 4：图片
模块 5：图片
模块 6：图片
模块 7：文字
模块 8：文字
模块 9：日期

图 3-121　版面的整体布局

图 3-122 手抄报样文

实训步骤

（1）启动 Word 2010，建立空文档，调整页面方向为横向，页边距上、下为 1.5 厘米，左、右均为 1 厘米，使用文本框对整个版面进行整体规划，将版面划分为 9 个模块，使用表格线完成，规划的表格线，设置无线条颜色，然后再用文本框分别设置各个模块的不同效果，如图 3-121 所示。

（2）按照如下要求对每个模块进行编辑排版，设置后的效果如图 3-122 所示。

模块 1：插入艺术字“低碳生活”，第 5 行第 5 例，设置字体为华文新魏，字号为 36 号，字体颜色为蓝色，插入图片 1.jpg 并复制，调整位置，放在艺术字的左、右两边。设置模块 1 的文本框为无线条颜色。

模块 2：参照图 3-122 手抄报样文录入“低碳生活 其实简单 举手之劳 拯救地球”部分的文字；设置题目“低碳生活 其实简单 举手之劳 拯救地球”字体为华文行楷，字号为三号，字的颜色为红，加粗；正文部分字体为黑体，字号为五号，字的颜色为黑色，文字内容添加项目符号，文本左对齐；设置模块 2 文本框的填充效果为水绿色，强调文字颜色 5，淡色 60%，应用于单元格。

模块 3：参照图 3-122 手抄报所示样文录入“种一棵树”部分的文字；设置题目“种一棵树”字体为华文彩云，字号为一号，字的颜色为红色，加粗，左对齐；正文部分字体为宋体，字号为小四号，字的颜色为蓝色，强调文字颜色 1；设置模块 3 文本框为无线条颜色。

模块 4：将模块 4 文本框线条设置为无线条颜色，插入 2.jpg 图片，调整图片大小及位置，图片样式为“柔化边缘矩形”即可。

模块 5：将模块 5 文本框线条设置为无线条颜色，插入 3.jpg 图片，调整图片大小及位置，图片样式为“柔化边缘矩形”；录入“低碳坐言立行 · 挽留极致之景”的文字，设置题目“低碳坐言立行 · 挽留极致之景”字体为楷体，字号为二号，字的颜色为白色，加粗，居中对齐；设置模块 5 文本框的填充效果为浅蓝色。

模块 6：将模块 6 文本框线条设置为无线条颜色，插入 4.jpg 图片，调整图片大小及位置，图片样式为“圆形对角白色”即可。

模块 7：参照图 3-122 样文录入“我们只有 一个地球 保护环境 从我做起”部分的文字；设置题目“低碳生活 其实简单 举手之劳 拯救地球”字体为华文行楷，字号为二号，字的颜色为红色；设置模块 7 文本框的填充效果为橄榄色，强调文字颜色 3，淡色 60%。

模块 8：参照图 3-122 手抄报所示样文录入“低碳生活手抄报”的文字；设置题目“低碳生活手抄报”字体为华文新魏，字号为一号，字的颜色为：深蓝，文字 2，淡色 40%，居中对齐；设置模块 8 文本框的填充效果为橄榄色，强调文字颜色 3，淡色 40%。

模块 9：插入日期，格式年、月、日，字体为黑体，字号为小三号，字的颜色为黑色，加粗，文本效果为：渐变填充-橙色，强调文字颜色 6，内部阴影。设置模块 8 文本框的填充效果为橙色，强调文字颜色 6，淡色 80%。

（3）设置划分“手抄报”整体布局的 3 条直线格式，其中一条水平直线为蓝色、4.5 磅，线形为长点画线；两条垂直直线为红色、3 磅，线形为长点画线，效果参见手抄报样文图 3-122 所示。

Excel 电子表格软件应用

在办公软件中，电子表格处理软件 Excel 在我们的生活和学习中提供了很多帮助，运用该软件可以制作表格，美化表格，根据表格的数据进行计算和分析，利用表格的数据生成相应的图表。在本章中我们通过几个生活中的实例，使学习者掌握 Excel 丰富实用的功能：这些实训内容包括绘制复杂表格，运用各种功能对表格进行修饰，掌握多种系统提供的函数对数据进行计算，生成图表、修饰图表使数据的体现更加形象、生动，利用多种功能对数据进行统计和分析等。

实训 1　制作专业教学计划表

在日常生活中，我们经常会见到各种复杂的表格，例如银行中的存款或取款表，应聘工作时会填写应聘申请表，学校中有教学实施计划表等。下面的实训将以“专业教学计划”为例，学习复杂的表格的排版。

实训目标

制作如图 4-1 所示的表格。

计算机应用（高职）专业教学计划

类别	课程名称	考试	考查	教学时数				按学期周学时分配					
				共计	讲课	实验	实训	一	二	三	四	五	六
								14	18	18	18	18	17
公共课	马克思主义哲学原理		△	32	32			2					
	毛泽东思想概论		△	32	32					2			
	高等数学	△		110	110			4	3				
专业课	计算机应用基础		△	48	24	24		3					
	面向对象程序设计	△		96	32	64					6		
	微机基础原理与应用		△	32	12		20					2	
	实用数据结构	△		80	54	26				5			
	多媒体技术与应用	△		64	32		32				4		
	图形图象处理		△	64	32	32			4				
	理论教学							360					
	实践							198					
	学时总计							558					

图 4-1　专业教学计划表

实训步骤

（1）启动 Excel 2010，建立新文档，录入实训原文的内容。

（2）调整表格行的高度、列的宽度、合并单元格，使表格基本呈现如图 4-1 所示的效果。

（3）设置表的标题字体为隶书，字号为 16 磅，加粗，居中，加双下画线。

（4）设置表格内文字字体为宋体，字号为 11 磅。表中的数据在单元格内水平方向和垂直方向都居中显示。

（5）“类别”“公共课”“专业课”“教学时数”中的“共计”“讲课”“实验”“实训”所在的单元格方向为竖向。

（6）设置表格的边框线，设置的效果如图 4-1 所示。

（7）将文档的页面方向设置为横向，水平方向居中，设置页脚居中位置为当前日期。

（8）将文件进行保存。

实训提示

（1）启动 Excel 2010，建立新文档。

① 启动 Excel 2010。选择“开始”|“所有程序”| Microsoft Office | Microsoft Office Excel 2010 命令。

② 启动 Excel 时，自动建立一个文件名为“工作簿 1.xlsx”的空文档。

③ 在“工作簿 1.xlsx”中录入实训原文的内容。

（2）调整表格行的高度、列的宽度、合并单元格。

① 调整表格行的高度。以第 1 行为例，将光标定位在第 1 行，单击鼠标右键，选择“行高”命令，弹出“行高”对话框，如图 4-2 所示。将“行高”设置为“33”，单击“确定”按钮。

② 调整表格列的宽度。调整表格列的宽度与设置行的高度的方法类似，可以参考步骤①。这里再介绍另一种方法，以第 1 列为例，将光标定位在 A 列和 B 列的列标之间，按住鼠标左键拖动，即可调整列宽。

③ 合并单元格。表格中有很多单元格需要合并，可参考实训样文进行合并，这里以标题（“专业教学计划表”）为例介绍单元格合并方法。选中从 A1 到 N1 的所有单元格，单击鼠标右键，选择“设置单元格格式”命令，弹出“设置单元格格式”对话框，如图 4-3 所示。选择“对齐”选项卡，在“文本控制”选项区域中选中“合并单元格”复选框，单击“确定”按钮。

图 4-2 “行高”对话框

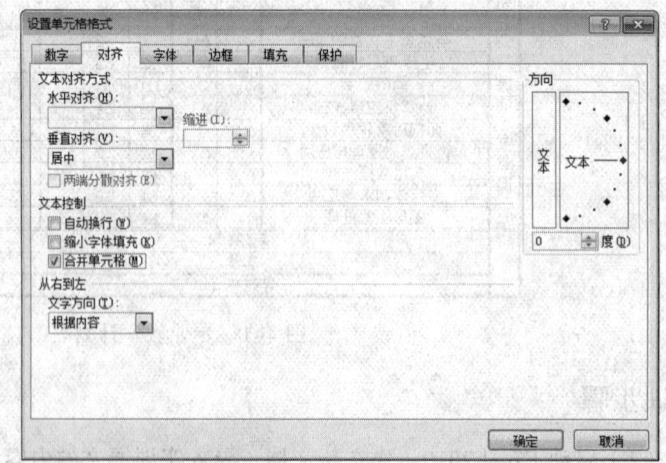

图 4-3 “设置单元格格式”对话框

（3）设置表的标题字体为隶书，字号为16磅，加粗，居中，加双下画线。

① 设置字体、字号、加粗。在“开始”选项卡的“字体”下拉列表框（宋体）中设置字体，“字号”下拉列表框（11）中设置字号，单击“加粗”按钮（B）设置加粗。

② 设置居中。也可以采用步骤①中的方法，单击“居中”按钮（）设置居中，还可以采用以下方法，单击鼠标右键，选择“设置单元格格式”命令，弹出“设置单元格格式”对话框。打开“对齐”选项卡，在“文本对其方式”选项区域中将“水平对齐”设置为“居中”。

③ 设置双下画线。可以在“开始”选项卡下单击“下划线”按钮“U”旁边的箭头，选择双下划线。

（4）设置表格内文字字体为宋体，字号为11磅。表中的数据在单元格内水平方向和垂直方向都居中显示。

（5）“类别”、“公共课”、“专业课”、“教学时数”中的“共计”、“讲课”、“实验”、“实训”所在的单元格方向为竖向。

以“类别”所在单元格为例，选中该合并后的单元格，单击鼠标右键，选择“设置单元格格式”命令，弹出“设置单元格格式”对话框。打开“对齐”选项卡，在“方向”选项区域中单击“文本”使其变成黑色，单击“确定”按钮。

（6）设置表格的边框线。

① 设置整体边框线：选中该A2:N16区域，单击鼠标右键，选择“设置单元格格式”命令，弹出“设置单元格格式”对话框。打开“边框”选项卡，在“线条”选项区域“样式”中选择粗实线，“颜色”选择“蓝色”，在“预置”选项区域中单击“外边框”按钮；在“线条”选项区域“样式”中选择细实线，在“预置”选项区域中单击“内部”按钮，单击“确定”按钮。

② 修改已有的边框。选中E3:N3的区域，选择“开始”选项卡下的“对齐方式”选项区域，单击“对齐方式”旁边的“对话框启动器”，弹出“设置单元格格式”对话框。选择“边框”选项卡，在“线条”选项区域“样式”中选择双线，“颜色”中选择“蓝色”，在“边框”选项区域中单击按钮，单击“确定”按钮。

（7）将文档的页面方向设置为横向，水平方向居中，设置页脚居中位置为当前日期：

①选择“页面布局”选项卡下的“页面设置”选项区域，单击“页面设置”旁边的“对话框启动器”，弹出“页面设置”对话框，如图4–4所示。

② 在“页面设置”对话框中选择“页边距”选项卡，在“居中方式”选项区域中选中“水平”复选框，如图4–4所示。打开“页面”选项卡，设置“方向”为“横向”，如图4–5所示。打开“页眉/页脚”选项卡，单击“自定义页脚”按钮，弹出“页脚”对话框，如图4–6所示，在居中位置插入日期。

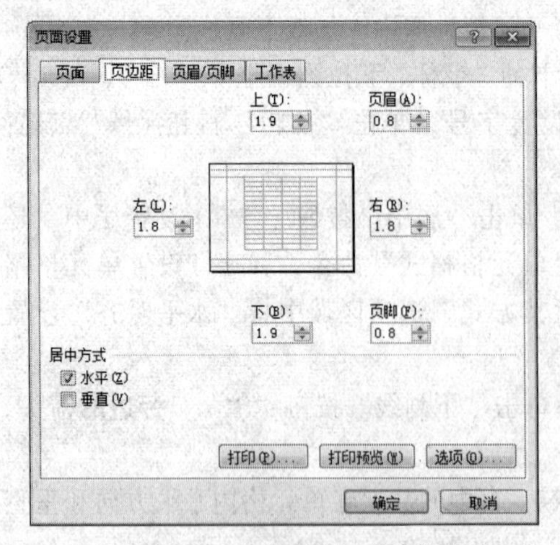

图 4-4 “页边距”选项卡

图 4-5 “页面”选项卡

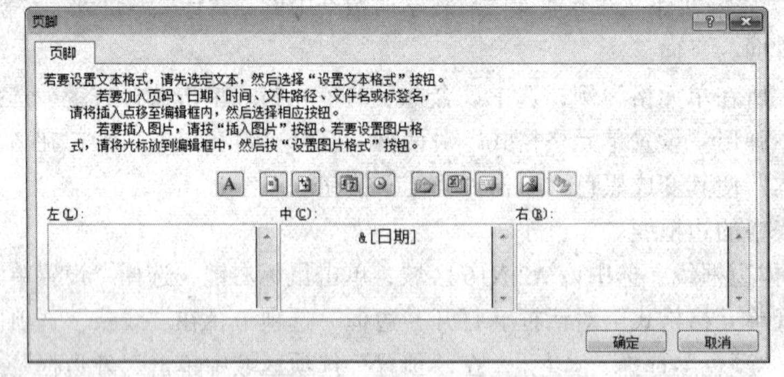

图 4-6“页脚”对话框

（8）将文件进行保存。

① 选择“文件”|“另存为”命令，弹出“另存为”对话框，如图 4-7 所示。

② 在“另存为”对话框中，设置“保存位置”，输入文件名，单击“保存”按钮。

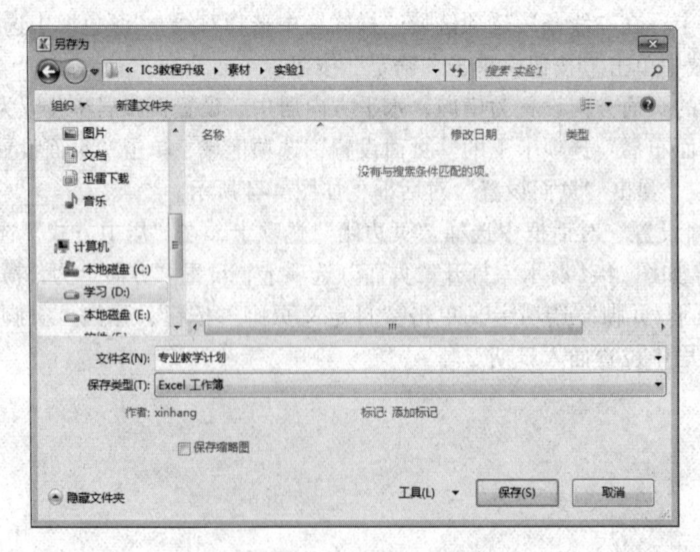

图 4-7 “另存为”对话框

操作技巧

（1）使用格式刷设置格式。格式刷是一种特殊的复制、粘贴工具，主要用于对字符、段落和单元格的格式化。其工作原理是将已设定好的样本格式快速复制到文档或工作表中需要设置此格式的其他部分，使之自动与样本格式一致。在进行版面格式的编排时，使用格式刷可以避免大量的重复性操作，大大提高了工作效率。

例如，在实训 1 中设置“类别”、“公共课”、“专业课”、“教学时数”中的“共计”、“讲课”、“实验”、“实训”所在的单元格方向为竖向。可以先按照实训提示中的方法设置好其中的一个，选中该单元格，双击“开始”选项卡上的“剪贴板”选项区域中的“格式刷”按钮（格式刷），此时鼠标指针显示为“+”形旁一个刷子图案。按住鼠标左键刷（即拖选）要应用新格式的单元格即可。

（2）使用“自动调整”命令来调整列宽。如果希望列的宽度迅速适应文本的内容，可以双击列标题右边的边界。

实训 2　制作各城市房屋销售统计图表

由于 Excel 制作表格的专业性，生成图表也更加方便快捷，数据更新后图表的更新更加方便。下面的实训内容根据数据表生成相应的图表，并且对图表中各个对象进行修饰。同时结合数据表的页面设置和打印设置。

实训目标

将表 4-1 的数据处理后达到如图 4-8～图 4-10 的效果。

实训步骤

（1）启动 Excel 2010，建立新文档。

（2）在新建的 Excel 文档中录入表 4-1 实训原文的内容，第 1 列“序号”使用“自动填充”命令。

表 4-1　中国主要城市商品房销售统计表（4 周）

序号	城市	销售套数（2013.05.08～14）	销售套数（2013.05.15～21）	销售套数（2013.05.22～28）	销售套数（2013.05.29～06.04）	销售总数
	北京	992	1190	1900	1992	
	上海	2756	2843	3194	3456	
	广州	1528	1639	1688	2021	
	深圳	489	843	811	852	
	天津	1263	1747	1516	1990	
	重庆	4188	5444	4966	5290	
	杭州	346	997	1368	1050	
	南京	683	935	1178	1178	
	武汉	2004	3808	2573	2583	
	苏州	1021	680	981	963	

续表

序号	城市	销售套数（2013.05.08～14）	销售套数（2013.05.15～21）	销售套数（2013.05.22～28）	销售套数（2013.05.29～06.04）	销售总数
	宁波	859	1038	1276	1238	
	厦门	695	257	258	302	
	福州	256	176	428	339	
	青岛	1162	1287	2521	2727	
	大连	493	574	502	472	
	兰州	234	222	267	393	
	银川	850	1110	893	2332	
	贵阳	1114	1211	1104	1083	
	昆明	735	1372	1487	1107	
	温州	98	342	91	44	

（3）利用求和函数计算各城市的"销售总数"。

（4）在表格的上方插入一行，使用艺术字添加标题"中国主要城市商品房销售统计表（4周）"。

（5）在标题旁边插入一幅"房屋"的剪贴画，并调整该图片的大小及位置。

（6）为表格设置"套用格式"，再为表格添加边框线。修饰的效果如图 4-8 所示。

（7）为表格设置页脚，内容是在右对齐的位置添加当天的日期。

（8）设置表格的打印缩放比例为 120%，横向打印，整个表水平居中，打印预览效果如图 4-8 所示。

中国主要城市商品房销售统计表（4周）

序号	城市	销售套数（2013.05.08—14）	销售套数（2013.05.15—21）	销售套数（2013.05.22—28）	销售套数（2013.05.29—06.04）	销售总数
1	北京	992	1190	1900	1992	6074
2	上海	2756	2843	3194	3456	12249
3	广州	1528	1639	1688	2021	6876
4	深圳	489	843	811	852	2995
5	天津	1263	1747	1516	1990	6516
6	重庆	4188	5444	4966	5290	19888
7	杭州	346	997	1368	1050	3761
8	南京	683	935	1178	1178	3974
9	武汉	2004	3808	2573	2583	10968
10	苏州	1021	680	981	963	3645
11	宁波	859	1038	1276	1238	4411
12	厦门	695	257	258	302	1512
13	福州	256	176	428	339	1199
14	青岛	1162	1287	2521	2727	7697
15	大连	493	574	502	472	2041
16	兰州	234	222	267	393	1116
17	银川	850	1110	893	2332	5185
18	贵阳	1114	1211	1104	1083	4512
19	昆明	735	1372	1487	1107	4701
20	温州	98	342	91	44	575

2013/6/25

图 4-8　修饰后的销售统计表

（9）利用带数据标记的堆积折线图，比较各城市 4 周内房屋销售情况，并对生成的图表进行如下要求的格式设置，效果如图 4-9 所示。

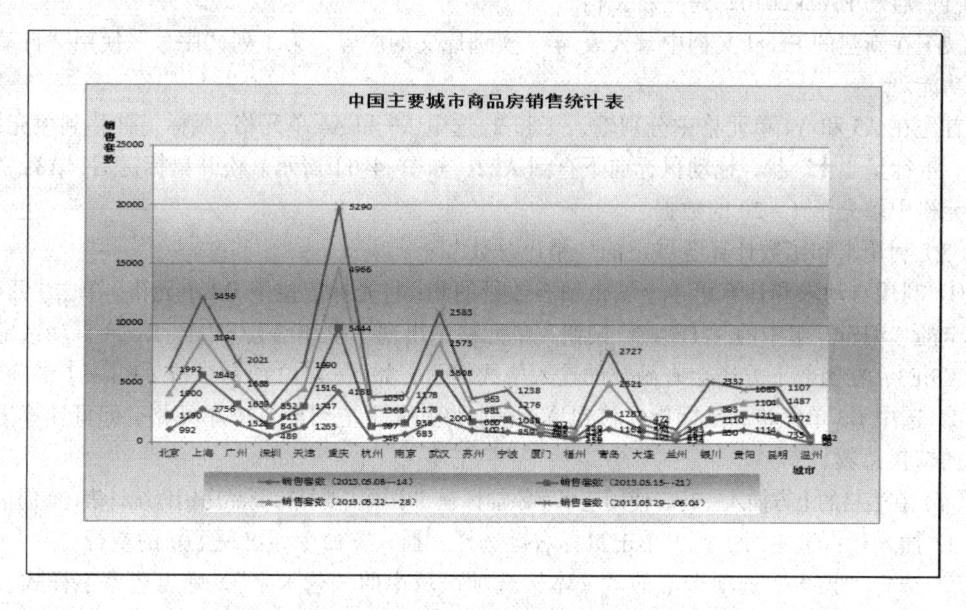

图 4-9　带数据标记的堆积折线图

- 选择“城市”列以及 4 列“销售套数”列数据生成带数据标记的堆积折线图。
- 设置图表标题、*X* 轴名称、*Y* 轴名称，如图 4-9 所示。
- 图表生成的位置为独立的工作表。
- 设置图表标题、图表区、绘图区、图例、数值轴标题以及分类轴标题的格式。
- 将该图表工作表复制一份，复制后的图表的类型改为簇状柱形图，如图 4-10 所示。

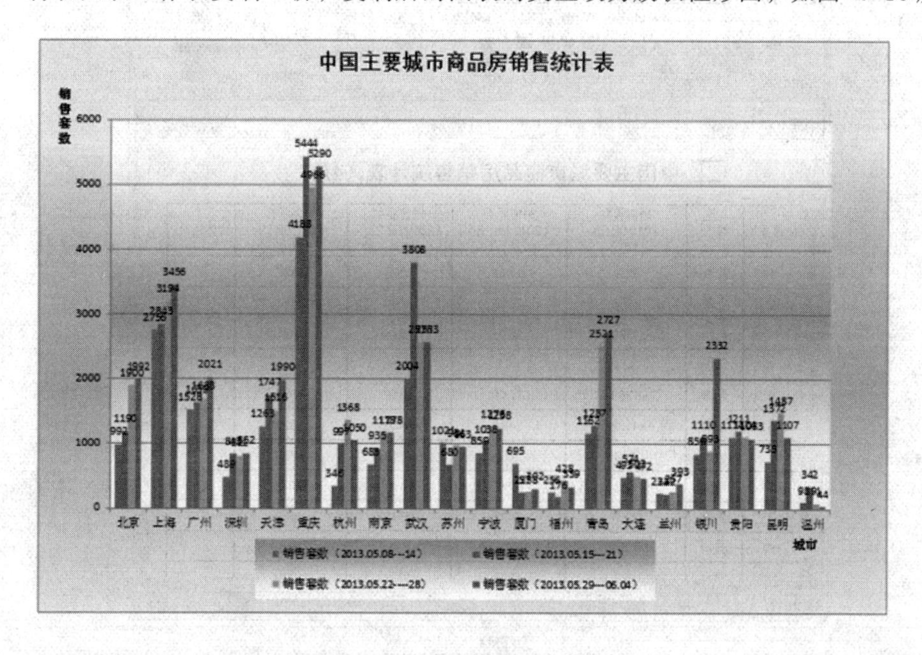

图 4-10　统计表簇状柱形图

实训提示

（1）启动 Excel 2010，建立新文档。

（2）在新建的 Excel 文档中录入表 4-1 实训原文的内容，第 1 列“序号”使用“自动填充”功能。

首先在 A3 和 A4 单元格中分别输入 1 和 2，选中 A3 和 A4 单元格，鼠标指针移到填充柄，此时，指针呈“+”状，拖动鼠标向下直到 A22，如图 4-11 所示。松开鼠标键后，A3：A22 的单元格中填充了 1～20 的数据。

（3）利用求和函数计算各城市的“销售总数”。

① 利用自动求和计算第 1 个城市销售数量的和：将光标定位于 G3 单元格。单击“开始”选项卡的“编辑”组中的 Σ 自动求和 · 按钮，单元格中出现了求和函数 SUM，Excel 自动选定了范围 C3:F3，在函数下方还会有函数的输入格式提示，如图 4-12 所示，按【Enter】键确认。

② 选中 G3 单元格，鼠标指针移到填充柄，将其向下拖到至 G22 单元格。即可计算出各城市的销售总数。

（4）在表格的上方插入一行，使用艺术字添加标题“中国主要城市商品房销售统计表（4 周）”。

① 插入行：选中第 1 行，单击鼠标右键选择“插入”命令，出现了新的空行。

② 选择“插入”选项卡下的“文本”选项区域中的“艺术字”，弹出艺术字样式，如图 4-13 所示。选择一种“艺术字”的样式。

③ 弹出“请在此放置您的文字”对话框，如图 4-14 所示，输入文字“中国主要城市商品房销售统计表（4 周）”，单击“确定”按钮。

④ 将艺术字拖动到第 1 行的位置即可。

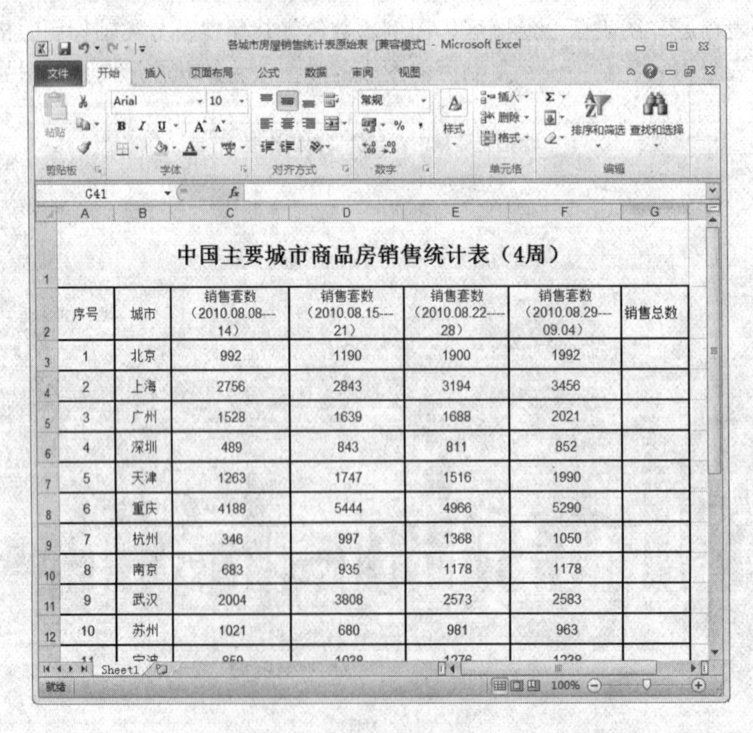

中国主要城市商品房销售统计表（4周）

序号	城市	销售套数（2010.08.08---14）	销售套数（2010.08.15---21）	销售套数（2010.08.22---28）	销售套数（2010.08.29---09.04）	销售总数
1	北京	992	1190	1900	1992	
2	上海	2756	2843	3194	3456	
3	广州	1528	1639	1688	2021	
4	深圳	489	843	811	852	
5	天津	1263	1747	1516	1990	
6	重庆	4188	5444	4966	5290	
7	杭州	346	997	1368	1050	
8	南京	683	935	1178	1178	
9	武汉	2004	3808	2573	2583	
10	苏州	1021	680	981	963	

图 4-11　自动填充序列

	A	B	C	D	E	F	G	H
1	中国主要城市商品房销售统计表（4周）							
2	序号	城市	销售套数（2013.06.08---14）	销售套数（2013.06.15---21）	销售套数（2013.06.22----28）	销售套数（2013.06.29---09.04）	销售总数	
3	1	北京	992	1190	1900	1992	=SUM(C3:F3)	

图 4-12 自动求和过程

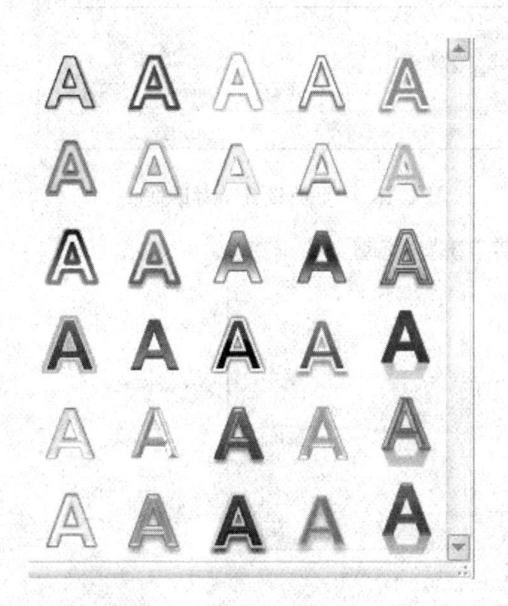

图 4-13 艺术字样式

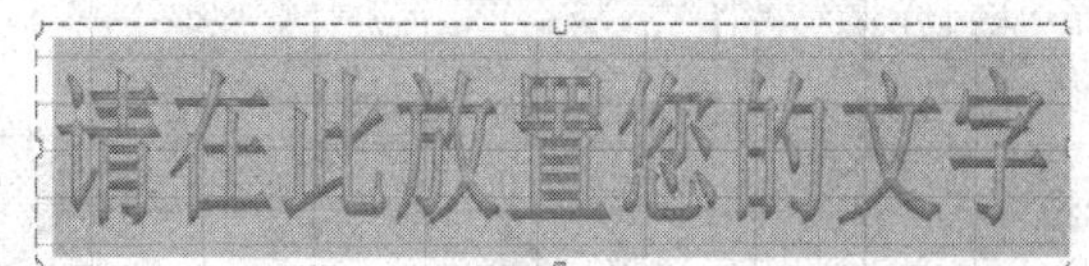

图 4-14 “编辑‘艺术字’文字”对话框

（5）在标题旁边插入一幅“房屋”的剪贴画并调整该图片的大小及位置。

① 选择“插入”选项卡下的“插图”选项区域中的“剪贴画”命令，在“剪贴画”任务窗格中输入搜索文字“房屋”，单击搜索到的其中一幅剪贴画，使其插入到文档中。

② 调整图片的大小和位置。

（6）为表格设置“套用表格格式”，再为表格添加边框线，修饰的效果如图 4-8 所示。

① 选中 A2：G22 的区域，选择“开始”选项卡下的“样式”选项区域中的“套用表格格式”命令，弹出表格样式，如图 4-15 所示，选择其中的某个样式，单击“确定”按钮。

② 为表格添加边框线。

（7）为表格设置页脚，内容是在右对齐的位置添加当天的日期。

① 选择“页面布局”选项卡下的“页面设置”选项区域中“页面设置”旁边的“对话框启动器”，弹出“页面设置”对话框，如图 4-16 所示。单击“自定义页脚”按钮，弹出“页脚”对话框，如图 4-17 所示。

② 在“页脚”对话框中的“右”对齐位置，单击“日期”按钮，再单击“确定”按钮。

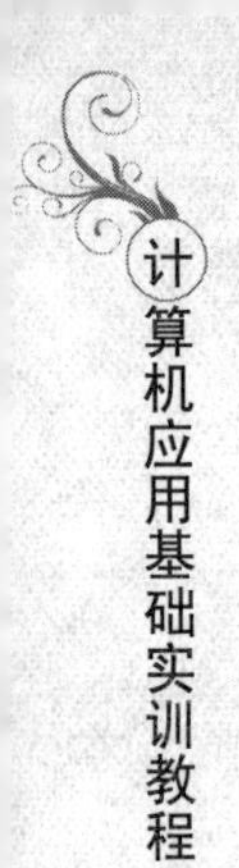

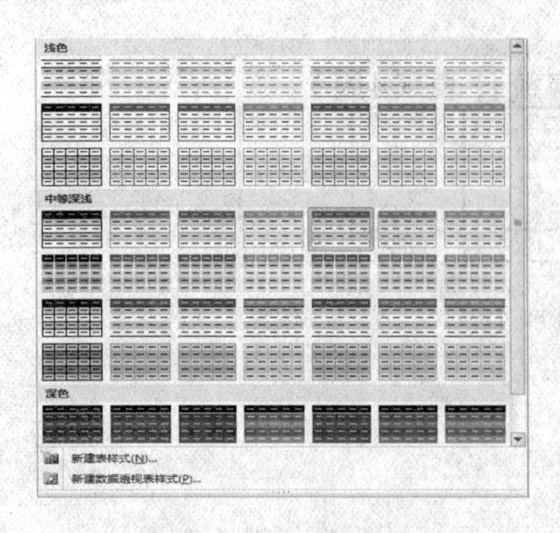

图 4-15　表格样式列表

图 4-16　“页面设置”对话框

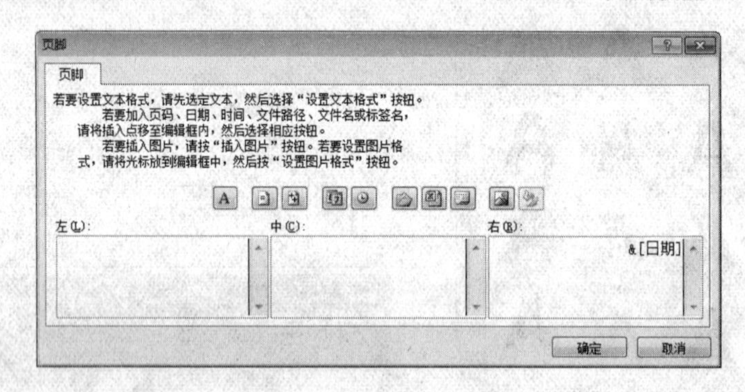

图 4-17　“页脚”对话框

（8）设置表格的打印缩放比例为 120%，横向打印，整个表水平居中，打印预览效果如图 4-8 所示。

① 选择“文件”|“打印”命令，设置打印方向为“横向”，“自定义缩放比例”为 120%，或者选择“页面布局”选项卡下的“页面设置”选项区域中“页面设置”旁边的“对话框启动器”按钮，弹出“页面设置”对话框，如图 4-18 所示。

② 选择“页边距”选项卡，选中“居中对齐”选项区域下的“水平”复选框，如图 4-19 所示。

（9）利用堆积数据点折线图，比较各城市 4 周内房屋销售情况，并对生成的图表进行如下要求的格式设置。

- 选择“城市”列以及 4 列“销售套数”列数据生成堆积数据点折线图。
- 设置图表标题、*X* 轴名称、*Y* 轴名称。
- 图表生成的位置为独立的工作表。
- 设置图表标题、图表区、绘图区、图例、数值轴标题以及分类轴标题的格式。
- 将该图表工作表复制一份，复制后的图表的类型改为簇状柱形图。

① 选择“城市”列以及 4 列“销售套数”列数据，选择“插入”选项卡里的“图表”选项区域中“图表”旁边的“对话框启动器”按钮，弹出“插入图表”对话框，如图 4-20 所示。选择“折线图”中的“带数据标记的堆积数据图”，单击“确定”按钮。

② 出现默认大小的折线图，如图 4-21 所示。

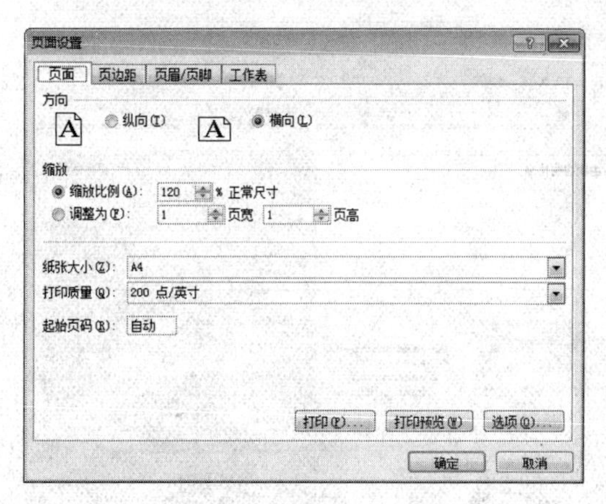

图 4-18 “页面”选项卡

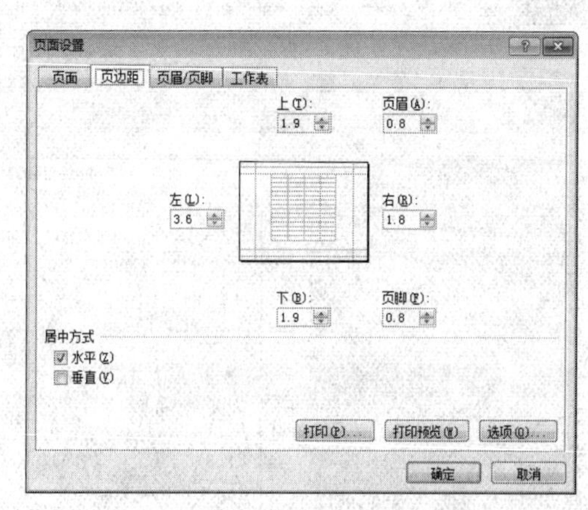

图 4-19 “页边距”选项卡

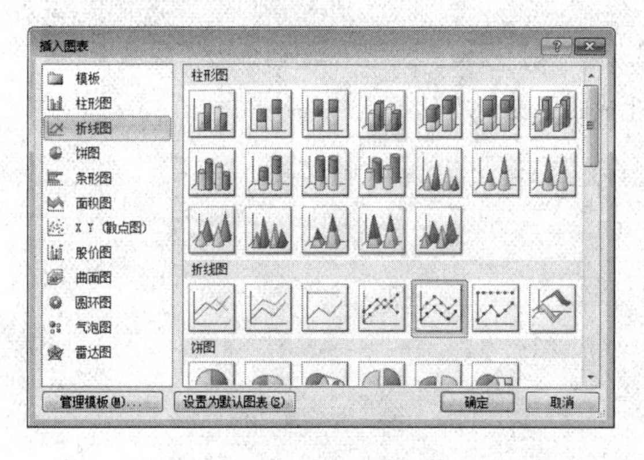

图 4-20 “插入图表”对话框

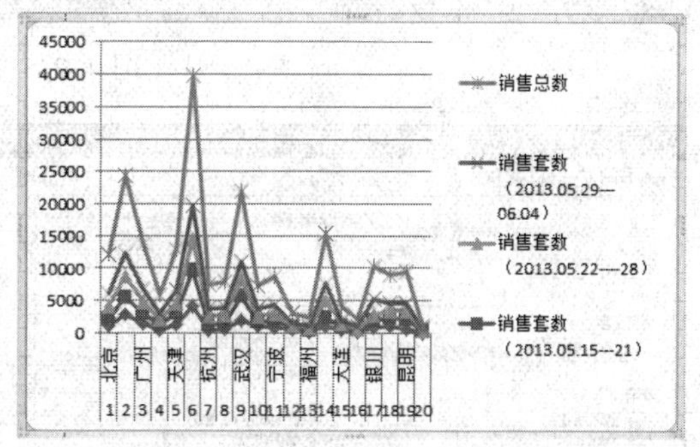

图 4-21 默认样式折线图

③ 分别选择“布局”选项卡中的“标签”选项区域中的“图标标题”和“坐标标题”按钮，如图 4-22 所示。将“图表标题”设置为“中国主要城市商品房销售统计表”，“主要横坐标轴标题”设置为“城市”，“主要纵坐标轴标题”设置为“销售套数”。

④ 选中图表，单击鼠标右键，选择“移动图表”命令，弹出“移动图表”对话框，如图 4-23 所示。选择“新工作表”“图表一”，单击“确定”按钮。生成图表，如图 4-24 所示。

⑤ 设置图表标题格式。选中图表中的图表标题，单击鼠标右键，选择“字体”命令，打开“字体”对话框，如图 4-25 所示，设置字体字号。

⑥ 设置 X 轴名称和 Y 轴名称格式。采用与步骤⑤相同的方法，也可以在“开始”选项卡的“字体”选项区域中进行设置，如图 4-26 所示。

图 4-22 设置图标标题和坐标轴标题

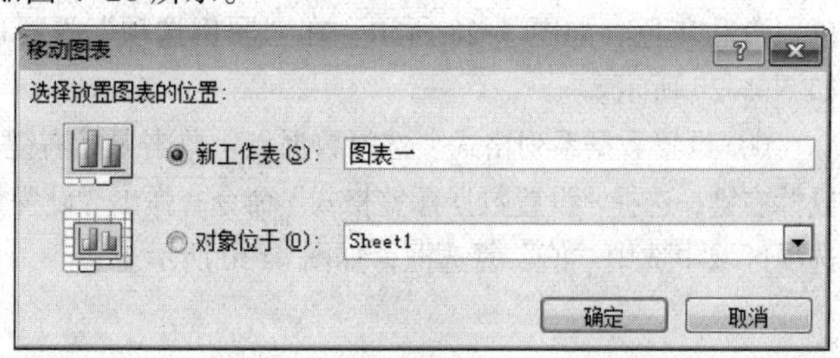

图 4-23 “移动图表”对话框

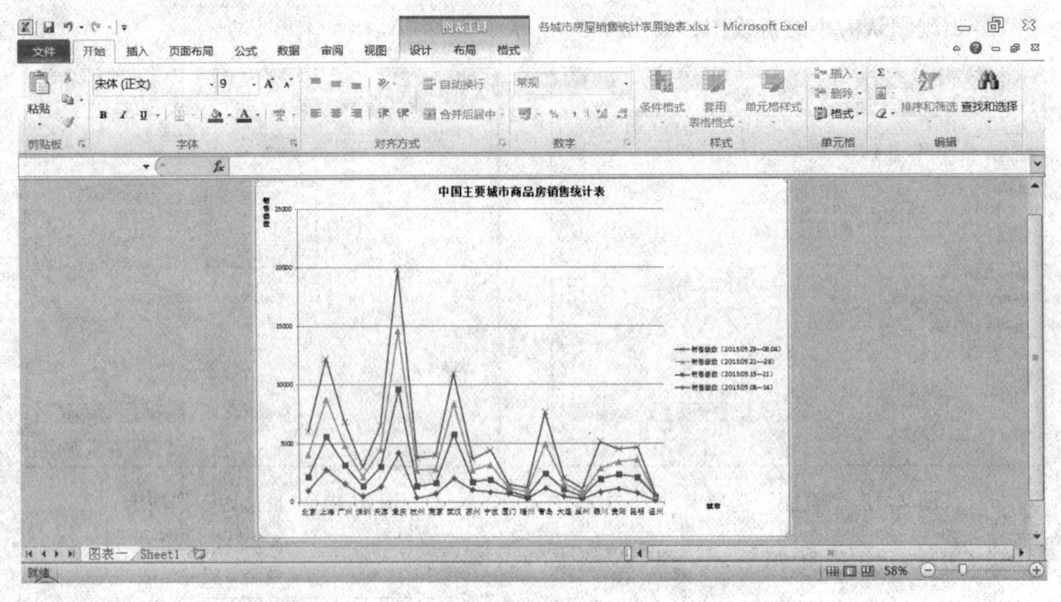

图 4-24　生成的图表

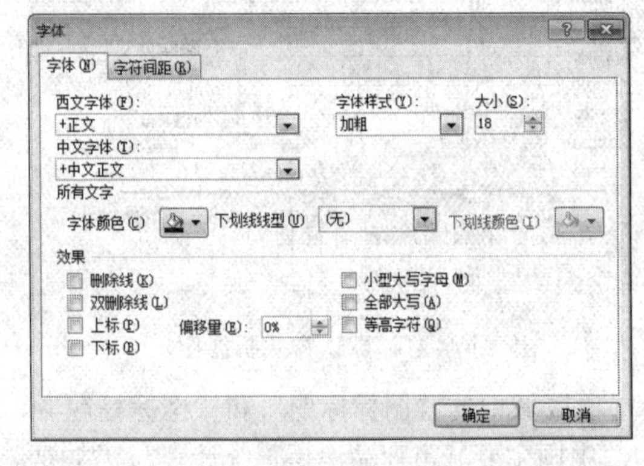

图 4-25　“图表标题格式”对话框

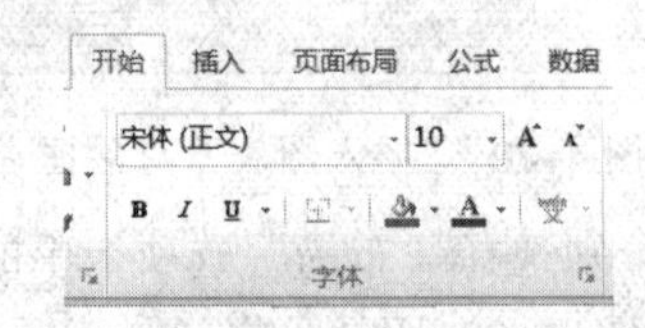

图 4-26　设置图表坐标轴名称字体格式

⑦ 设置图表区格式。选中图表区，双击鼠标，打开“设置图表区格式”对话框，在“填充”选项卡的“填充”选项区域中选中“渐变填充”单选按钮。选择“预设颜色”为“麦浪滚滚”，如图 4-27 所示。单击“关闭”按钮关闭窗口。

⑧ 设置绘图区格式。用步骤⑦的方法打开“设置绘图区格式”对话框，设置填充效果为双色鲜绿色和白色。

⑨ 设置图例格式。用步骤⑦的方法打开“设置图例格式”对话框，设置填充效果为双色白色和灰色，如图 4-28 所示。在“图例选项”选择区域中选择“图例位置”为“底端”，如图 4-29 所示。

⑩ 设置数据系列格式。选择数据点，单击鼠标右键，选择“添加数据标签”命令，再单击鼠标右键，选择“设置数据标签格式”命令，弹出“设置数据标签格式”对话框。在“数据标签”选项区域中选中“值”复选框，如图 4-30 所示。

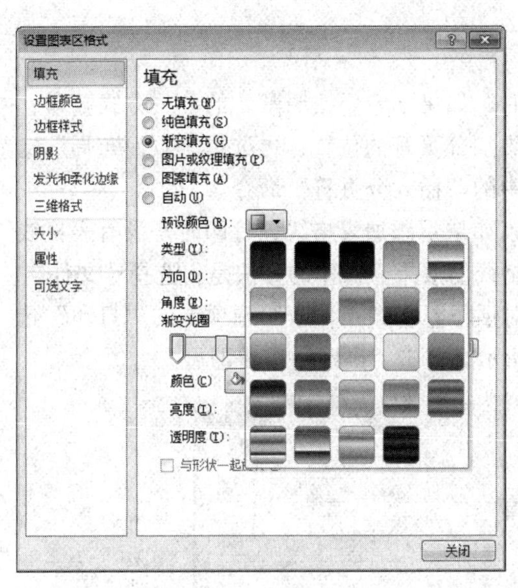

图 4-27　填充效果

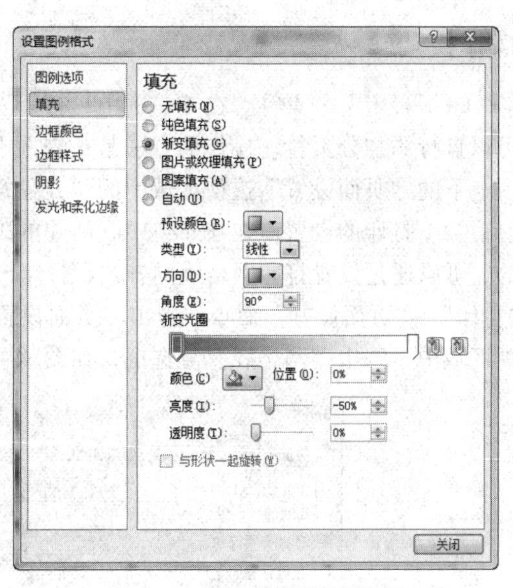

图 4-28　设置图例填充效果

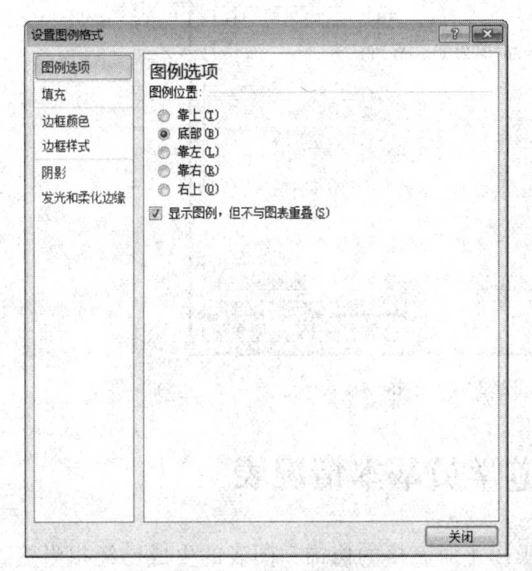

图 4-29　设置图例位置

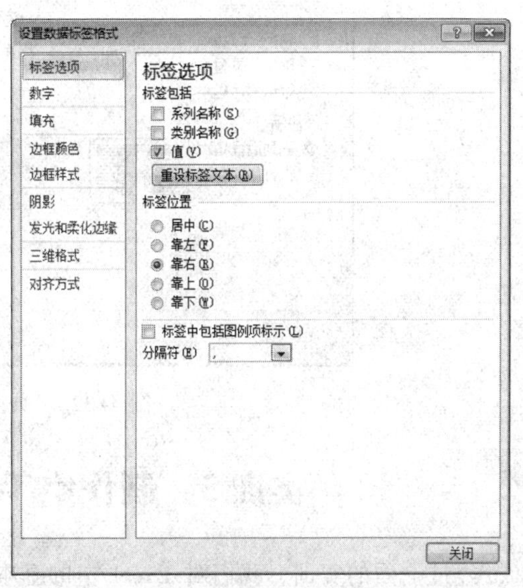

图 4-30 “设置数据标签格式”对话框

⑪ 复制图表：选中“图表一”工作表标签，单击鼠标右键，选择“移动或复制工作表”命令，弹出“移动或复制工作表”对话框。将选中的工作表移至当前工作簿，选中“建立副本”复选框，如图 4-31 所示，单击“确定”按钮。将复制出的图表工作表命名为“图表二”。

⑫ 更改图标类型：在“图表二”工作表中，选择“设计”选项卡中的“类型”选项区域中的“更改图表样式”命令，弹出“更改图表样式”对话框，选择“簇状柱形图”。

图 4-31 “移动或复制工作表”对话框

操作技巧

（1）自定义分页符。在 Excel 中，打印表格时，如果不希望按照默认的分页方式打印，可以自行添加分页符。操作的方法是：先选中要添加分页符的位置，再选择“页面布局”选项卡下的“页面设置”选项区域中的“分隔符”中的“插入分页符”命令。

（2）打印的设置。在 Excel 中，新建的工作表如果不添加表格线，打印时是没有表格线的，可以通过设置打印网格线的方式，打印出表格线的效果。操作的方法是：选择“文件”|“打印”|“页面设置”命令，弹出“页面设置”对话框，在“工作表”选项卡的“打印”选项区域中，选中“网格线”复选框，如图 4-32 所示，单击“确定”按钮即可。

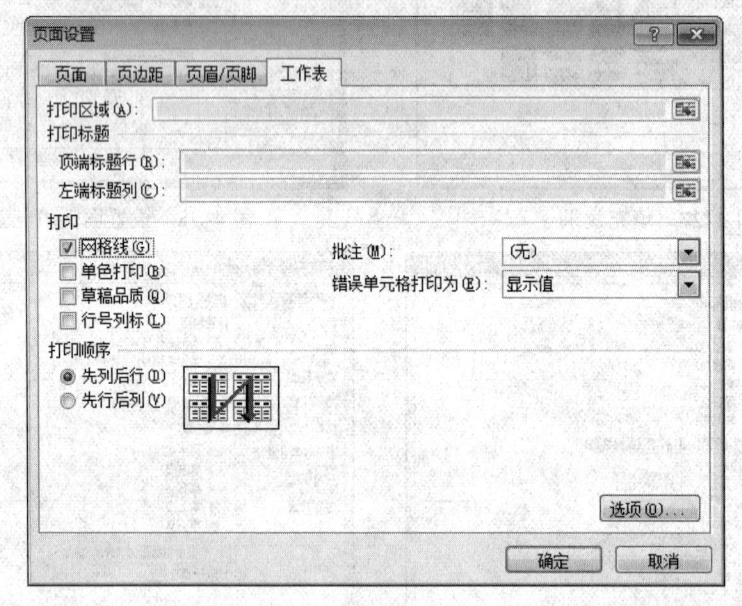

图 4-32 “页面设置”对话框

实训 3　制作空手道学员基本情况表

经过上面的实训，我们对 Excel 中的基本操作，对表格的修饰，图表的生成已经相当熟练。实训 3 将运用多种公式和函数对表中数据进行处理，除此而外，你是否还想使用更高级的数据处理功能呢？例如，对数据进行排序、筛选和分类汇总。下面的实训以空手道学员基本情况作为数据进行计算、统计和分析。

实训目标

将表 4-2 的数据处理后达到如图 4-33～图 4-37 所示的效果。

实训步骤

（1）启动 Excel 2010，建立新文档。

（2）在新建的 Excel 文档中录入如表 4-2 所示的内容，其中“制表日期”请录入当天日期，将工作表的名称命名为“申请表原始表”。

表 4-2　空手道学员晋级申请表

空手道学员晋级申请表												制表日期	2013-6-26
序号	姓名	性别	出生日期	年龄	基本技术	基本移动	礼仪	素质	实战	总分	平均分	等级	
1	马姚	男	1982-4-13		78	81	52	54	98				
2	赵萱	女	1982-6-6		64	78	61	78	45				
3	杨贺	女	1983-9-13		83	64	68	65	91				
4	王晓庭	男	1987-7-1		98	83	91	51	98				
5	周军	男	1978-8-1		95	98	80	98	79				
6	李宁	男	1983-3-1		54	45	55	43	53				
7	徐阳	男	1985-10-6		95	71	69	92	87				
8	张笑天	男	1986-7-11		72	95	64	74	96				
9	李静静	女	1981-7-28		85	72	30	40	98				
10	杨昆	女	1987-4-30		71	85	51	57	94				
11	叶赛	女	1986-9-17		34	54	54	55	43				
12	李明	男	1985-5-14		94	78	100	65	75				
13	梁帅	男	1985-10-23		83	94	83	43	74				
14	支音	女	1987-8-10		69	83	87	93	67				
15	付苗苗	女	1987-8-27		84	69	53	65	50				
16	岳蕾	女	1984-4-22		96	84	51	88	82				
17	张迪	男	1982-10-30		84	96	88	97	99				
18	石小舟	女	1987-10-22		48	84	87	56	69				
	最高总分:												
	最低总分:												
	等级为“高级”的人数:												

（3）在工作表“申请表原始表”中利用公式和函数进行计算。

- 年龄：年龄=（制表日期-出生日期）/365。注意，小数位数为 0。
- 总分：总分=基本技术+基本移动+礼仪+素质+实战。
- 平均分：平均分为基本技术、基本移动、礼仪、素质、实战各成绩的平均值。小数位数为 0。
- 等级：利用 IF 函数计算，平均分为 85 分（含）~100 分（含）的等级为“高级”，平均分为 70 分（含）~85 分（不含）的等级为“中级”，平均分为 60 分（含）~70 分（不含）的等级为“初级”，平均分为 60 分以下的等级为“不合格”。
- 最高总分：总分的最大值。
- 最低总分：总分的最小值。
- 等级为“高级”的人数：利用 COUNTIF 函数计算等级为“高级”的人数。

（4）对工作表“申请表原始表”进行格式设置，设置的效果可参考图 4-33 的内容。

（5）设置工作表“申请表原始表”打印区域为 A1:M21。

（6）将工作表“申请表原始表”复制出 4 份，分别命名为“按总分降序排序”、“按总分和实战降序排序”、“筛选总分前 5 名”及“按性别分类汇总各项目平均分”。

空手道学员晋级申请表

制表日期　2013/6/26

序号	姓名	性别	出生日期	年龄	基本技术	基本移动	礼仪	素质	实战	总分	平均分	等级
1	马姚	男	1982/4/13	31	78	81	52	54	98	363	73	中级
2	赵萱	女	1982/6/6	31	64	78	61	78	45	326	65	初级
3	杨贺	女	1983/9/13	30	83	64	68	65	91	371	74	中级
4	王晓庭	男	1987/7/1	26	98	83	91	51	98	421	84	中级
5	周军	男	1978/8/1	35	95	98	80	98	79	450	90	高级
6	李宁	男	1983/3/1	30	54	45	55	43	53	250	50	不合格
7	徐阳	男	1985/10/6	28	95	71	69	92	87	414	83	中级
8	张笑天	男	1986/7/11	27	72	95	64	74	96	401	80	中级
9	李静静	女	1981/7/28	32	85	72	30	40	98	325	65	初级
10	杨昆	女	1987/4/30	26	71	85	51	57	94	358	72	中级
11	叶赛	女	1986/9/17	27	34	54	54	55	43	240	48	不合格
12	李明	男	1985/5/14	28	94	78	100	65	75	412	82	中级
13	梁帅	男	1985/10/23	28	83	94	83	43	74	377	75	中级
14	支音	女	1987/8/10	26	69	83	87	93	67	399	80	中级
15	付苗苗	女	1987/8/27	26	84	69	53	65	50	321	64	初级
16	岳蕾	女	1984/4/22	29	96	84	51	88	82	401	80	中级
17	张迪	男	1982/10/30	31	84	96	88	97	99	464	93	高级
18	石小舟	女	1987/10/22	26	48	84	87	56	69	344	69	初级
			最高总分:	464								
			最低总分:	240								
			等级为"高级"的人数:	2								

图 4-33　修饰后的申请表原始表

（7）打开工作表“按总分降序排序”，按照总分对工作表降序排序，效果如图 4-34 所示。

空手道学员晋级申请表

制表日期　2013/6/26

序号	姓名	性别	出生日期	年龄	基本技术	基本移动	礼仪	素质	实战	总分	平均分	等级
17	张迪	男	1982/10/30	31	84	96	88	97	99	464	93	高级
5	周军	男	1978/8/1	35	95	98	80	98	79	450	90	高级
4	王晓庭	男	1987/7/1	26	98	83	91	51	98	421	84	中级
7	徐阳	男	1985/10/6	28	95	71	69	92	87	414	83	中级
12	李明	男	1985/5/14	28	94	78	100	65	75	412	82	中级
8	张笑天	男	1986/7/11	27	72	95	64	74	96	401	80	中级
16	岳蕾	女	1984/4/22	29	96	84	51	88	82	401	80	中级
14	支音	女	1987/8/10	26	69	83	87	93	67	399	80	中级
13	梁帅	男	1985/10/23	28	83	94	83	43	74	377	75	中级
3	杨贺	女	1983/9/13	30	83	64	68	65	91	371	74	中级
1	马姚	男	1982/4/13	31	78	81	52	54	98	363	73	中级
10	杨昆	女	1987/4/30	26	71	85	51	57	94	358	72	中级
18	石小舟	女	1987/10/22	26	48	84	87	56	69	344	69	初级
2	赵萱	女	1982/6/6	31	64	78	61	78	45	326	65	初级
9	李静静	女	1981/7/28	32	85	72	30	40	98	325	65	初级
15	付苗苗	女	1987/8/27	26	84	69	53	65	50	321	64	初级
6	李宁	男	1983/3/1	30	54	45	55	43	53	250	50	不合格
11	叶赛	女	1986/9/17	27	34	54	54	55	43	240	48	不合格
			最高总分:	464								
			最低总分:	240								
			等级为"高级"的人数:	2								

图 4-34　按总分降序排序

（8）打开工作表“按总分和实战降序排序”，按照主要关键字为“总分”，次要关键字为“实战”降序进行排序，效果如图 4-35 所示。

空手道学员晋级申请表

制表日期 2013/6/26

序号	姓名	性别	出生日期	年龄	基本技术	基本移动	礼仪	素质	实战	总分	平均分	等级
17	张迪	男	1982/10/30	31	84	96	88	97	99	464	93	高级
5	周军	男	1978/8/1	35	95	98	80	98	79	450	90	高级
4	王晓庭	男	1987/7/1	26	98	83	91	51	98	421	84	中级
7	徐阳	男	1985/10/6	28	95	71	69	92	87	414	83	中级
12	李明	男	1985/5/14	28	94	78	100	65	75	412	82	中级
8	张笑天	男	1986/7/11	27	72	95	64	74	96	401	80	中级
16	岳蕾	女	1984/4/22	29	96	84	51	88	82	401	80	中级
14	支音	女	1987/8/10	26	69	83	87	93	67	399	80	中级
13	梁帅	男	1985/10/23	28	83	94	83	43	74	377	75	中级
3	杨贺	女	1983/9/13	30	83	64	68	65	91	371	74	中级
1	马姚	男	1982/4/13	31	78	81	52	54	98	363	73	中级
10	杨昆	女	1987/4/30	26	71	85	51	57	94	358	72	中级
18	石小舟	女	1987/10/22	26	48	84	87	56	69	344	69	初级
2	赵萱	女	1982/6/6	31	64	78	61	78	45	326	65	初级
9	李静静	女	1981/7/28	32	85	72	30	40	98	325	65	初级
15	付苗苗	女	1987/8/27	26	84	69	53	65	50	321	64	初级
6	李宁	男	1983/3/1	30	54	45	55	43	53	250	50	不合格
11	叶赛	女	1986/9/17	27	34	54	54	55	43	240	48	不合格
			最高总分:	464								
			最低总分:	240								
			等级为"高级"的人数:	2								

图 4-35　按总分和实战降序排序

（9）打开工作表“筛选总分前 5 名”，将总分前 5 名筛选出来，效果如图 4-36 所示。

空手道学员晋级申请表

制表日期 2013/6/26

序号	姓名	性别	出生日期	年龄	基本技术	基本移动	礼仪	素质	实战	总分	平均分	等级
4	王晓庭	男	1987/7/1	26	98	83	91	51	98	421	84	中级
5	周军	男	1978/8/1	35	95	98	80	98	79	450	90	高级
7	徐阳	男	1985/10/6	28	95	71	69	92	87	414	83	中级
12	李明	男	1985/5/14	28	94	78	100	65	75	412	82	中级
17	张迪	男	1982/10/30	31	84	96	88	97	99	464	93	高级

图 4-36　筛选总分前 5 名

（10）打开工作表“按性别分类汇总各项目平均分”，先按照“性别”排序，再统计各项目男生和女生成绩的平均分，效果如图 4-37 所示。

空手道学员晋级申请表

制表日期 2013/6/26

序号	姓名	性别	出生日期	年龄	基本技术	基本移动	礼仪	素质	实战	总分	平均分	等级
		男 平均值			83.7	82.3	75.8	68.6	84.3			
		女 平均值			70.4	74.8	60.2	66.3	71			
		总计平均值			77.1	78.6	68	67.4	77.7			
			最高总分:	464								
			最低总分:	240								
			等级为"高级"的人数:	2								

图 4-37　按性别分类汇总各项目平均分

实训提示

（1）启动 Excel 2010，建立新文档。

（2）在新建的 Excel 文档中录入如表 4-2 所示的内容，其中“制表日期”请录入当天日期，将工作表的名称命名为“申请表原始表”。

① 录入当天日期：使用快捷键【Ctrl+;】。

② 工作表重命名：右键单击工作表标签 Sheet1，选择 “重命名”命令，更改工作表的名称为“申请表原始表”。

（3）在工作表“申请表原始表”中利用公式和函数进行计算。

- 年龄：年龄=（制表日期-出生日期）/365。注意，小数位数为 0。
- 总分：总分=基本技术+基本移动+礼仪+素质+实战。
- 平均分：平均分为基本技术、基本移动、礼仪、素质、实战各成绩的平均值。小数位数为 0。
- 等级：利用 IF 函数计算，平均分为 85 分（含）~100 分（含）的等级为“高级”，平均分为 70 分（含）~85 分（不含）的等级为“中级”，平均分为 60 分（含）~70 分（不含）的等级为“初级”，平均分为 60 分以下的等级为“不合格”。
- 最高总分：总分的最大值。
- 最低总分：总分的最小值。
- 等级为“高级”的人数：利用 COUNTIF 函数计算等级为“高级”的人数。

① 计算年龄。将光标定位在“申请表原始表”的 E4 单元格，在编辑栏输入公式“=(M2-D4)/365”（在输入公式时，单击单元格即可），如图 4-38 所示，将鼠标指针定位在公式中的 M2，按快捷键【F4】，使得公式中对单元格 M2 的引用成为绝对引用，更改后 E4 单元格的公式为“=($M$2-D4)/365”，单击“输入”按钮 ✓。拖动单元格 E4 的填充柄到 E21，计算出每位学员的年龄。

② 设置年龄格式。选中 E4：E21 的单元格，选择“开始”选项卡的“数字”旁边的“对话框启动器”按钮，弹出“设置单元格格式”对话框。在“数字”选项卡中的“分类”列表框中选择“数值”选项，“小数位数”设置为“0”，如图 4-39 所示。

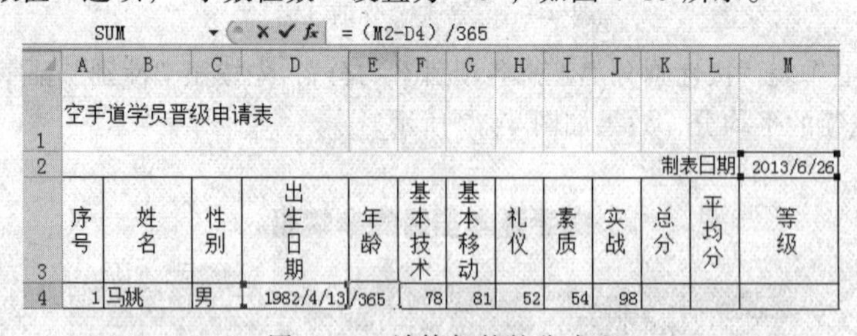

图 4-38　计算年龄的公式

③ 计算总分。将光标定位在“申请表原始表”的 K4 单元格，单击编辑栏中的 fx 按钮，弹出“插入函数”对话框，在“选择函数”列表框中选中 SUM 选项，如图 4-40 所示。单击“确定”按钮，弹出“函数参数”对话框，在 Number1 中选择要求和的参数为“F4：J4”的区域，如图 4-41 所示，单击“确定”按钮。拖动单元格 K4 的填充柄到 K21，计算出每位学员的总分。

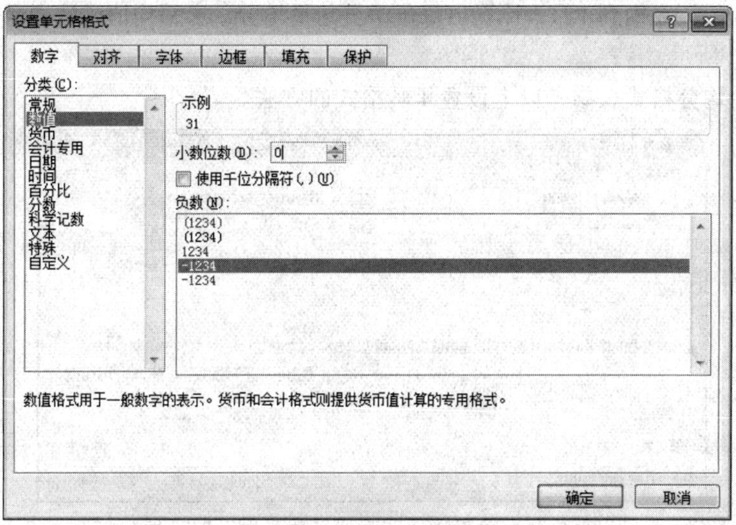

图 4-39 “设置单元格格式”对话框

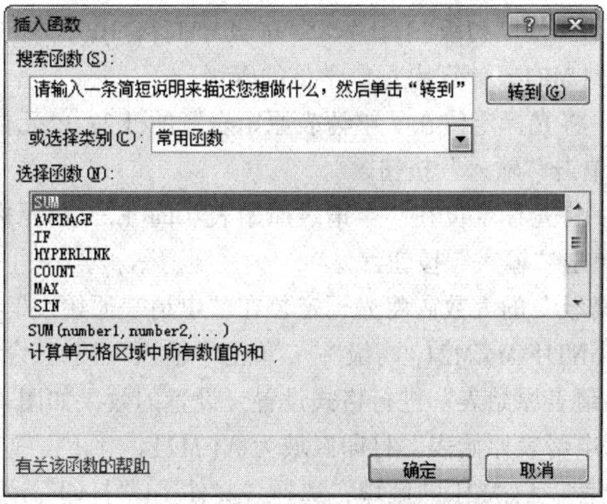

图 4-40 “插入函数”对话框

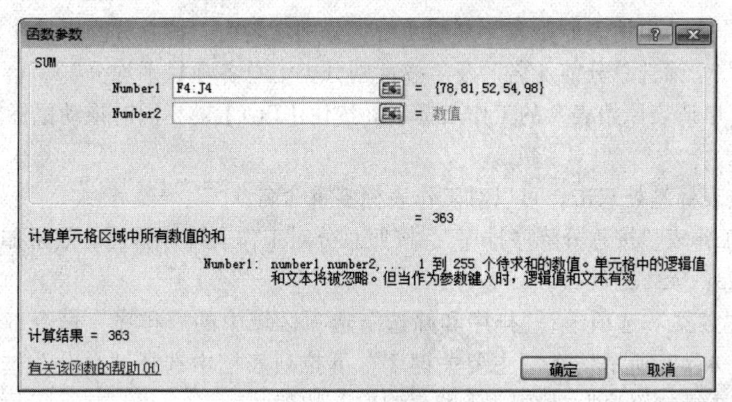

图 4-41 求和函数“函数参数”对话框

④ 计算平均分。参考以上求总分的方法。L4 单元格的函数为“=AVERAGE(F4:J4)”，

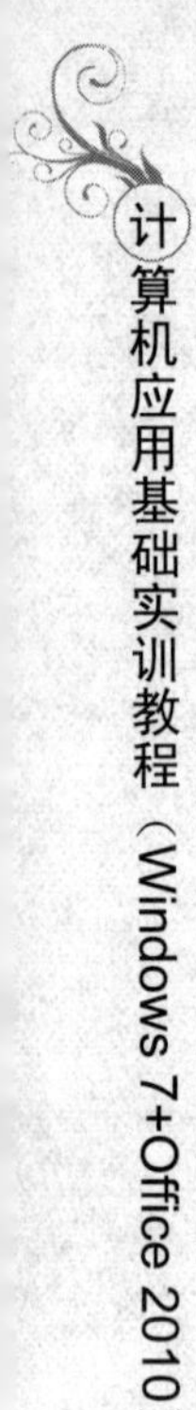

拖动单元格 L4 的填充柄到 L21，计算出每位学员的平均分。求平均值函数“函数参数”对话框，如图 4-42 所示。

⑤ 设置平均分格式。参考以上设置年龄格式的方法。

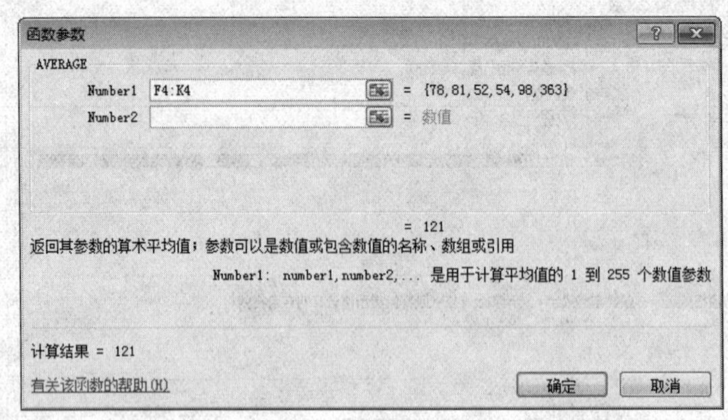

图 4-42　求平均值函数“函数参数”对话框

⑥ 计算等级。将光标定位在“申请表原始表”的 M4 单元格，在编辑栏中输入函数“=IF(L4<60,"不合格",IF(L4<70,"初级",IF(L4<85,"中级","高级")))”，单击“输入”按钮✓。拖动单元格 M4 的填充柄到 M21，计算出每位学员的等级。

⑦ 计算最高总分。将光标定位在“申请表原始表”的 E22 单元格，在编辑栏中输入函数“=MAX(K4:K21)”，单击“输入”按钮✓。

⑧ 计算最低总分。将光标定位在“申请表原始表”的 E23 单元格，在编辑栏中输入函数“=MIN(K4:K21)”，单击“输入”按钮✓。

⑨ 计算等级为“高级”的人数。将光标定位在“申请表原始表”的 E24 单元格，在编辑栏中输入函数“=COUNTIF(M4:M21,"高级")”，单击“输入”按钮✓。

（4）对工作表“申请表原始表”进行格式设置，设置的效果如图 4-33 所示。

（5）设置工作表“申请表原始表”打印区域为 A1:M21。

选中“申请表原始表”A1:M21 的区域，选择“文件”|“打印”|“设置”|“打印选定区域”命令。

（6）将工作表“申请表原始表”复制 4 份，分别命名为“按总分降序排序”、“按总分和实战降序排序”、“筛选总分前 5 名”及“按性别分类汇总各项目平均分”。

① 选中“申请表原始表”的工作表标签，按住【Ctrl】键，同时拖动鼠标左键，将工作表复制出 4 份。

② 在工作表标签处双击，可以对工作表标签重命名。

（7）打开工作表“按总分降序排序”，按照总分对工作表降序排序，效果如图 434 所示：

① 选中 A3：M21 的区域。

② 选择“数据”选项卡，“排序和筛选”选项区域中的“排序”命令，弹出“排序”对话框，如图 4-43 所示。在“主要关键字”下拉列表框中选择“总分”选项，“次序”下拉列表框中选择“降序”选项，单击“确定”按钮。

（8）打开工作表“按总分和实战降序排序”，按照主要关键字为“总分”，次要关键字为“实战”降序进行排序，效果如图 4-35 所示。

① 选中 A3：M21 的区域。

② 选择“数据”选项卡“排序和筛选”选项区域中的“排序”命令，弹出“排序”对话框。“主要关键字”下拉列表框中选择“总分”选项，“次序”下拉列表框中选择“降序”选项；单击“添加条件”按钮，在“次要关键字”下拉列表框中选择“实战”选项，“次序”下拉列表框中选择“降序”选项，单击“确定”按钮，如图 4-44 所示。

图 4-43 “排序”对话框按单一关键字排序

图 4-44 “排序”对话框按多关键字排序

（9）打开工作表“筛选总分前 5 名”，将总分前 5 名筛选出来，效果如图 4-36 所示。

① 选中 A3：M21 的区域。

② 选择“数据”选项卡，“排序和筛选”选项区域中的“自动筛选”命令，进入自动筛选状态。

③ 在“总分”列的下拉列表框中选择“数字筛选”|“10 个最大值”选项，弹出“自动筛选前 10 个”对话框，如图 4-45 所示。设置“显示”选项分别为“最大”、“5”、“项”，单击“确定”按钮，即可看到筛选结果。

（10）打开工作表“按性别分类汇总各项目平均分”，先按照“性别排序”，再统计各项目男生和女生成绩的平均分，效果如图 4-37 所示。

① 排序。选中 A3：M21 的区域。选择“数据”选项卡，“排序和筛选”选项区域中的“排序”命令，弹出“排序”对话框，“主要关键字”下拉列表框中选择“性别”选项。

② 分类汇总。选中 A3：M21 的区域。选择“数据”选项卡，“分级显示”选项区域中的“分类汇总”，弹出“分类汇总”对话框，如图 4-46 所示。在“分类字段”下拉列表框中选择“性别”选项，在“汇总方式”下拉列表框中选择“平均值”选项，在“选定汇总项”列表框中选中“基本技术”、“基本移动”、“礼仪”、“素质”、“实战”复选框，单击“确定”按钮。

③ 调整分类汇总结果，隐藏明细数据。在分类汇总表的左侧单击按钮 2，如图 4-47 所示，结果会将多余的行进行隐藏。

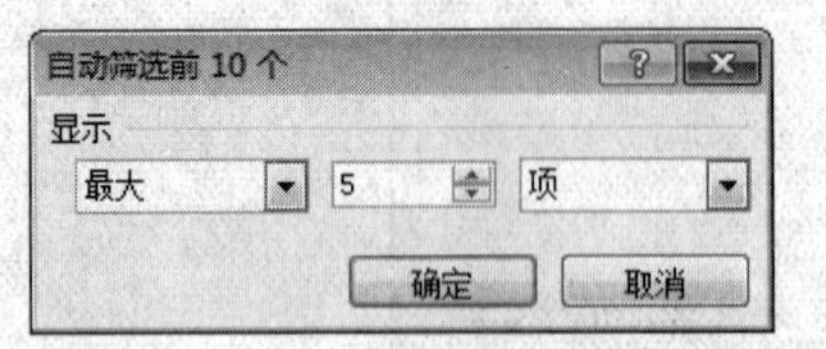

图 4-45 “自动筛选前 10 个”对话框

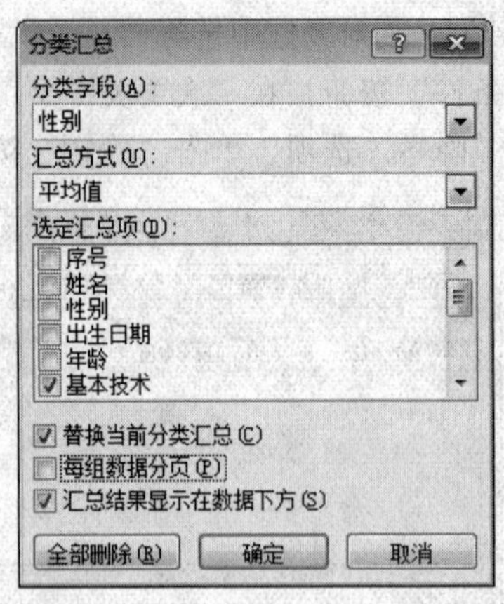

图 4-46 “分类汇总”对话框

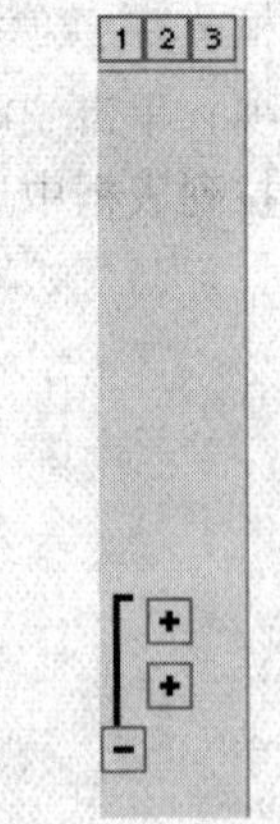

图 4-47 分类汇总级别

操作技巧

隐藏和取消隐藏行和列。

在 Excel 中，如果表中的数据列或者行特别多，而在某些特定的情况，只想关注其中的几列或者几行的数据，可以将其他那些列或行的数据进行隐藏。操作的方法是：先选中要隐藏的列或者行，再选择“开始”选项卡下的“单元格”选项区域中的“格式”中的“隐藏和取消隐藏”|“隐藏列/行”命令，想要显示隐藏的行/列，只要在同样的地方选择“取消隐藏行/列”即可。

实训 4 学生成绩单统计分析表

在日常工作和学习中你可能会遇到对于一组数据的统计和分析，例如在学校中对一门课程的成绩进行分析，灵活的运用 Excel 中的公式会使你的数据分析起来更加便捷，同时 Excel 的图表对于数据的分析更是一目了然。下面的实训中，我们以计算机基础课的成绩单为例运用函数以及图表对数据进行分析。

在日常生活中，我们经常会见到各种复杂的表格，例如去银行就可以见到的存款或取款表，应聘工作时会填写应聘申请表，学校中教学实施计划表等。下面的实训将以“专业教学计划”为例，学习复杂的表格的排版。

实训目标

将表 4-3、表 4-4、表 4-5 的数据处理后达到如图 4-48～图 4-52 所示的效果。

实训步骤

（1）启动 Excel 2010，建立新文档。

（2）在新建的 Excel 文档中录入如表 4-3 所示的内容，将工作表的名称命名为“计算机基础成绩单”。

（3）在工作表“计算机基础成绩单”中利用公式和函数进行计算。

- 平时总评：Word 实训、Excel 实训及 ppt 实训 3 项平时成绩的平均分。
- 期末总评：期末总评成绩按照平时总评占 30%，期末成绩占 70%进行计算；特殊的，当期末成绩为“免修”时，期末总评成绩为 90 分；当期末成绩为“缺考”时，期末总评成绩为 0 分。
- 排名：计算每个学生期末总评成绩的排名。

（4）对工作表“计算机基础成绩单”进行格式设置，设置的效果可如图 4-48 所示。

- 修饰表格的标题。
- 修饰每列标题。
- 将期末总评列中大于等于 90 分的数据区域设置为玫瑰红色底纹白色字体；小于 60 分的数据区域设置为蓝色底纹白色字体。
- 预览整个表格，设置表格的页面方向为横向，居中方式为水平，添加页眉和页脚，设置每页在打印时都出现表格标题行、人数行、表格列标题行。设置效果如图 4-48 和图 4-49 所示。

（5）在文档中插入一个新的工作表，工作表的名称命名为“成绩统计分析表”，录入表 4-4 中的内容。

（6）在工作表“成绩统计分析表”中利用公式和函数进行计算。应参加期末考试人数，实际参加期末考试人数，期末总评最高分，期末总评最低分，期末总评平均分，期末总评男生平均分，期末总评女生平均分，以及各分数段的人数。

（7）对工作表“成绩统计分析表”进行格式设置，设置的效果如图 4-50 所示。

（8）制作“成绩查询”表。在学生学号单元格中的下拉列表里选择一个学生学号，相应学生的“姓名”和“期末总评”都会自动显示在对应的单元格中。

- 修饰每列标题。
- 在 Excel 文档中插入一张新工作表，在表中录入如表 4-5 所示的内容，将工作表的名称命名为“成绩查询”。
- 在选择学生学号的单元格中设定有效性为“计算机基础成绩单”中的学生学号序列。
- 利用查询函数计算对应学生的“姓名”和“期末总评”。
- 对“成绩查询”表进行格式设置，最终的效果如图 4-51 所示。

（9）利用三维饼图生成各分数段人数统计图表，图表的样式如图 4-52 所示，还可依照个人的喜好进行添加美化。在图表数据系列上要求标注类别名称、值以及百分比。

表 4-3　计算机基础成绩单原始表

管理系电子商务 2007 级 1 班

共 42 人（男 18 人，女 24 人）

学号	姓名	性别	Word 实训	Excel 实训	ppt 实训	平时总评	期末成绩	期末总评	排名
2005113101	李铭洁	女	95	85	90		97		
2005113102	田龙	男	65	70	65		79.5		

续表

学号	姓名	性别	Word 实训	Excel 实训	ppt 实训	平时总评	期末成绩	期末总评	排名
2005113103	朱霖	男	60	65	80		66		
2005113104	杨汇昕	女	75	80	90		81.2		
2005113105	朱南	女	65	60	80		77		
2005113106	许小明	女	95	80	80		93.3		
2005113107	王辛	男	65	20	60		70		
2005113108	刘汉畅	男	95	90	80		82.5		
2005113109	吴生	男	70	40	60		70		
2005113110	周珊	女	85	75	80		87.2		
2005113111	刘伟	男	70	55	75		80.2		
2005113112	孙成	男					免修		
2005113113	李岳	女	80	55	75		77		
2005113114	沈春	女	85	90	85		91.3		
2005113115	蔡臣超	男	60	60	70		50		
2005113116	周蕊蕊	女	85	60	70		68		
2005113117	高荣	女	80	60	75		83.1		
2005113118	王国强	男	60	60	80		70		
2005113119	刘鹏	男	80	10	75		缺考		
2005113120	陈明	女	70	60	60		81.2		
2005113121	罗力宇	女	80	75	75		60		
2005113122	景超	男	60	55	60		77.9		
2005113123	孙超旭	男	30	60	60		71.9		
2005113124	陈琳	女	20	60	75		90.2		
2005113125	王旭冬	男	70	70	80		93.5		
2005113126	陶小蕊	女	80	60	75		76		
2005113127	康乐乐	女	65	65	65		90.2		
2005113128	石玉翠	女	75	80	80		69		
2005113129	宋娜	女	80	60	70		77.7		
2005113130	王胜维	男	70	70	75		83.5		
2005113131	窦乐遥	女	70	70	70		88.1		
2005113132	刘慧	女	85	90	80		87.7		
2005113133	李子翔	男	70	60	70		75.4		
2005113134	徐志	男	70	55	65		60		
2005113135	赵紫旭	女	85	50	75		90		
2005113136	田静怡	女	90	80	75		89.6		
2005113137	张傲迪	女	60	55	70		94.2		
2005113138	杨敏娜	女	85	95	95		95		

续表

学号	姓名	性别	Word 实训	Excel 实训	ppt 实训	平时总评	期末成绩	期末总评	排名
2005113139	肖凌啸	男	75	75	75		74		
2005113140	张琳	女	75	65	85		75		
2005113141	索娜	女	70	75	70		80.5		
2005113142	周建	男	65	60	55		56		

表 4-4　成绩统计分析原始表

电子商务 1 班计算机基础成绩分析表

统 计 项 目	统 计 结 果
应参加期末考试人数	
实际参加期末考试人数	
期末总评最高分:	
期末总评最低分:	
期末总评平均分	
期末总评男生平均分	
期末总评女生平均分	
90 ~ 100（人）	
80 ~ 89（人）	
70 ~ 79（人）	
60 ~ 69（人）	
59 以下（人）	

表 4-5　成绩查询原始表

成绩查询

请选择学生学号		期末总评	
姓名			

计算机基础成绩单

管理系电子商务2007级1班

共42人（男18人，女24人）

学号	姓名	性别	Word实训	Excel实训	ppt实训	平时总评	期末成绩	期末总评	排名
2005113101	李铭洁	女	95	85	90	90.0	97.0	94.9	1
2005113102	田龙	男	65	70	65	66.7	79.5	75.7	22
2005113103	朱霖	男	60	65	80	68.3	66.0	66.7	34
2005113104	杨汇昕	女	75	80	90	81.7	81.2	81.3	15
2005113105	朱南	女	65	60	80	68.3	77.0	74.4	27
2005113106	许小明	女	95	80	80	85.0	93.3	90.8	3
2005113107	王幸	男	65	20	60	48.3	70.0	63.5	38
2005113108	刘汉畅	男	95	90	80	88.3	82.5	84.3	11
2005113109	吴生	男	70	40	60	56.7	70.0	66.0	35
2005113110	周珊	女	85	75	80	80.0	87.2	85.0	9
2005113111	刘伟	男	70	55	75	66.7	80.2	76.1	20
2005113112	孙成	男				0.0	免修	90.0	4
2005113113	李岳	女	80	55	75	70.0	77.0	74.9	25
2005113114	沈春	女	85	90	85	86.7	91.3	89.9	5
2005113115	蔡臣超	男	60	60	70	63.3	50.0	54.0	41
2005113116	周蕊蕊	女	85	60	70	71.7	68.0	69.1	32
2005113117	高荣	女	80	60	75	71.7	83.1	79.7	17
2005113118	王国强	男	60	60	80	66.7	70.0	69.0	33
2005113119	刘鹏	男	80	10	75	55.0	缺考	0.0	42
2005113120	陈明	女	70	60	60	63.3	81.2	75.8	21
2005113121	罗力宇	女	80	75	75	76.7	60.0	65.0	37

2013/7/8

图 4-48　计算机基础成绩单第 1 页

计算机基础成绩单

管理系电子商务2007级1班

共42人（男18人，女24人）

学号	姓名	性别	Word实训	Excel实训	ppt实训	平时总评	期末成绩	期末总评	排名
2005113122	景超	男	60	55	60	58.3	77.9	72.0	30
2005113123	孙超旭	男	30	60	60	50.0	71.9	65.3	36
2005113124	陈琳	女	20	60	75	51.7	90.2	78.6	18
2005113125	王旭冬	男	70	70	80	73.3	93.5	87.5	6
2005113126	陶小蕊	女	80	60	75	71.7	76.0	74.7	26
2005113127	康乐乐	女	65	65	65	65.0	90.2	82.6	14
2005113128	石玉翠	女	75	80	80	78.3	69.0	71.8	31
2005113129	宋娜	女	80	60	70	70.0	77.7	75.4	23
2005113130	王胜维	男	70	70	75	71.7	83.5	80.0	16
2005113131	窦乐遥	女	70	70	70	70.0	88.1	82.7	13
2005113132	刘慧	女	85	90	80	85.0	87.7	86.9	8
2005113133	李子翔	男	70	60	70	66.7	75.4	72.8	29
2005113134	徐志	男	70	55	65	63.3	60.0	61.0	39
2005113135	赵繁旭	女	85	50	75	70.0	90.0	84.0	12
2005113136	田静怡	女	90	80	75	81.7	89.6	87.2	7
2005113137	张傲迪	女	60	55	70	61.7	94.2	84.4	10
2005113138	杨敏娜	女	85	95	95	91.7	95.0	94.0	2
2005113139	肖凌啸	男	75	75	75	75.0	74.0	74.3	28
2005113140	张琳	女	75	65	85	75.0	75.0	75.0	24
2005113141	索娜	女	70	75	70	71.7	80.5	77.9	19
2005113142	周建	男	65	60	55	60.0	56.0	57.2	40

2013/7/8

图 4-49　计算机基础成绩单第 2 页

电子商务1班计算机基础成绩分析表

统计项目	统计结果
应参加期末考试人数	42
实际参加期末考试人数	40
期末总评最高分：	94.9
期末总评最低分：	0
期末总评平均分	75
期末总评男生平均分	67.5
期末总评女生平均分	80.7
90～100（人）	4
80～89（人）	11
70～79（人）	16
60～69（人）	8
59以下（人）	3

图 4-50　计算机基础成绩分析表

成绩查询			
请选择学生学号	2005113107	期末总评	63.5
姓名	王辛		

图 4-51　成绩查询表

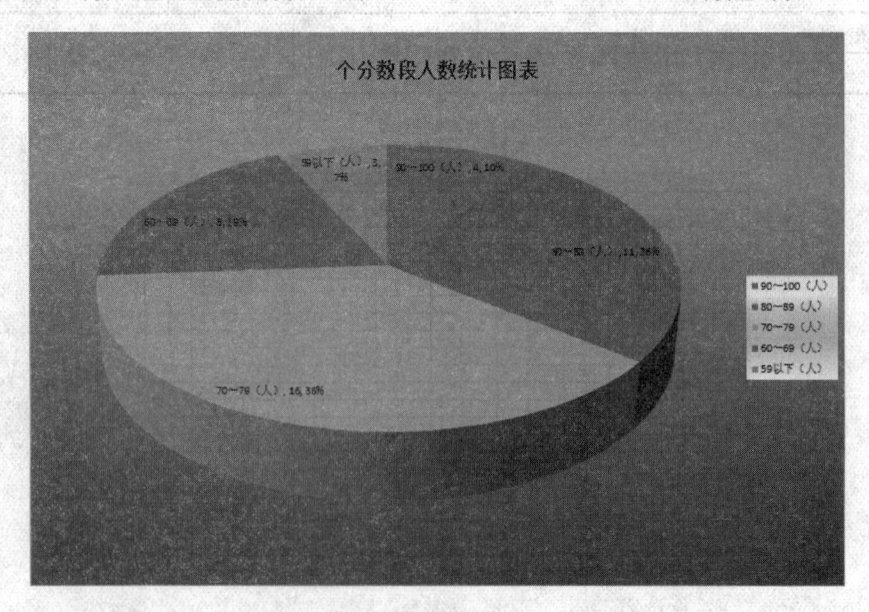

图 4-52　各分数段人数统计图表

实训提示

（1）启动 Excel 2010，建立新文档。

（2）在新建的 Excel 文档中录入“计算机基础成绩单原始表”的内容，将工作表的名称命名为“计算机基础成绩单”。

① 快速录入学号。首先录入第一名学生的学号，注意将学号录入成文本类型的格式，即在学号前加单引号，例如录入“'2005113101”，然后选中这个单元格，拖动单元格的填充柄直到学号“2005113142”。

② 录入表格其他内容。

③ 修改工作表的名称。

（3）在工作表“计算机基础成绩单”中利用公式和函数进行计算。

- 平时总评：Word 实训、Excel 实训、ppt 实训三项平时成绩的平均分。
- 期末总评：期末总评成绩按照平时总评占 30%，期末成绩占 70%进行计算；特殊的，当期末成绩为“免修”时，期末总评成绩为 90 分；当期末成绩为“缺考”时，期末总评成绩为 0 分。
- 排名：计算每个学生期末总评成绩的排名。

① 计算平时总评。将光标定位在 G5 单元格，在编辑栏输入公式“=AVERAGE(D5:F5)”，单击“输入”按钮✓。再拖动 G5 单元格填充柄到 G46，不计算“免修”学生的平时成绩。

② 计算期末总评。将光标定位在 I5 单元格，在编辑栏输入公式“=IF(H5="免修",90,IF(H5="缺考",0,G5*30%+H5*70%))”，单击“输入”按钮✓。再拖动 I5 单元格填充柄到 I46。

③ 计算排名。将光标定位在 J5 单元格，在编辑栏输入公式“=RANK(I5,$I$5:$I$46,0)”，单击“输入”按钮✓。再拖动 J5 单元格填充柄到 J46。

（4）对工作表“计算机基础成绩单”进行格式设置。

- 修饰表格的标题。
- 修饰每列标题。
- 将期末总评列中大于等于 90 分的数据区域设置为玫瑰红色底纹白色字体；小于 60 分的数据区域设置为蓝色底纹白色字体。
- 选中 I5:I46 区域的单元格。
- 选择“开始”选项卡中的“样式”选项区域中的“条件格式”命令，选择“突出显示单元格规则”中的大于，弹出“大于”对话框，如图 4-53 所示，设置范围为“90”，选择“设置为”下拉列表中的“自定义格式”，打开“设置单元格格式”对话框，设置底纹和字体，单击“确定”按钮。用同样的方法设置等于 90 的和小于 60 的。

图 4-53 “条件格式”对话框

- 预览整个表格，设置表格的页面方向为横向，居中方式为水平，添加页眉和页脚，设置每页在打印时都出现表格标题行、人数行、表格列标题行。设置效果如图 4-48、图 4-49 所示。

① 预览整个表格。

② 设置页面。

③ 添加页眉和页脚。

④ 设置打印标题行。选择“页面布局”选项卡下的“页面设置”旁边的“对话框启动器”按钮，打开“页面设置”对话框，如图 4-54 所示。在“工作表”选项卡中，设置“打印标题”中的“顶端标题行”，单击“压缩对话框”按钮，选择工作表上的 1~4 行，然后单击“扩展单元格”按钮，单击“确定”按钮。

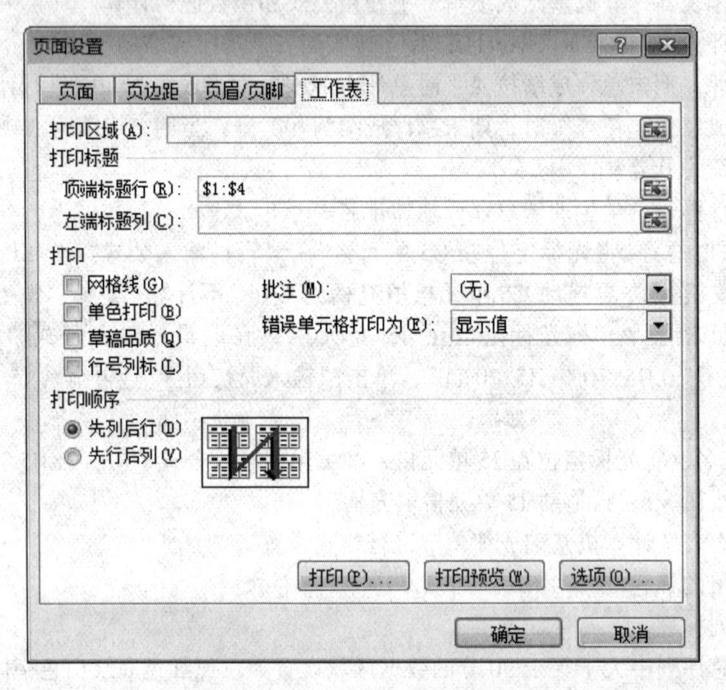

图 4-54 “页面设置”对话框

（5）在文档中插入一个新的工作表，工作表的名称命名为“成绩统计分析表”，录入如表 4-4 中所示的内容。

（6）在工作表“成绩统计分析表”中利用公式和函数进行计算。应参加期末考试人数，实际参加期末考试人数，期末总评最高分，期末总评最低分，期末总评平均分，期末总评男生平均分，期末总评女生平均分，以及各分数段的人数。

① 计算应参加期末考试人数。将光标定位在 C3 单元格，在编辑栏输入公式“=COUNTA(计算机基础成绩单!H5:H46)”，单击“输入”按钮。

② 计算实际参加期末考试人数。将光标定位在 C4 单元格，在编辑栏输入公式“=COUNT(计算机基础成绩单!H5:H46)”，单击“输入”按钮。

③ 计算期末总评最高分。将光标定位在 C5 单元格，在编辑栏输入公式“=MAX(计算机基础成绩单!I5:I46)”，单击“输入”按钮。

④ 计算期末总评最低分。将光标定位在 C6 单元格，在编辑栏输入公式“=MIN(计算机基础成绩单!I5:I46)”，单击“输入”按钮✓。

⑤ 计算期末总评平均分。将光标定位在 C7 单元格，在编辑栏输入公式“=ROUND(AVERAGE(计算机基础成绩单!I5:I46),1)”，单击“输入”按钮✓。

⑥ 计算期末总评男生平均分。将光标定位在 C8 单元格，在编辑栏输入公式“=ROUND(SUMIF(计算机基础成绩单!$C$5:$C$46,"男",计算机基础成绩单!$I$5:$I$46)/COUNTIF(计算机基础成绩单!$C$5:$C$46,"男"),1)”，单击“输入”按钮✓。

⑦ 计算期末总评女生平均分。将光标定位在 C9 单元格，在编辑栏输入公式“=ROUND(SUMIF(计算机基础成绩单!$C$5:$C$46,"女",计算机基础成绩单!$I$5:$I$46)/COUNTIF(计算机基础成绩单!$C$5:$C$46,"女"),1)”，单击“输入”按钮✓。

⑧ 计算 90 ~ 100 分的人数。将光标定位在 C10 单元格，在编辑栏输入公式“=COUNTIF(计算机基础成绩单!I5:I46,">=90")”，单击“输入”按钮✓。

⑨ 计算 80 ~ 89 分的人数。将光标定位在 C11 单元格，在编辑栏输入公式“=COUNTIF(计算机基础成绩单!$I$5:$I$46,">=80")-COUNTIF(计算机基础成绩单!$I$5:$I$46,">=90")”，单击“输入”按钮✓。

⑩ 计算 70 ~ 79 分的人数。将光标定位在 C12 单元格，在编辑栏输入公式“=COUNTIF(计算机基础成绩单!$I$5:$I$46,">=70")-COUNTIF(计算机基础成绩单!$I$5:$I$46,">=80")”，单击“输入”按钮✓。

⑪ 计算 60 ~ 69 分的人数。将光标定位在 C13 单元格，在编辑栏输入公式“=COUNTIF(计算机基础成绩单!$I$5:$I$46,">=60")-COUNTIF(计算机基础成绩单!$I$5:$I$46,">=70")”，单击“输入”按钮✓。

⑫ 计算 59 分以下的人数。将光标定位在 C14 单元格，在编辑栏输入公式“=COUNTIF(计算机基础成绩单!I5:I46,"<60")”，单击“输入”按钮✓。

（7）对工作表“成绩统计分析表”进行格式设置。

（8）制作“成绩查询”表。在学生学号单元格中的下拉列表里选择一个学生学号，相应学生的“姓名”和“期末总评”都会自动显示在对应的单元格中。

- 在 Excel 文档中插入一张新工作表，在表中录入如表 4-5 所示的内容，将工作表的名称命名为“成绩查询”。
- 在学生学号的单元格中设定有效性为“计算机基础成绩单”中的学生学号序列。

在“成绩查询”表中选中 D2 单元格，选择“数据”选项卡下的“数据工具”选项区域中的“数据有效性”中的“数据有效性”命令，打开“数据有效性”对话框，如图 4-55 所示。在“设置”选项卡中，将“有效性条件”选项区域下的“允许”下拉列表框设置为“序列”，将光标定位在“来源”文本框中，输入“=计算机基础成绩单! $A$5:$A$46”，单击“确定”按钮。

- 利用查询函数计算对应学生的“姓名”和“期末总评”。

a. 计算学生的“姓名”。将光标定位在 D4 单元格，在编辑栏输入公式“=VLOOKUP(D2,计算机基础成绩单!A4:J46,2,FALSE)”，单击“输入”按钮✓。

b. 计算学生的“期末总评”。将光标定位在 F2 单元格，在编辑栏输入公式“=VLOOKUP(D2,计算机基础成绩单!A4:J46,9,FALSE)”，单击“输入”按钮✓。

- "成绩查询"表进行格式设置。

（9）利用三维饼图生成各分数段人数统计图表，还可依照个人的喜好进行添加美化。在图表数据系列上要求标注类别名称、值以及百分比。

① 利用三维饼图生成各分数段人数统计图表。

② 在图表数据系列上标注类别名称、值以及百分比。在三维饼图上单击鼠标右键，选择"添加数据标签"命令，再单击鼠标右键选择"设置数据标签格式"命令，打开"设置数据标签格式"对话框，如图 4-56 所示。在"标签选项"选项区域中，选中"标签包括"中的"类别名称"、"值"和"百分比"复选框，单击"关闭"按钮。

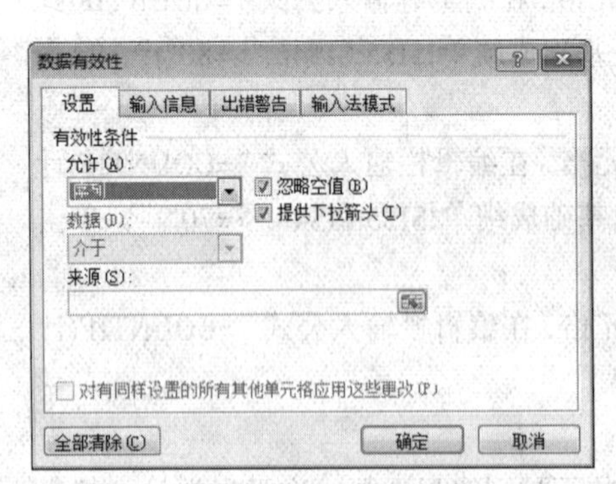

图 4-55 "数据有效性"对话框

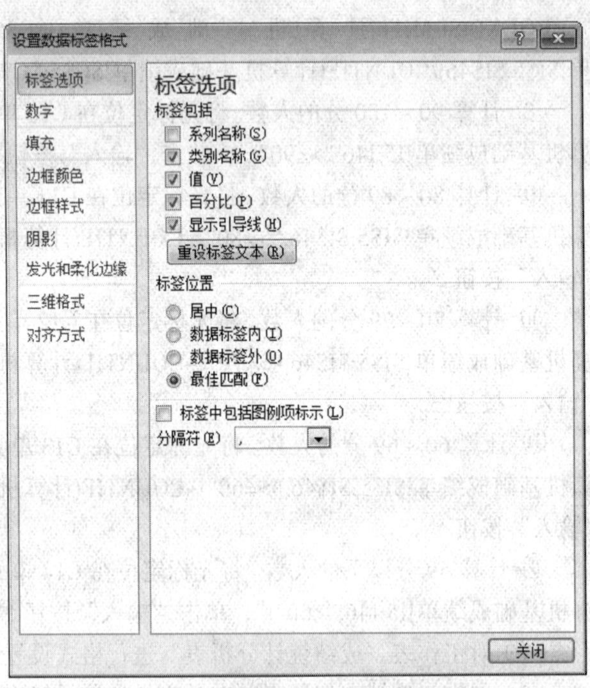

图 4-56 "设置数据标签格式"对话框

操作技巧

（1）向下和向右填充的快捷方式。若要用活动单元格之上的单元格中的内容填充活动单元格（向下填充），请按【Ctrl+D】键。若要用左边单元格中的内容填充活动单元格（向右填充），请按【Ctrl+R】键。

（2）查找有条件格式的单元格。如果要查找所有有条件格式的单元格，请单击任意单元格。若要查找与指定单元格的条件格式设置相同的单元格，请单击指定的单元格。选择"开始"选项卡下的"编辑"选项区域中的"查找和选择"中的"定位条件"，打开"定位条件"对话框，如图 4-57 所示。若要查找有条件格式的单元格，单击"数据有效性"下方的"全部"

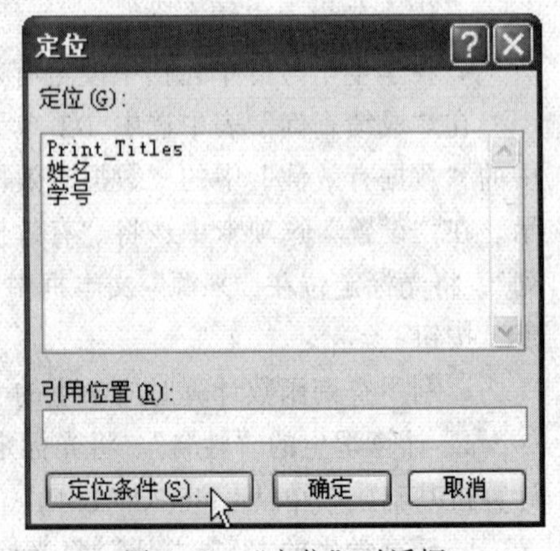

图 4-57 "定位"对话框

命令。若要查找特定条件格式的单元格，单击“数据有效性”中的“相同”命令。

综合实训　制作纸张销售报表

在前面的实训中，我们已经通过对实例的学习掌握了 Excel 的基本操作，在综合实训中，以“纸张销售报表”为例，综合运用以上实训案例中讲解的内容，对工作表进行如数据录入、公式和函数的计算、图标的生成、数据管理和分析的操作。

实训目标

将表 4-6 的数据处理后达到如图 4-58～图 4-62 所示的效果。

实训步骤

（1）启动 Excel 2010，建立新文档。

（2）在新建的 Excel 文档中录入如表 4-6 所示的内容，将工作表的名称命名为“销售报表原始表”。

表 4-6　纸张销售报表

纸　张　销　售　报　表										
序号	代理区域	本周销售数量	单价	本周销售金额(元)	排名	累计销售数量	单价	累计销售金额(元)	排名	是否盈利
1	黑龙江	6559	128			68571	128			
2	吉林	0	128			1375	128			
3	山西	491	128			21592	128			
4	内蒙古	3716	128			48285	128			
5	天津	736	128			10650	128			
6	上海	0	128			2514	128			
7	山东	1782	128			40525	128			
8	北京	3163	128			33162	128			
9	河北	402	128			19383	128			
10	陕西	1007	128			31662	128			
11	辽宁	4598	128			63830	128			
12	河南	1595	128			59199	128			

（3）在工作表“销售报表原始表”中利用公式和函数进行计算。

- 本周销售金额：本周销售金额=本周销售数量 × 单价。
- 累计销售金额：累计销售金额=累计销售数量 × 单价。
- 排名：利用 RANK 函数进行计算。
- 是否盈利：利用 IF 函数计算，累计销售金额大于等于 4 052 736 的为“是”，否则为“否”。

（4）对工作表“销售报表原始表”进行格式设置，设置的效果如图 4-58 所示。

纸张销售报表

序号	代理区域	本周销售数量	单价	本周销售金额（元）	排名	累计销售数量	单价	累计销售金额（元）	排名	是否盈利
1	黑龙江	6559	128	839552	1	68571	128	8777088	1	是
2	吉林	0	128	0	11	1375	128	176000	12	否
3	山西	491	128	62848	9	21592	128	2763776	8	否
4	内蒙古	3716	128	475648	3	48285	128	6180480	4	是
5	天津	736	128	94208	8	10650	128	1363200	10	否
6	上海	0	128	0	11	2514	128	321792	11	否
7	山东	1782	128	228096	5	40525	128	5187200	5	是
8	北京	3163	128	404864	4	33162	128	4244736	6	是
9	河北	402	128	51456	10	19383	128	2481024	9	否
10	陕西	1007	128	128896	7	31662	128	4052736	7	是
11	辽宁	4598	128	588544	2	63830	128	8170240	2	是
12	河南	1595	128	204160	6	59199	128	7577472	3	是

图 4-58　修饰后的销售报表

- 调整最合适的行高和列宽。
- 将标题的字体设置为“华文新魏”，颜色为“蓝色”，字号为“20”，并加粗倾斜，使其跨列居中。
- 将表格中的列标题字体设置为“楷体”，字号为“12”，加粗，“玫瑰红”底纹，文本水平方向居中对齐。
- 将表格中的数据字体设置为“楷体”，字号为“12”，文本水平方向居中对齐。
- 对表格边框修饰，外边框用粗实线橙色，内边框用虚线天蓝色。

（5）将工作表“销售报表原始表”复制 3 份，分别命名为“按累计销售金额降序排序”、“筛选本周销售金额最少的 3 个地区”、“汇总盈利和亏损的累计销售金额总和”。

（6）打开工作表“按累计销售金额降序排序”，按照主要关键字为“累计销售金额”，次要关键字为“本周销售金额”降序进行排序，效果如图 4-59 所示。

（7）打开工作表“筛选本周销售金额最少的 3 个地区”，将本周销售金额后 3 名筛选出来，效果如图 4-60 所示。

纸张销售报表

序号	代理区域	本周销售数量	单价	本周销售金额（元）	排名	累计销售数量	单价	累计销售金额（元）	排名	是否盈利
1	黑龙江	6559	128	839552	1	68571	128	8777088	1	是
11	辽宁	4598	128	588544	2	63830	128	8170240	2	是
12	河南	1595	128	204160	6	59199	128	7577472	3	是
4	内蒙古	3716	128	475648	3	48285	128	6180480	4	是
7	山东	1782	128	228096	5	40525	128	5187200	5	是
8	北京	3163	128	404864	4	33162	128	4244736	6	是
10	陕西	1007	128	128896	7	31662	128	4052736	7	是
3	山西	491	128	62848	9	21592	128	2763776	8	否
9	河北	402	128	51456	10	19383	128	2481024	9	否
5	天津	736	128	94208	8	10650	128	1363200	10	否
6	上海	0	128	0	11	2514	128	321792	11	否
2	吉林	0	128	0	11	1375	128	176000	12	否

图 4-59　按累计销售金额降序排序

	A	B	C	D	E	F	G	H	I	J	K
1	纸张销售报表										
2	序	代理区域	本周销售数	单	本周销售金额（元）	排	累计销售数	单	累计销售金额（元）	排	是否盈
4	2	吉林	0	128	0	11	1375	128	176000	12	否
8	6	上海	0	128	0	11	2514	128	321792	11	否
11	9	河北	402	128	51456	10	19383	128	2481024	9	否

图 4-60　筛选本周销售金额最少的 3 个地区

（8）打开工作表“汇总盈利和亏损的累计销售金额总和”，先按照“是否盈利”排序，再统计分别汇总盈利和亏损地区的累计销售金额总和，效果如图 4-61 所示。

纸张销售报表

序号	代理区域	本周销售数量	单价	本周销售金额（元）	排名	累计销售数量	单价	累计销售金额（元）	排名	是否盈利
2	吉林	0	128	0	11	1375	128	176000	13	否
3	山西	491	128	62848	9	21592	128	2763776	9	否
5	天津	736	128	94208	8	10650	128	1363200	11	否
6	上海	0	128	0	11	2514	128	321792	12	否
9	河北	402	128	51456	10	19383	128	2481024	10	否
								7105792		否 汇总
1	黑龙江	6559	128	839552	1	68571	128	8777088	1	是
4	内蒙古	3716	128	475648	3	48285	128	6180480	5	是
7	山东	1782	128	228096	5	40525	128	5187200	6	是
8	北京	3163	128	404864	4	33162	128	4244736	7	是
10	陕西	1007	128	128896	7	31662	128	4052736	8	是
11	辽宁	4598	128	588544	2	63830	128	8170240	2	是
12	河南	1595	128	204160	6	59199	128	7577472	3	是
								44189952		是 汇总
								51295744		总计

图 4-61　汇总盈利和亏损的累计销售金额总和

（9）选中“代理区域”和“累计销售金额”两列数据，生成嵌入式的三维饼图，比较各地区销售情况，对图表进行调整和修饰，效果如图 4-62 所示。

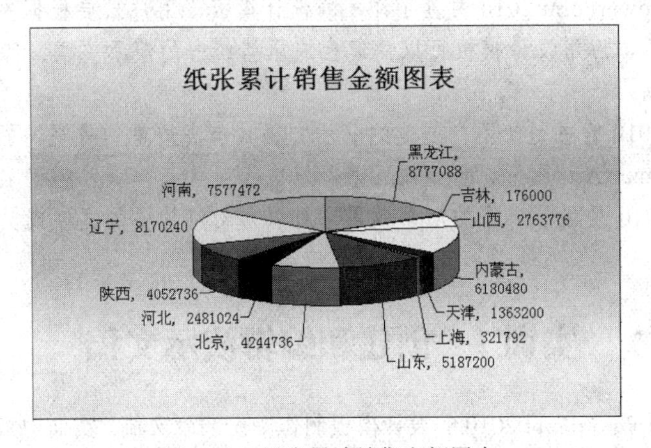

图 4-62　纸张累计销售金额图表

第4章　Excel 电子表格软件应用

第5章 PowerPoint 演示文稿软件应用

为了便于演示和宣传，通常将专家报告、产品演示、广告宣传等设计制作成电子版幻灯片，即演示文稿。然后，通过计算机屏幕或投影机播放演示文稿，以达到宣讲的目的。

演示文稿程序是创建、编辑和放映电子幻灯片的软件，用户使用它可以在演示文稿中输入文本、绘制对象、创建图表，可以使用打印机打印演示文稿或通过 Internet 传送演示文稿。制作易于理解、思路清晰、重点突出的演示文稿有利于沟通交流。

Microsoft Office PowerPoint 2010 是一个演示文稿程序，用户可以使用它创建、编辑专业的演示文稿。PowerPoint 2010 内置了许多的设计模板，用户只要根据提示输入实际内容即可创建演示文稿，应用设计模板可以快速生成风格统一的演示文稿。除此之外用户还可以自定义设计模板。

PowerPoint 2010 的主题使用户创建的演示文稿具有高质量的外观，主题还可应用于幻灯片中的表格、SmartArt 图形、形状或图表。

PowerPoint2010 提供了丰富的动画效果，可以对幻灯片中的文字或其他对象使用动画效果。

实训 1　创建和编辑演示文稿

本实训将使用 PowerPoint 2010 的设计模板制作一份演示文稿。实训中将在演示文稿中添加图片、剪贴画及艺术字等，使演示文稿更为生动。

本实训涉及的知识点包括：

- 演示文稿设计主题
- 幻灯片背景
- 艺术字
- 图片
- 剪贴画
- 幻灯片动画

实训目标

本实训将创建如图 5-1 所示的演示文稿。

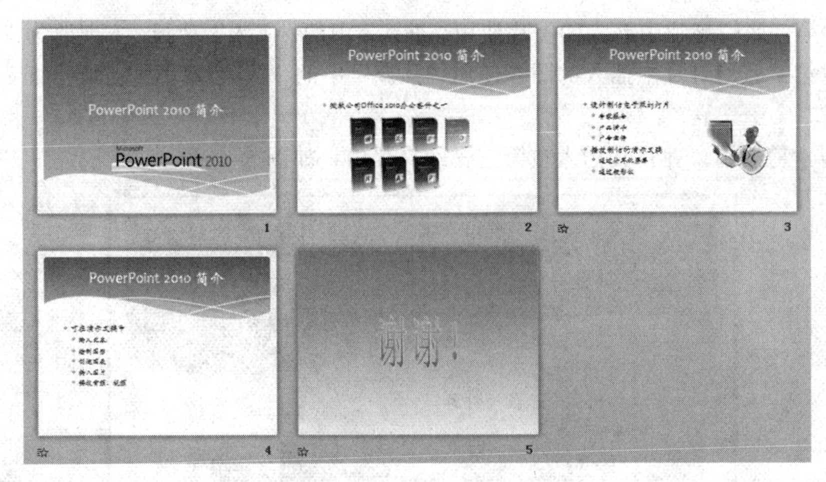

图 5-1　实训 1 的制作目标

在制作演示文稿过程中，期望学习者掌握以下操作技巧。

- 查找并对演示文稿使用主题。
- 设置幻灯片的背景填充效果和配色方案。
- 在幻灯片中插入图片、剪贴画和艺术字。
- 将幻灯片中图片的背景设置为透明色。
- 设置幻灯片的版式。
- 设置幻灯片的动画。

实训步骤

（1）启动 PowerPoint 2010，建立空演示文稿，切换到“大纲”窗格，录入如图 5-2 所示的文档。

（2）查找“波形”主题，并将其“应用于所有灯片”。

（3）在第一张幻灯片中插入素材图片 PowerPoint 2010.png；在第二张幻灯片中插入素材图片 MS_Office_2010.png，将幻灯片中图片的背景设为透明色，如图 5-3 所示。

图 5-2　“大纲”窗格

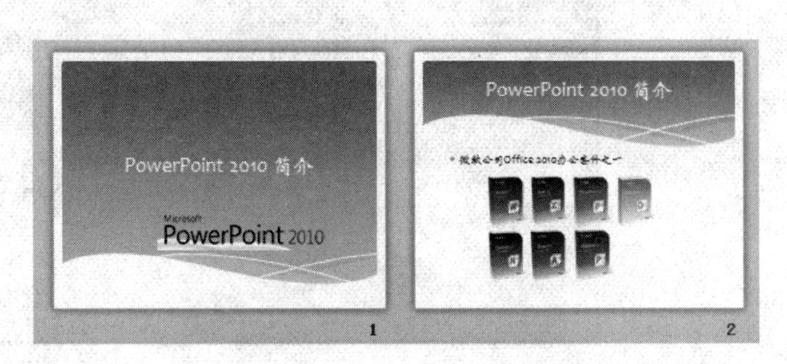

图 5-3　在第一、二张幻灯片中插入素材图片

（4）对第一张幻灯片中插入的图片使用“进入”中的“飞入”动画，方向改为“自右侧”。

（5）对第二张幻灯片中插入的图片使用“强调”中的“放大/缩小”动画，速度改为“快速（1 秒）”。

（6）搜索剪贴画，并将其插入在第三张幻灯片中，如图 5-4 所示。

图 5-4　在第三张幻灯片中插入剪贴画

（7）对第三张幻灯片中插入的剪贴画使用“动作路径”中的“菱形”动画，速度改为“快速”。

（8）对第四张幻灯片中的文本“可在演示文稿中”使用“进入”中的“弹跳”动画，将动画效果中的“动画文本”设置为“按字母”。

（9）在最后插入一张新幻灯片，版式改为“空白”，背景设为“雨后初晴”。然后选择合适的艺术字样式，插入艺术字“谢谢!”，并调整其大小和位置，如图 5-5 所示。

图 5-5　最后插入一张幻灯片的模板、版式、背景及艺术字

（10）为艺术字“谢谢!”添加沿不规则曲线运动的动画效果，并设置声音效果为“鼓掌”。

（11）保存演示文稿。

实训提示

（1）查找并应用主题。

- 在功能区中，切换至“设计”选项卡。
- 在“设计”选项卡的“主题”功能组的主题库中查找到“波形”主题，然后右击该主题。在快捷菜单中选择“应用于所有灯片”，如图 5-6 所示。

图 5-6　查找并应用主题

（2）在幻灯片中插入图片。

① 切换至“插入”选项卡。单击“图像”功能组中的“图片”按钮，在弹出的“插入图片”对话框中，选中素材图片文件，单击“插入”按钮。

② 选中插入的图片，使用图片四周的控制柄调整至合适大小，然后将其移动至适当的位置，如图 5-7 所示。

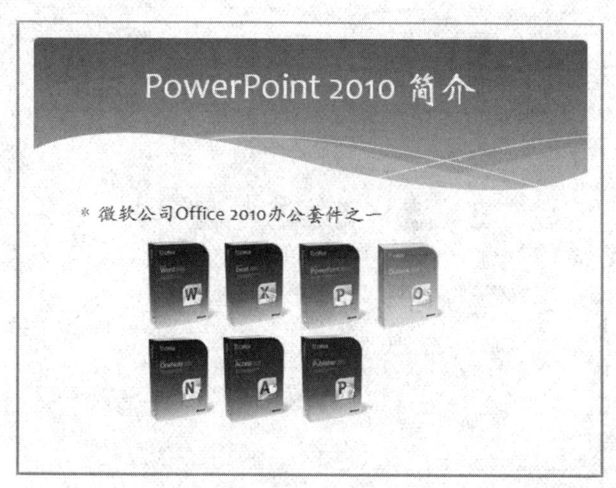

图 5-7　调整图片至合适大小

（3）幻灯片中图片的背景设为透明色。

① 选中需设置透明色的图片，切换至“图片工具”中的“格式”选项卡。

② 在“图片工具”中的“格式”选项卡中，单击“调整”功能组中的“颜色”下拉按钮，选中下拉列表中的“设置透明色”选项，如图 5-8 所示。

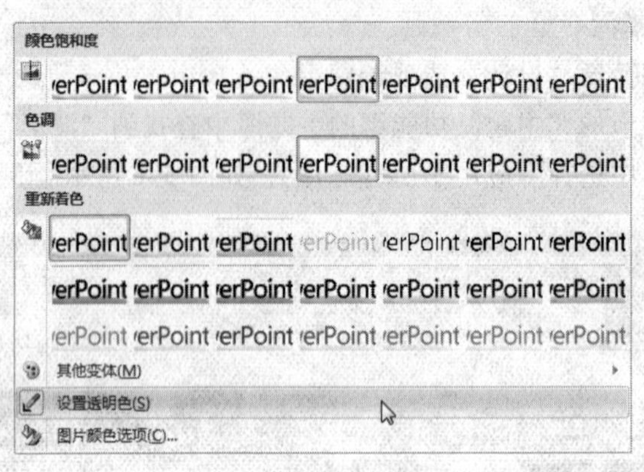

图 5-8 设置透明色

③ 鼠标光标变为后，单击图片中要设置为透明色的区域。

（4）对图片使用动画，并设置动画效果。

① 选中需设置动画的图片，切换至“动画”选项卡。

② 在“动画”选项卡的“动画”功能组的动画库中选择“进入”|“飞入”动画，如图 5-9 所示。

③ 为图片设定动画后，可对动画的各项效果进行设置。单击“动画”选项卡的“动画”功能组的“效果选项”下拉按钮，在下拉菜单中选择“自右侧”命令，如图 5-10 所示。

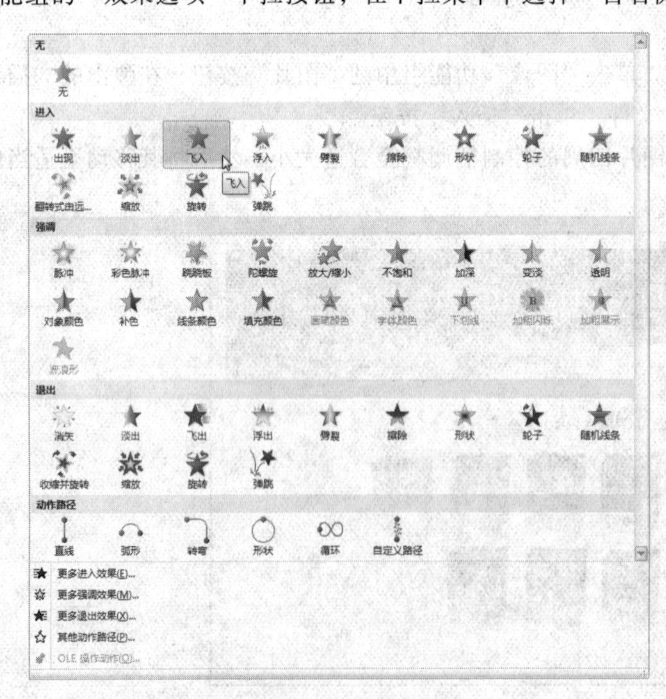

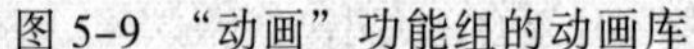

图 5-9 “动画”功能组的动画库

图 5-10 设置动画效果

（5）搜索并插入剪贴画。

① 切换至“插入”选项卡，单击“图像”功能组中的“剪贴画”按钮，显示“剪贴画”对话框。

② 在“搜索文字”文本框中输入“人”，然后单击“搜索”按钮。

③ 在搜索结果中找到合适的剪贴画，然后单击其右侧的下拉按钮，在下拉菜单中选择“插入”命令，如图 5-11 所示。然后将其调整至合适大小，并移动至适当的位置。

（6）对剪贴画设置使用“动作路径”动画，并进行设置。

① 在“动画”选项卡的“动画”功能组的动画库中选择“动作路径”|“形状”动画，如图 5-8 所示。

② 单击“动画”选项卡的“动画”功能组的“效果选项”下拉按钮，在下拉菜单中选择“菱形”命令，如图 5-12 所示。

图 5-11　搜索并插入剪贴画

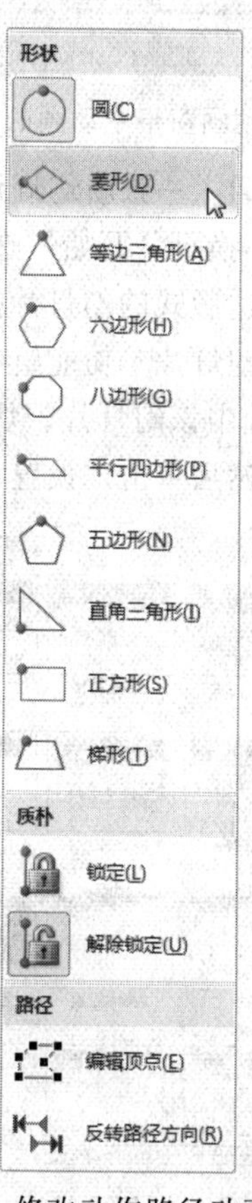

图 5-12　修改动作路径动画效果

（7）对文本使用动画，并设置动画效果。

① 选中需设置动画的文本，在“动画”选项卡的“动画”功能组的动画库中选择“进入”|“弹跳”动画并单击之。

② 单击“高级动画”功能组中的“动画窗格”按钮，此时窗口右侧显示“动画窗格”对话框。选择上一步设置的动画，然后单击其右侧的下拉按钮，在下拉菜单中选择“效果选项”命令，如图 5-13 所示。

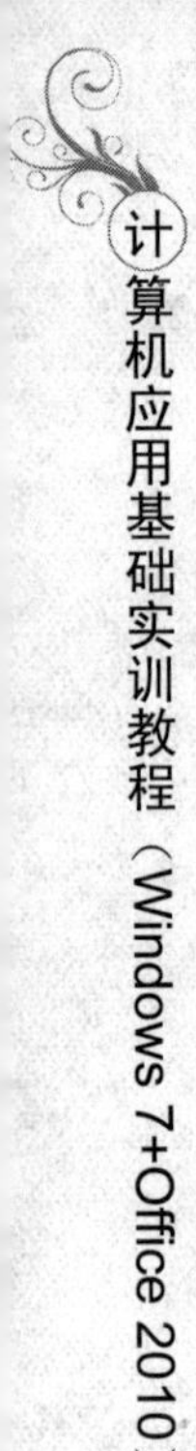

③ 在“弹跳”对话框的“效果”选项卡中，单击“动画文本”右边的下拉按钮，在下拉菜单中选择“按字母”命令，然后单击“确定”按钮，如图 5-14 所示。

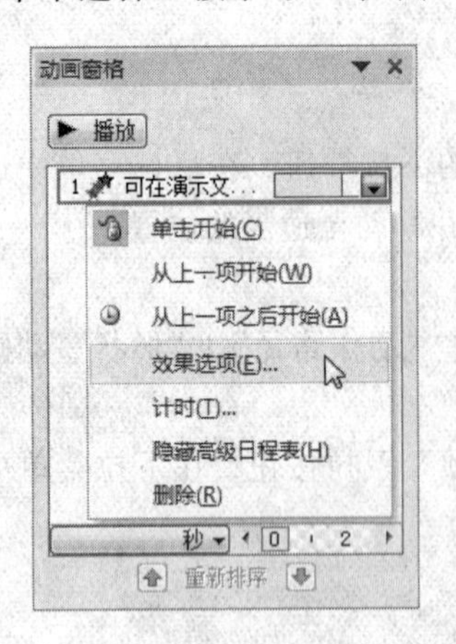

图 5-13　动画窗格中动画的“效果选项”

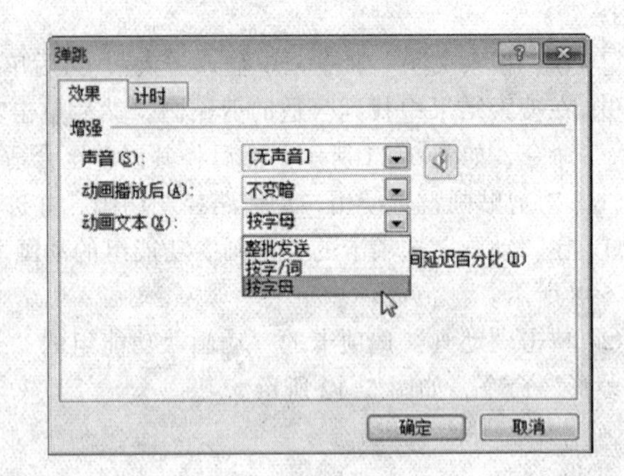

图 5-14　“效果”选项卡

（8）插入一张新幻灯片，修改其版式，并设置背景。

① 切换至“开始”选项卡，单击“幻灯片”功能组中的“新建幻灯片”下拉按钮，然后单击合适版式的幻灯片按钮；或者在定位光标后，按下【Ctrl+M】键，插入新幻灯片。然后单击“幻灯片”功能组中的“版式”下拉按钮，选择合适的版式，如图 5-15 所示。

② 选中该幻灯片，切换至“设计”选项卡。单击“背景”功能组中的“背景样式”下拉按钮，然后单击“设置背景格式”按钮，弹出“设置背景格式”对话框，如图 5-16 所示。

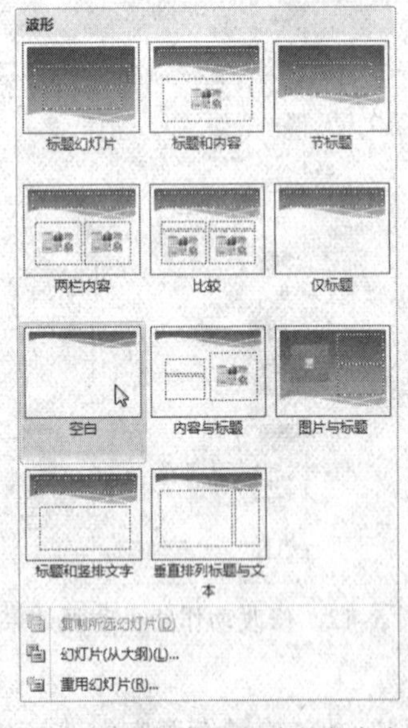

图 5-15　插入合适版式的新幻灯片

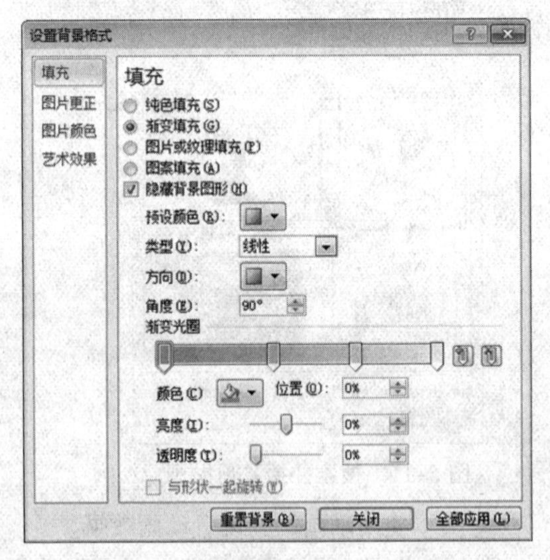

图 5-16　“设置背景格式”对话框

③ 在弹出的“设置背景格式”对话框的“填充”选项区域中，选中“渐变填充”单选按钮，然后单击“预设颜色”下拉按钮，在下拉菜单中选择“雨后初晴”。选中“隐藏背景图形”单选按钮，如图 5-17 所示。然后单击“关闭”按钮。

（9）插入艺术字。

① 切换至“插入”选项卡，单击“文本”功能组中的“艺术字”下拉按钮，在下拉菜单中，选中“填充-蓝色，强调文字颜色 2，粗糙棱台”样式，如图 5-18 所示。

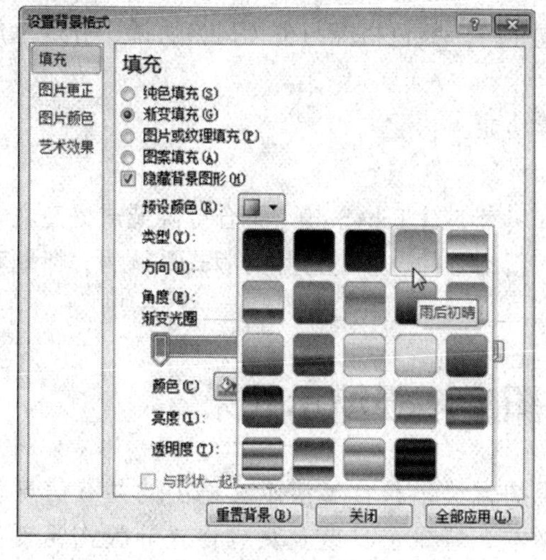

图 5-17 “预设颜色”下拉菜单

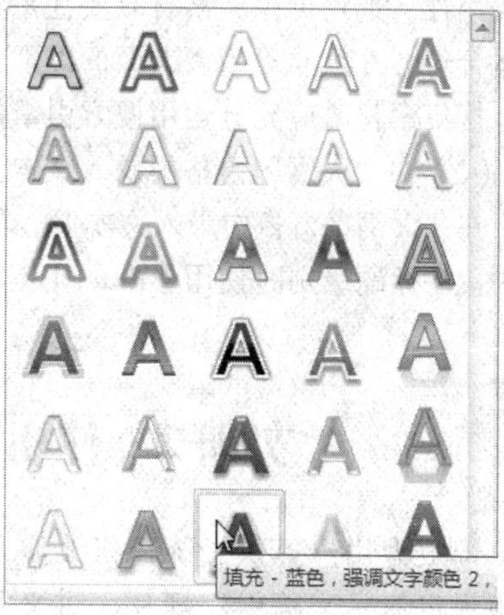

图 5-18 “艺术字库”对话框

② 在艺术字文本框中输入文字。在此可设置艺术字文字的“字体”、“字号”等。

（10）为艺术字添加不规则曲线运动的动画效果，并设置声音效果。

① 选中艺术字，在“动画”选项卡的“动画”功能组的动画库中选择“动作路径”|“自定义路径”动画。

② 进入动作路径绘制状态，移动鼠标绘制直线，单击进行转向，双击完成路径绘制，完成状态如图 5-19 所示。

③ 在“动画窗格”中选择上一步设置的动画，然后单击其右侧的下拉按钮，在下拉菜单中选择“效果选项”命令。

④ 在“自定义路径”对话框的“效果”选项卡中，单击“声音”右边的下拉按钮，在下拉菜单中选择“鼓掌”命令，然后单击“确定”按钮，如图 5-20 所示。

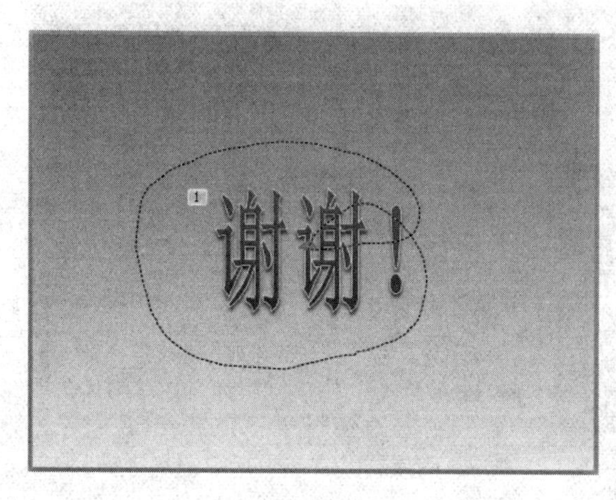

图 5-19 绘制动作路径

图 5-20 设置声音效果

操作技巧

（1）搜集素材。

制作演示文稿时需要综合运用图片、声音、视频等各种文件，不断提高幻灯片的美观性和实用性。选用可视类素材时要注意素材与主题相符、颜色搭配与整体风格协调、分辨率足够适合幻灯片尺寸等诸多方面的因素。

搜集素材时应充分运用搜索引擎的分类搜索功能。

（2）在“大纲”窗格中录入文本。

在“大纲”窗格中录入文本时，可使用【Tab】键或【Tab+Shift】组合键降低或提高文本级别。在标题级别时使用【Enter】键将自动插入新幻灯片，新幻灯片的版式默认为“标题和文本”。

实训 2　使用母版、图形增强演示效果

母版为用户提供了统一修改演示文稿外观的方法，包含了演示文稿中的共有信息。母版规定演示文稿中幻灯片、讲义及备注的文本、背景、日期及页码格式等版式要素。每个演示文稿提供了一个母版集合，包括：幻灯片母版、标题母版、讲义母版、备注母版等。本实训的主要任务是掌握模板和母版的使用方法，以及创建宣传幻灯片片头，涉及的知识点包括：

- 幻灯片母版设计
- 幻灯片背景设置
- 自定义动画
- 绘图工具运用
- 音频的应用

实训目标

本实训制作如图 5-21 所示的演示文稿。

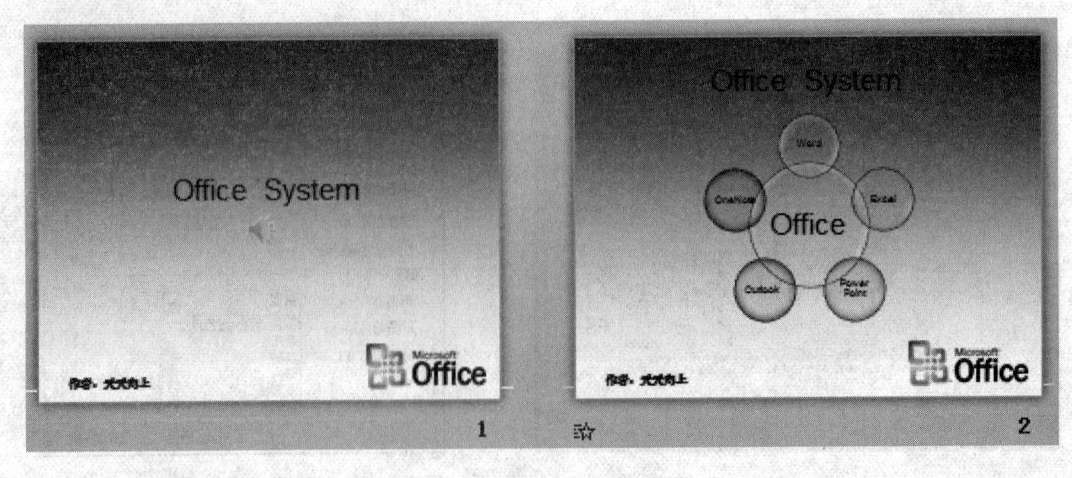

图 5-21　实训 2 的制作目标

在本实训制作演示文稿过程中，期望学习者掌握以下操作技巧。

- 修改演示文稿的母板。
- 设置幻灯片的背景填充效果。
- 在幻灯片中插入图形。
- 设置幻灯片中的图形动画。
- 在幻灯片中插入音频并进行设置。

实训步骤

（1）启动 PowerPoint 2010，新建一个空演示文稿。

（2）编辑幻灯片母版，设置背景色填充效果为双色渐变，具体要求如下。

- 颜色 1：蓝色，RGB 数值红色 50，绿色 50，蓝色 255；
- 颜色 2：白色，RGB 数值红色 255，绿色 255，蓝色 255；
- 底纹样式：线性向下，蓝色从幻灯片上部向下渐变成为白色，应用于全部，如图 5-22 所示。

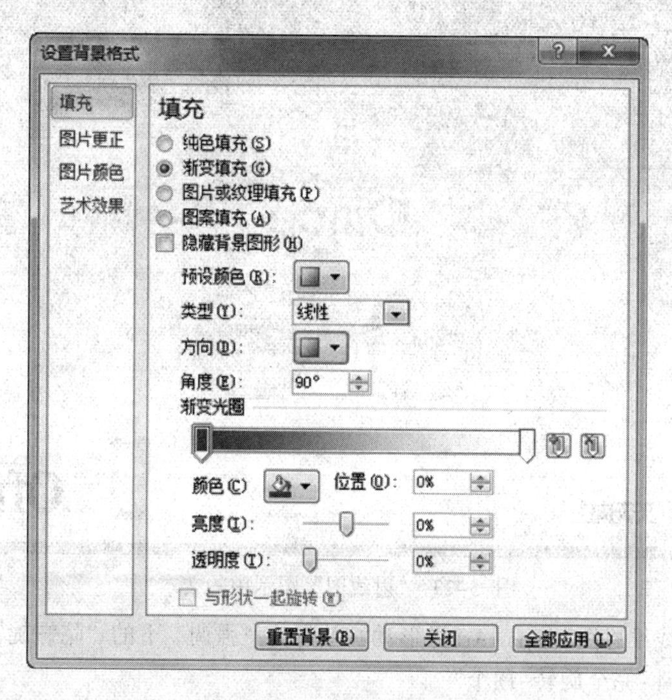

图 5-22　设置母版背景

（3）将 “母版标题样式”的字体设为“隶书”，字号设为“44”。

（4）将 “母版文本样式”的字体设为 “楷体”。

（5）在母板中插入素材图片 Office.png，调整大小，并将其移至幻灯片右下角。

（6）在母板中插入文本框，调整大小，并输入文本 “作者：天天向上”，然后将其移至幻灯片左下角。

（7）关闭母版视图。

（8）将演示文稿保存为“演示文稿设计模板”，命名为 myoffice. potx。

（9）新建一个空演示文稿，使用 myoffice. potx 模板修饰；

（10）按照如下要求，完成第一张幻灯片的制作：

- 将幻灯片标题框中输入：Office System；
- 在幻灯片中插入素材音频文件 abc.mp3，设置“幻灯片放映时隐藏声音图标”和“循环播放，直到停止”。

（11）插入一张新幻灯片。

（12）按照如下要求，完成第二张幻灯片的制作。

- 将幻灯片标题框中输入：Office System；
- 在幻灯片中插入“射线维恩图”SmartArt 图形。在图示中输入如图 5-22 所示的文本。
- 将幻灯片中“射线维恩图” 图形设置为如图 5-23 所示的样式。

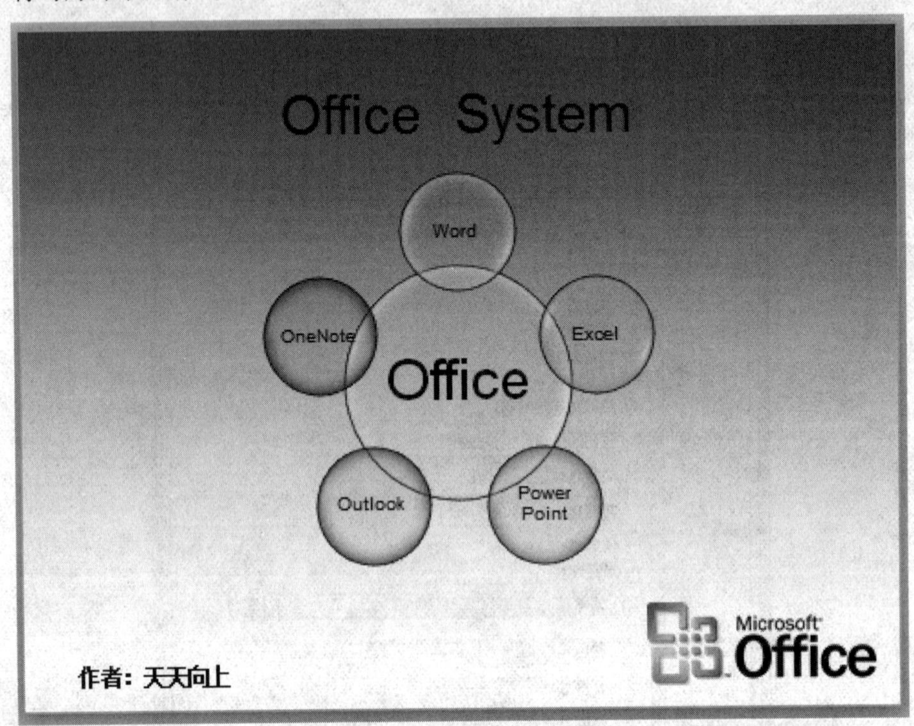

图 5-23 “射线图”图示中的文本

- 设置“射线维恩图”SmartArt 图形动画效果为“强调”下的“陀螺旋”，图形动画效果为“顺时针-完全旋转-逐个”。

（13）保存演示文稿。

实训提示

（1）进入幻灯片母版编辑状态。

新建一个空演示文稿，切换至“视图”选项卡。单击“母版视图”功能组中的“幻灯片母版”按钮，进入幻灯片母版视图，如图 5-24 所示。

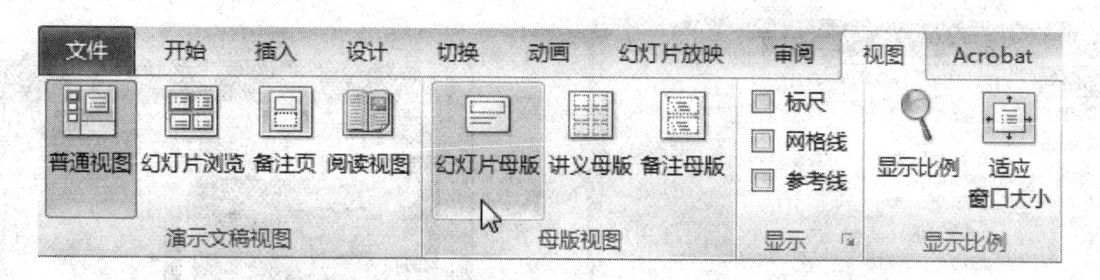

图 5-24 幻灯片母版视图

（2）设置幻灯片母版背景色填充效果为双色渐变。

① 幻灯片母版视图中，单击“幻灯片母版”选项卡中“背景”功能组中的“背景样式”下拉按钮，选择下拉列表中的“设置背景格式”，弹出“设置背景格式”对话框，如图 5-25 所示。

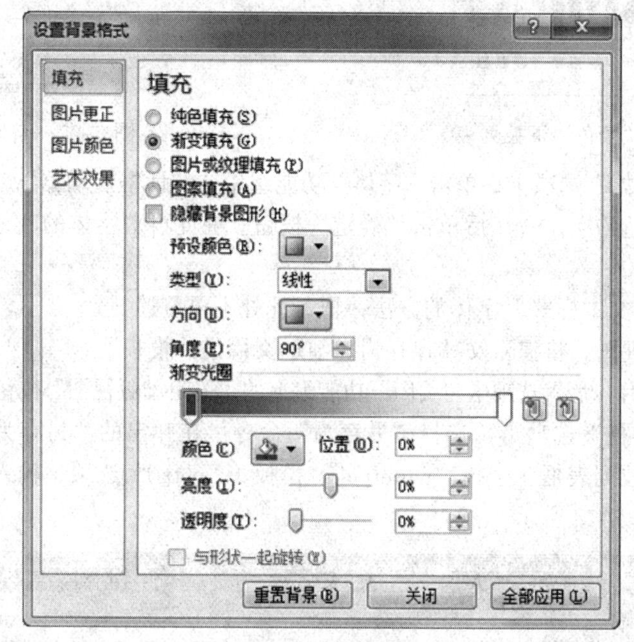

图 5-25 “设置背景格式”对话框

② 在“设置背景格式”对话框的“填充”栏中，选中“渐变填充”单选按钮；在“类型”下拉选单中，选择“线性”命令；在“方向”下拉选单中，选择“线性向下”命令，如图 5-25 所示。

③ 选中“渐变光圈”滑条左侧的滑块，单击“颜色”下拉按钮，选中“其他颜色”，如图 5-26 所示，弹出“颜色”对话框，如图 5-27 所示。

④ 在弹出的“颜色”对话框中，切换至“自定义”选项卡，选择“颜色模式”为 RGB，按要求输入 RGB 数值后，单击“确定”按钮。

⑤ 采用同样的方法对“渐变光圈”滑条右侧的滑块进行设置后，单击“全部应用”按钮，再单击“关闭”按钮。

（3）设置“母版标题样式”的字体。

① 在幻灯片母版视图下选中标题文本中的“单击此处编辑母版标题样式”。

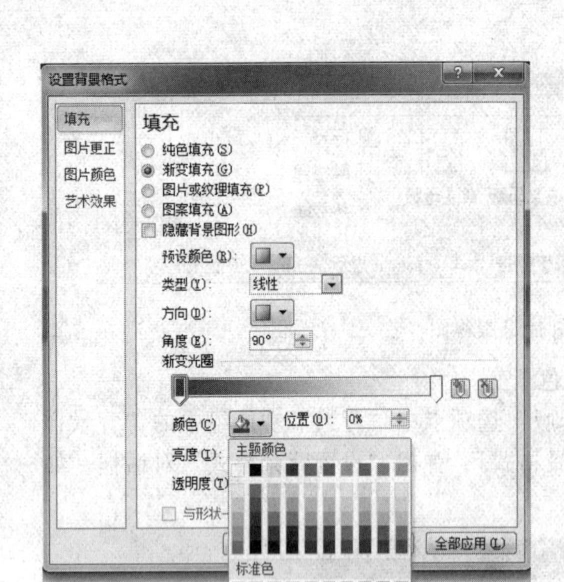

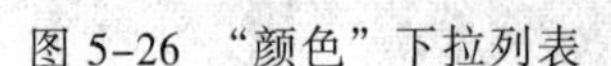

图 5-26 “颜色”下拉列表

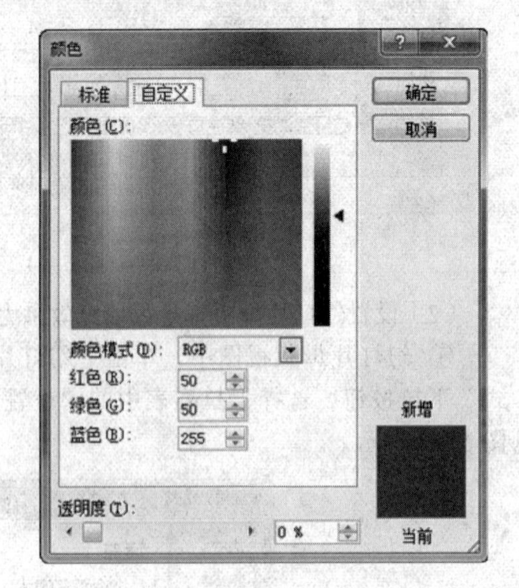

图 5-27 自定义颜色

② 切换至“开始”选项卡，单击“字体”功能组中“对话框启动器”，在弹出的“字体”对话框中，选择合适的字体，然后单击“确定”按钮。在此可对字体的其他样式，如字号、颜色等进行设置。

③ 设置“母版文本样式”字体的方法一样，此处不再赘述。

（4）关闭母版视图，将演示文稿保存为“演示文稿设计模板”。

① 单击“幻灯片母版”选项卡“关闭”功能组上的“关闭母版视图”按钮，返回普通视图。

② 切换至“文件”选项卡，选择“另存为”命令，在弹出的“另存为”对话框中，单击“保存类型”下拉列表框，选择“powerpoint 模板（*.potx）”选项，输入文件名后，单击“保存”按钮，如图 5-28 所示。

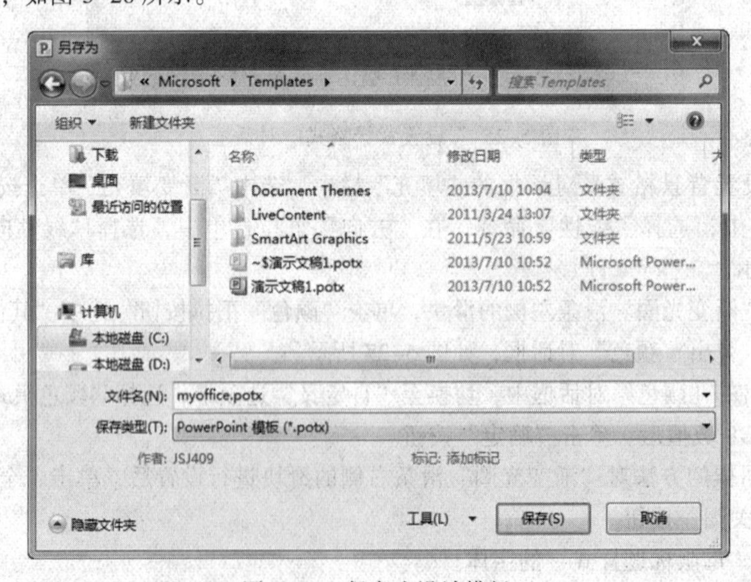

图 5-28 保存为设计模板

（5）新建一个空演示文稿，使用已有模板修饰。

① 切换至“文件”选项卡，在选择“新建”选项区域中选择“我的模板”按钮，如图 5-29 所示。

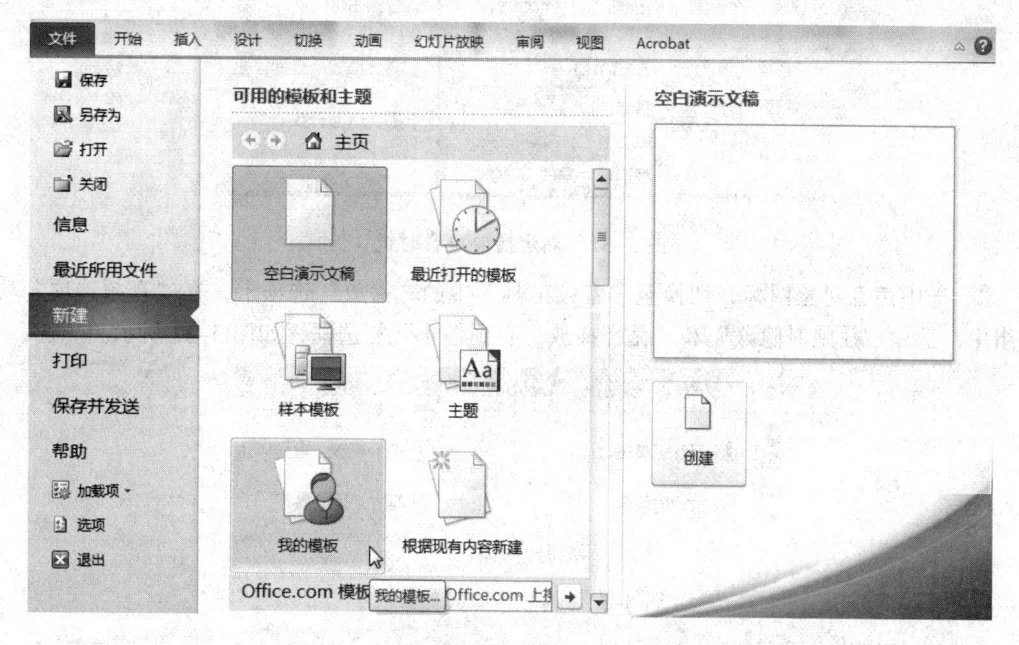

图 5-29　新建演示文稿

② 弹出“新建演示文稿”对话框，如图 5-30 所示。

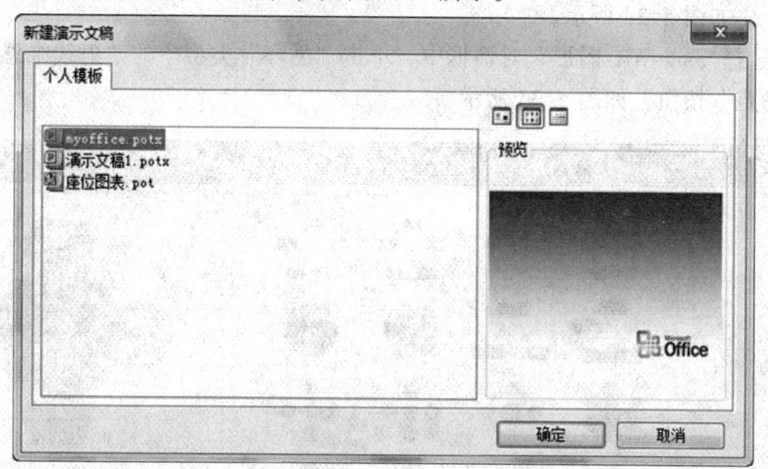

图 5-30　选择模板

③ 在“新建演示文稿”对话框的“个人模板”选项区域中选中上一步骤保存的模板文件后，单击“确定”按钮。

（6）在幻灯片中插入素材音频文件，并对其进行设置。

① 切换至“插入”选项卡，单击“媒体”功能组中的“音频”下拉按钮，选中“文件中的音频”菜单项，在弹出的“插入声音”对话框中，选中声音素材文件，单击“插入”按钮。

② 选中声音对象图标，切换至“音频工具”中的“播放”选项卡，单击“音频选项”功能组中的“开始”下拉按钮，在下拉选单中选择“自动”选项，如图 5-31 所示。

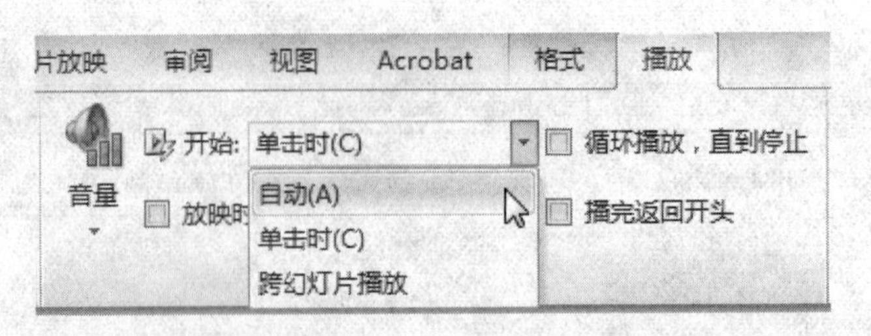

图 5-31　确定播放声音时机

③ 选中声音对象图标，切换至“音频工具”中的“播放”选项卡，在“音频选项”功能组中，选中“放映时隐藏”和“循环播放，直到停止”复选框，如图 5-32 所示。

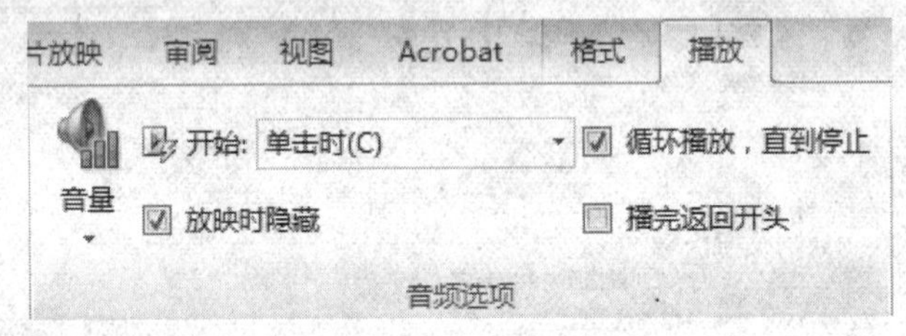

图 5-32　播放声音其他选项

（7）在幻灯片中插入 SmartArt 图形。

① 切换到“插入”选项卡，单击“插图”功能组中的 SmartArt 按钮，弹出“选择 SmartArt 图形”对话框，如图 5-33 所示。

② 在“选择 SmartArt 图形”对话框中，单击“循环”类型中的“射线维恩图”按钮，然后单击“确定”按钮，如图 5-33 所示。

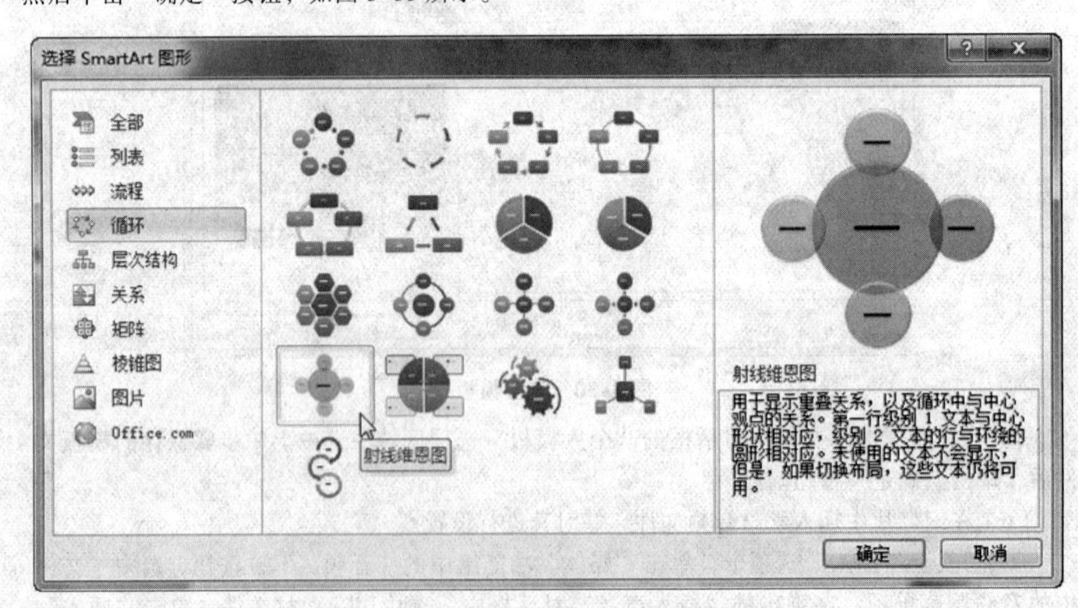

图 5-33　选择 SmartArt 图形

（8）在 SmartArt 图形中输入文本。

① 单击 SmartArt 图形中的形状，即可插入文本；或者展开“文本窗格”，在“文本窗格”中输入文本，如图 5-34 所示。

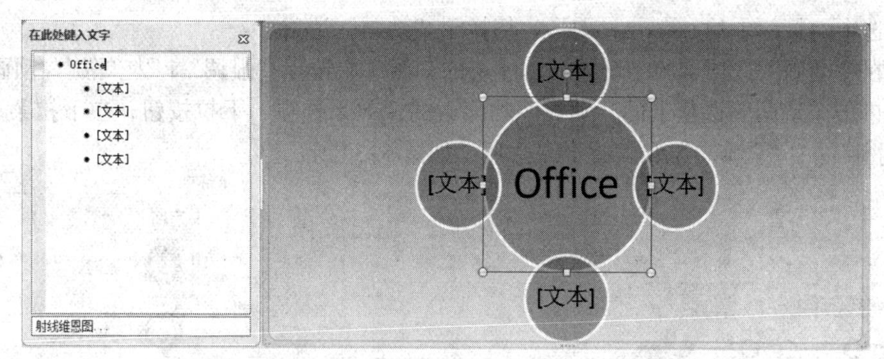

图 5-34　SmartArt 图形及其“文本窗格”

② 如果 SmartArt 图形中形状数目太多，可选中欲删除的形状，然后按【Delete】键删除形状。

③ 如果 SmartArt 图形中形状数目不足，可切换到“SmartArt 工具”中的“设计”选项卡，单击“创建图形”功能组中的“添加形状”下拉按钮，选择在前或在后添加形状，如图 5-35 所示。

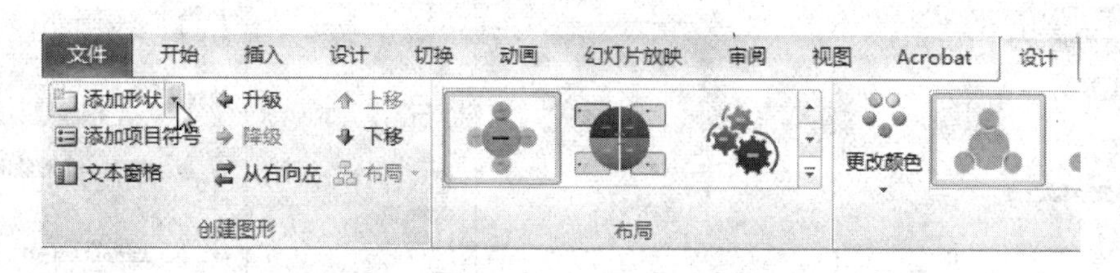

图 5-35　添加形状

（9）设置 SmartArt 图形样式。

① 选中 SmartArt 图形，切换到“SmartArt 工具”中的“设计”选项卡，单击“SmartArt 样式”功能组中的样式库下拉按钮，在下拉菜单中选择“卡通”选项，如图 5-36 所示。

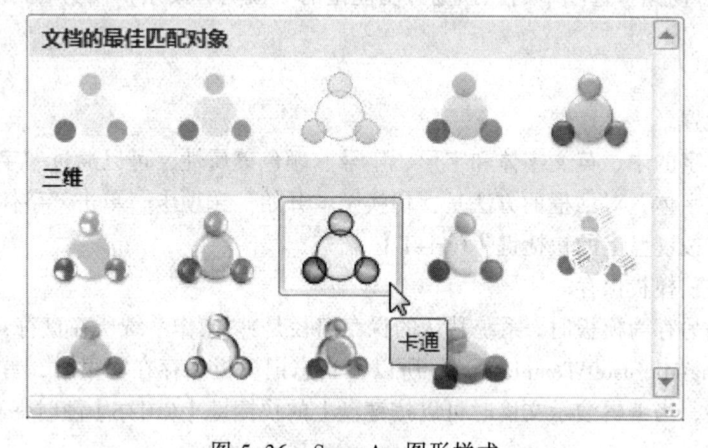

图 5-36　SmartArt 图形样式

② 单击“SmartArt 样式”功能组中的“更改颜色”下拉按钮，在下拉菜单中选择“彩色范围–强调文字颜色 2 至 3”选项，如图 5–37 所示。

（10）设置 SmartArt 图形动画效果。

① 选中幻灯片中的 SmartArt 图形，切换至“动画”选项卡。

② 在“动画”选项卡的“动画”功能组的动画库中选择“强调”|“陀螺旋”动画。

③ 单击“动画”选项卡的“动画”功能组的“效果选项”下拉按钮，在下拉菜单中选择“顺时针”、“完全旋转”和“逐个”选项，如图 5–38 所示。

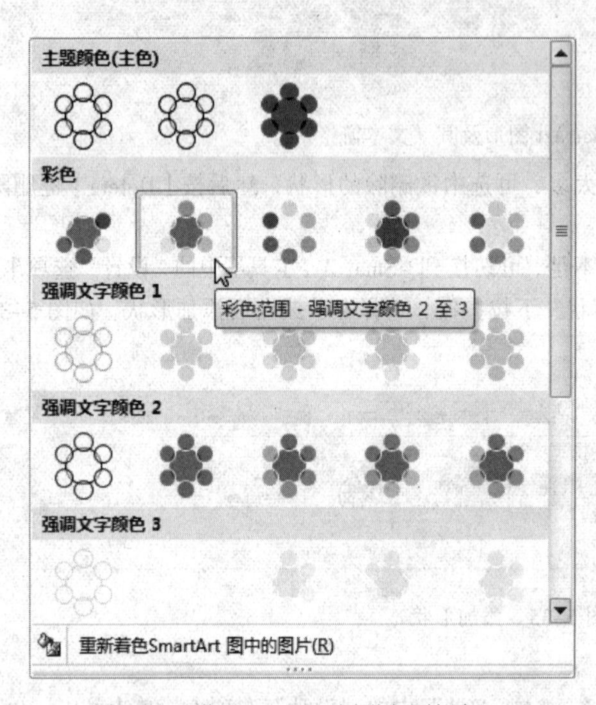

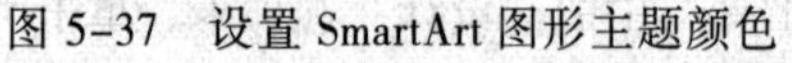

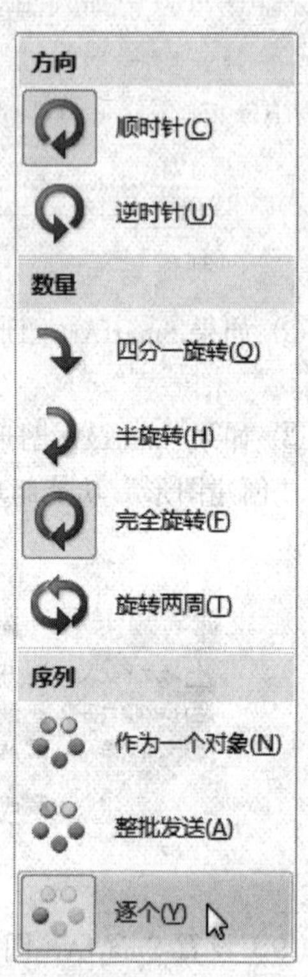

图 5–37　设置 SmartArt 图形主题颜色　　图 5–38　“效果选项”下拉菜单

（11）单击“动画”选项卡的“预览”功能组的“预览”按钮，预览动画。

操作技巧

（1）字体设置。

设置一段文字的中、英文字体和字形、字号、颜色等属性，可以通过“字体”对话框一次完成。调出“字体”对话框的方法是：切换至“开始”选项卡，单击“字体”功能组对话框启动器，或者按键盘上的快捷键【Ctrl+T】。

（2）演示文稿模板保存。

将演示文稿另存为模板时，系统默认的保存路径是：“操作系统所在盘符：\Users\用户名\AppData\Roaming\Microsoft\Templates\”，所以，当忘记模板保存在哪里时，首先要查找默认保存路径，此外，当编辑演示文稿时可以按键盘上的快捷键【Ctrl+S】随时保存。

实训 3　使用图表、动画增强演示效果

图表为用户提供了在演示文稿中直观地展示数据的方法。在 PowerPoint 2010 中，不仅包含了大量的图表类型，而且针对不同的图表类型，设计了大量的图表样式。结合了图表样式的动画使在幻灯片中展示数据不仅直观，而且美观，有利于强调重点，突出演讲的思想。本实训的主要任务是掌握图表、图表动画的使用方法，涉及的知识点包括：

- 在幻灯片中插入图表
- 幻灯片中图表设计
- 幻灯片中图表动画设置

实训目标

本实训制作如图 5-39 所示的演示文稿。

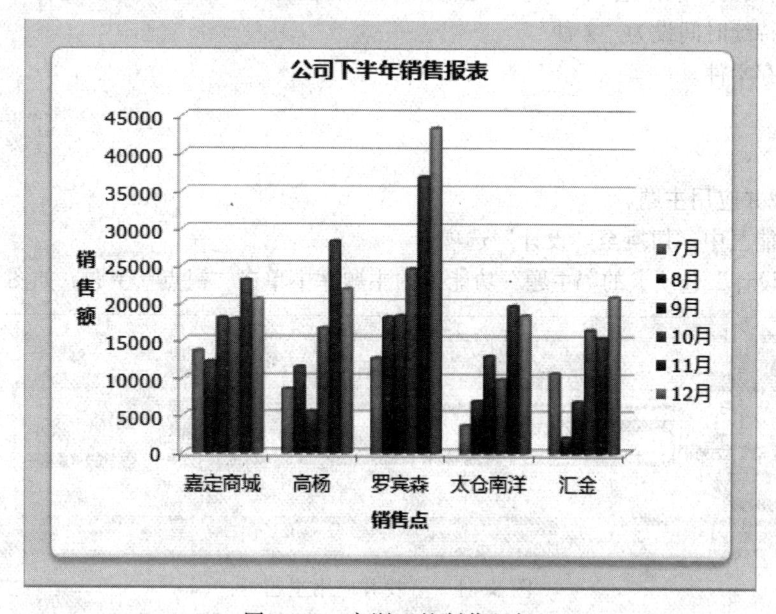

图 5-39　实训 3 的制作目标

在本实训制作演示文稿过程中，期望学习者掌握以下操作技巧。

- 在幻灯片中插入图表。
- 调整、修改图表数据。
- 调整、设置图表样式。
- 为图表设置动画。

实训步骤

（1）新建一个空演示文稿。

（2）使用“视点”主题修饰演示文稿。

（3）将幻灯片版式改为“空白”。

（4）在幻灯片中插入图表。

（5）按如图 5-40 所示修改图表数据。

	A	B	C	D	E	F	G
1	销售点	7月	8月	9月	10月	11月	12月
2	嘉定商城	13,647	12,214	18,029	17,845	23,039	20,502
3	高杨	8,539	11,532	5,574	16,657	28,241	21,870
4	罗宾森	12,679	18,123	18,301	24,531	36,793	43,286
5	太仓南洋	3,694	6,935	12,934	9,832	19,596	18,340
6	汇金	10,689	2,096	6,888	16,430	15,360	20,837

图 5-40　图表数据

（6）按图 5-40 所示添加图表标题、坐标轴标题。

（7）将图表样式设置为“样式 18”。

（8）为图表设置“进入”中的“擦除”动画。

（9）在动画的“效果选项”中，设置效果为“自底部”、“按系列”。

（10）将持续时间设为“2 秒”。

（11）保存文件。

实训提示

（1）查找并应用主题。

① 在功能区中，切换至“设计”选项卡。

② 在“设计”选项卡的“主题”功能组的主题库中单击“视点”主题，如图 5-41 所示。

图 5-41　查找并应用主题

（2）修改幻灯片版式。

切换至“开始”选项卡，单击“幻灯片”功能组中的“版式”下拉按钮，然后单击合适版式的幻灯片按钮，如图 5-42 所示。

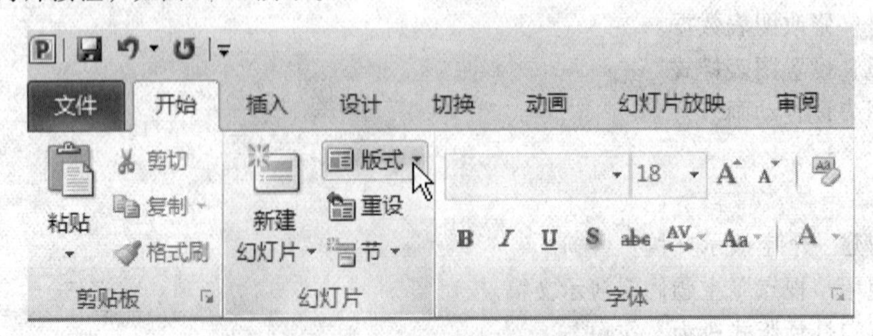

图 5-42　修改幻灯片版式

（3）在幻灯片中插入图表。

① 切换至“插入”选项卡，单击“插图”功能组中的“图表”按钮，弹出“插入图表”对话框，如图 5-43 所示。

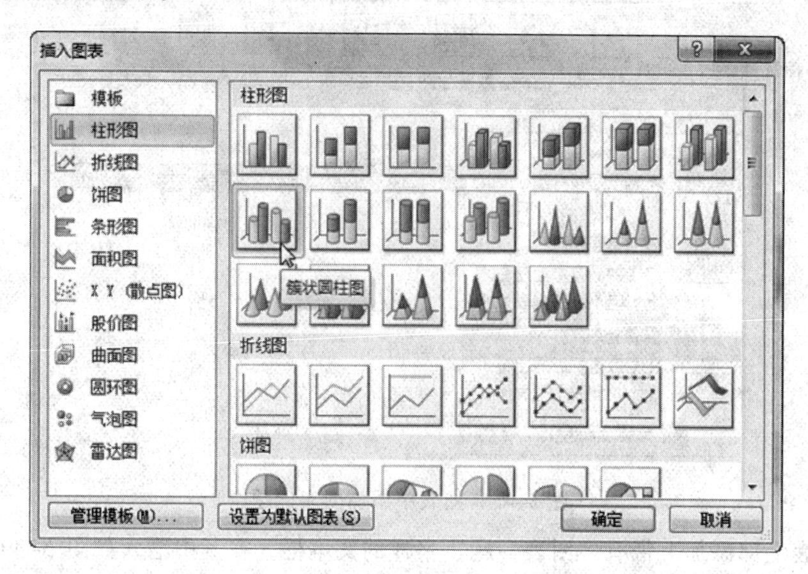

图 5-43 “插入图表”对话框

② 在“柱形图”选项区域中选择“簇状圆柱图”选项，然后，单击“确定”按钮。PowerPoint 使用默认数据插入图表，并自动启动 Excel，如图 5-44 所示。

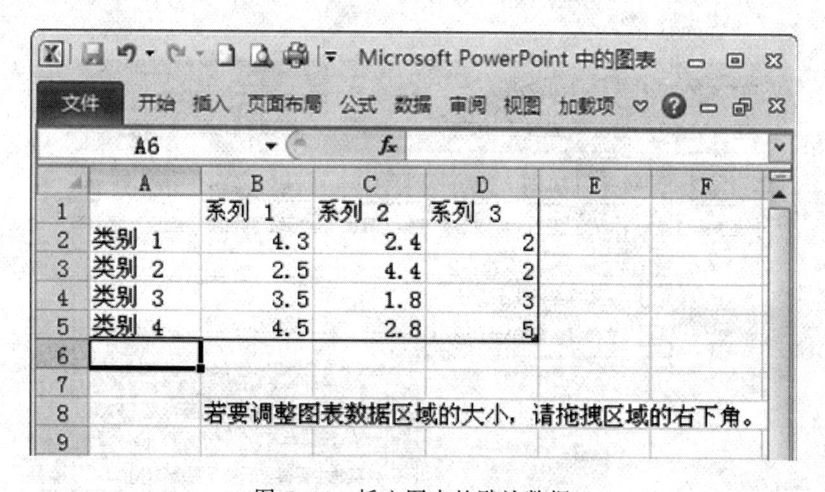

图 5-44 插入图表的默认数据

③ 按图所示修改 Excel 中的数据。幻灯片中的图表将自动调整为新数据的图表。

④ 数据修改完毕后，拖曳数据区域右下角，以调整数据区域大小。

⑤ 完成后，关闭 Excel。

（4）添加图表标题、坐标轴标题。

① 切换至“图表工具”中的“布局”选项卡。单击“标签”功能组中的“图表标题”下拉按钮，在下拉菜单中选择“图表上方”选项，如图 5-45 所示。

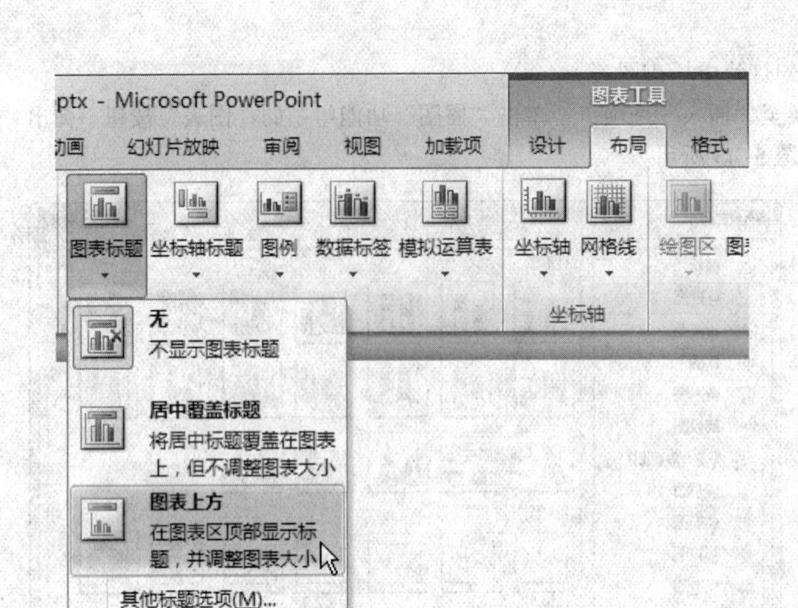

图 5-45　图表中添加图表标题

② 图表上部添加上带有“图表标题”字样的文本框，在其中输入如图 5-39 所示图表标题。

③ 切换至“图表工具”中的“布局”选项卡。单击“标签”功能组中的“坐标轴标题”下拉按钮，在下拉菜单中选择“主要横坐标轴标题”|“坐标轴下方标题”选项，如图 5-46 所示。

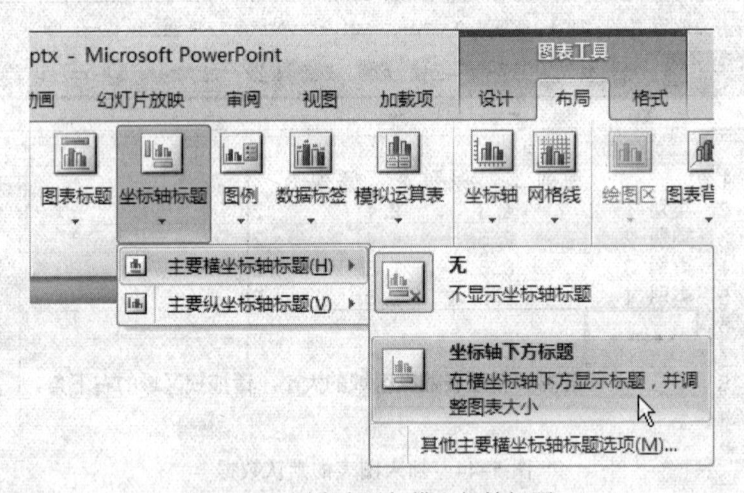

图 5-46　图表中添加横坐标轴标题

④ 图表横坐标轴下方添加上带有“坐标轴标题”字样的文本框，在其中输入如图 5-39 所示坐标轴标题。

⑤ 切换至“图表工具”中的“布局”选项卡。单击“标签”功能组中的“坐标轴标题”下拉按钮，在下拉菜单中选择“主要纵坐标轴标题”|“竖排标题”选项，如图 5-47 所示。

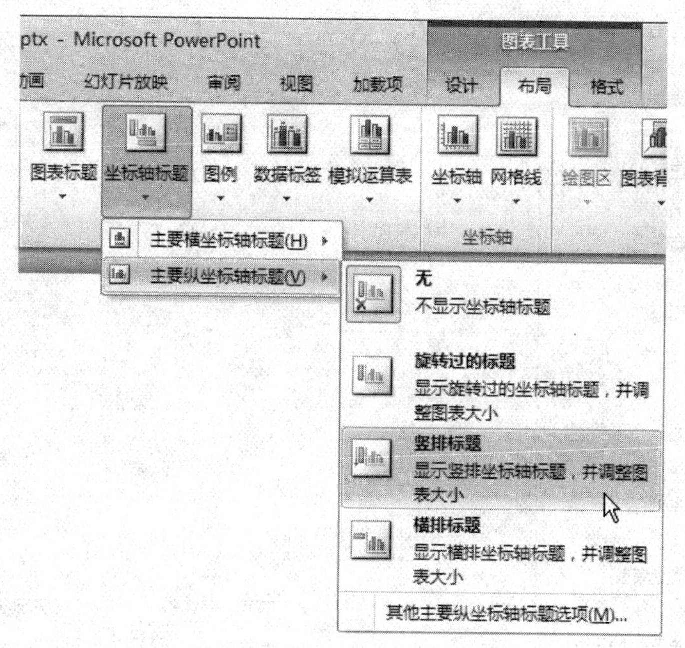

图 5-47　图表中添加纵坐标轴标题

⑥ 图表纵坐标轴左方添加上带有“坐标轴标题”字样的文本框，在其中输入如图 5-39 所示坐标轴标题。

（5）设置图表样式。

切换至“图表工具”中的“设计”选项卡。在“图表样式”功能组中的图表样式库中找到“样式 18”并单击，如图 5-48 所示。

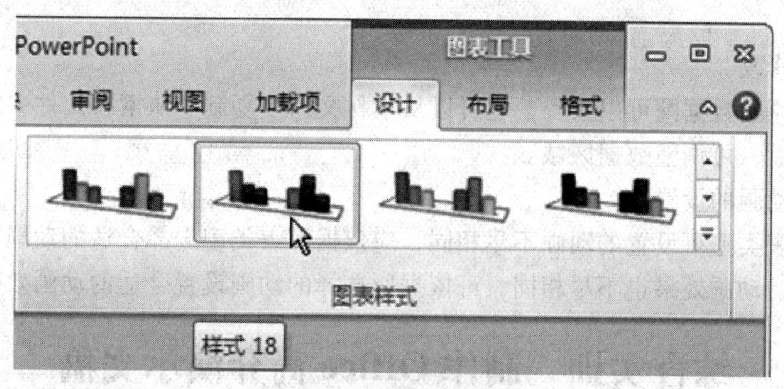

图 5-48　设置图表样式

（6）设置图表动画效果。

① 选中幻灯片中的图表，切换至“动画”选项卡。

② 在“动画”选项卡的“动画”功能组的动画库中选择“进入”|“擦除”动画。

③ 单击“动画”选项卡的“动画”功能组的“效果选项”下拉按钮，在下拉菜单中选择“自底部”和“按系列”选项，如图 5-49 所示。

④ 在“动画”选项卡的“计时”功能组的“持续时间”文本框中，持续时间设置为“2 秒”，如图 5-50 所示。

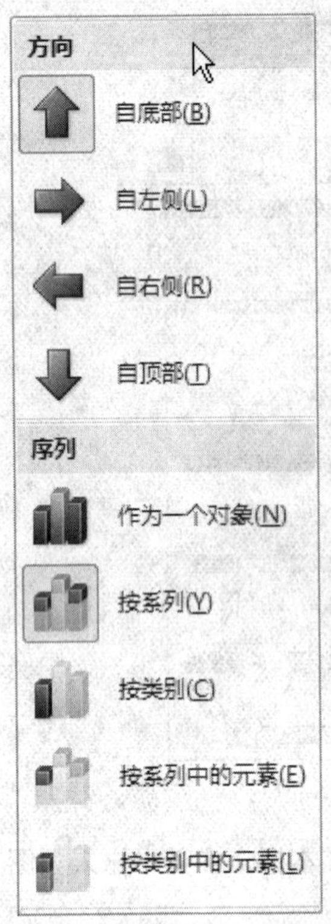

图 5-49 “效果选项”下拉菜单

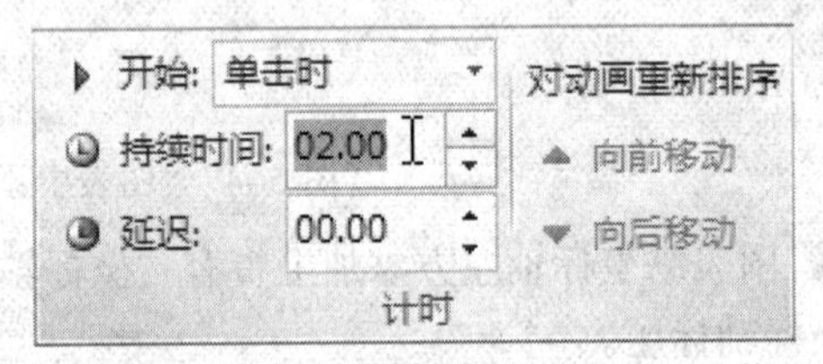

图 5-50 “动画”选项卡的“计时”功能组

⑤ 单击“动画”选项卡的“预览”功能组的“预览”按钮，即可预览动画。

操作技巧

（1）数据修改

修改图表原始数据既可以录入，也可以从素材文件中复制。从素材文件中复制的数据覆盖掉原始数据后，可调整数据区域。

（2）图表动画的设置

不同的图表类型可设置的动画不尽相同，应依据图表类型选择合适的动画；同样，不同的动画可设置的动画效果也不尽相同，可依据所选择的动画设置合适的动画效果。

综合实训　制作 Office 简介演示文稿

本实训将着重于综合运用 PowerPoint 2010 中的一些演示文稿制作和放映技术，完成并放映作品，涉及的知识点包括：

- 设置幻灯片主题
- 设置幻灯片版式
- 幻灯片切换
- 设置按钮与动作
- 动画效果综合运用
- 放映幻灯片

实训目标

- 制作“Office 的发展”主题幻灯片。
- 制作“Office 的常用软件”主题幻灯片。
- 设置幻灯片切换效果。
- 放映幻灯片。

实训步骤

（1）启动 PowerPoint 2010，新建一个空演示文稿。

（2）对第一张幻灯片，按如下要求完成制作。

- 将幻灯片主题设置成“精装书”。
- 将“版式”设置成“仅标题”。
- 输入主题文字“Microsoft Office 的发展”，设置适当的字体、字号，设置动画效果为“颜色打字机”，速度为“0.05 秒”。
- 在幻灯片中部插入 Office-97.jpg 图片；添加“进入”中“快速”、“自右侧”的“飞入”动画效果。
- 对 Office-97.jpg 图片添加“强调”中“放大/缩小”动画效果，速度为“中速”、尺寸为“200%”，开始为“之后”。
- 对 Office-97.jpg 图片添加“动作路径”下的“直线”动画效果，直线为从中部至左上方，速度为“中速”、开始为“之后”。
- 对 Office-97.jpg 图片添加“强调”中“放大/缩小”动画效果，速度为“中速”、尺寸为“50%”，开始为“之前”。完成效果如图 5-51 所示。

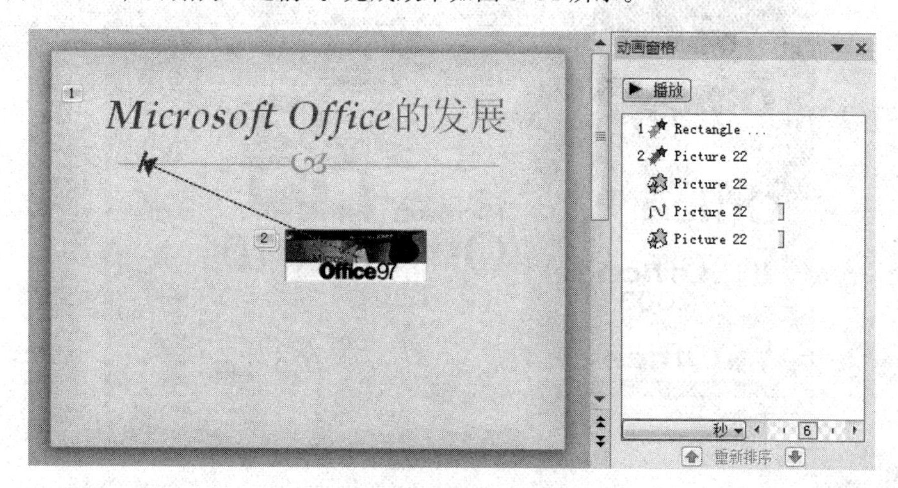

图 5-51　Office-97.jpg 图片上添加的动画效果

- 在幻灯片上依次插入 Office-2000.jpg、office-xp.jpeg、office-2010.jpg 和 office-2007.jpg 素材图片。并分别对其设置如 Office-97.jpg 的动画效果。“绘制自定义路径”中的“直线”放下稍有区别。
- 所有图片的尺寸调整为：高“2.5 厘米”、宽“7 厘米”，完成状态如图 5-52 所示。

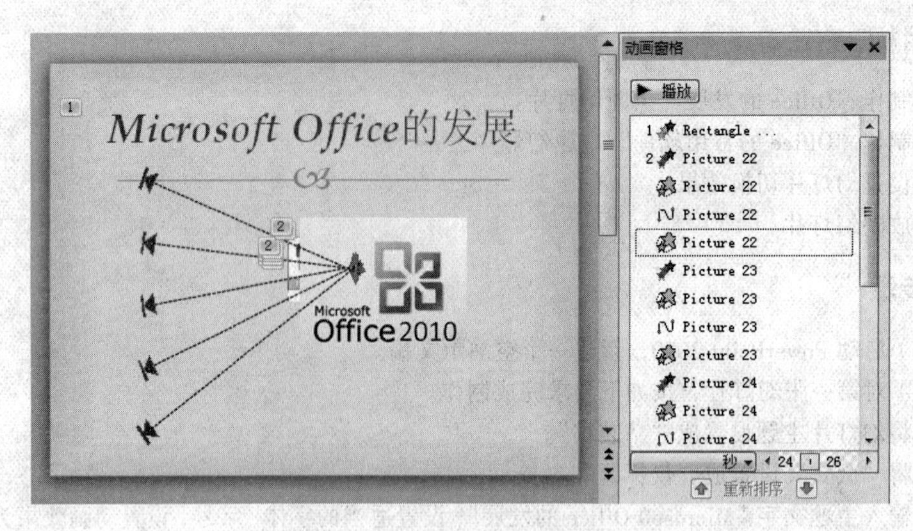

图 5-52　其他图片的动画效果

- 插入 office-2010.jpg 图片素材，放置到幻灯片中部，并添加“进入”中的螺旋飞入动画效果，速度为“中速”、开始为“之后”。
- 对 office-2010.jpg 图片添加“强调”中“放大/缩小”动画效果，速度为“中速”、开始为“之前”。放映完成效果如图 5-53 所示。

图 5-53　放映完成

（3）插入一张新幻灯片，按如下要求制作。

- 将“内容版式”设置成“只有标题”。
- 输入主题文字 Office 的常用软件，设置适当的字体、字号。
- 插入 Word-2003.png、Excel-2003.png 和 PowerPoint-2003.png 图片素材，排列如图 5-54 所示。

图 5-54　图片素材，排列

- 为 3 张图片添加同时“淡出”进入的动画效果，速度：快速。
- 为 3 张图片添加同时“圆形扩展”的动作路径动画效果，使这 3 张图片绕同心圆路径运动，而起点和终点都为各自图片的原始位置，速度：慢速。
- 对中间的 Word-2003.png 图片添加“强调”中“放大/缩小”动画效果，速度为“中速”、尺寸为“200%”，开始为“单击时”。
- 为 3 张图片添加“动作路径”中“自定义路径”的曲线动作路径动画效果，使它们顺时针同时移动到下一张图片的所在位置；速度：中速，开始为“单击时”；在移动过程中，原中间放大的图片恢复原尺寸，原左边图片放大 200%。
- 重复上一步操作，直到最初右边的图片顺时针旋转到上部为止，完成效果如图 5-55 所示。

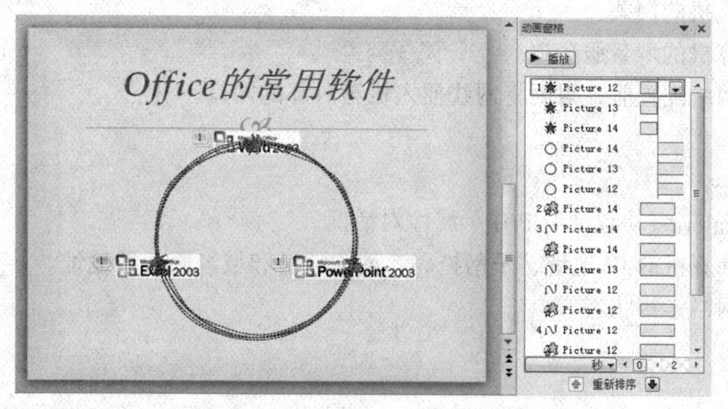

图 5-55　完成状态（普通视图）

（4）为演示文稿添加幻灯片切换效果。

（5）在最后一张幻灯片上添加“重播”按钮，单击该按钮返回第一张幻灯片。

（6）在最后一张幻灯片上添加“结束放映”按钮，并完成动作设置。

（7）进行排练计时，并设置按照计时放映演示文稿。

第6章 网络应用与安全

在信息化时代，随着 Internet 的推广，拥有了个人计算机的家庭、企事业单位期望将个人计算机接入 Internet，从而使通信、交流、娱乐以及获取 Internet 上的信息和资源更方便、快捷。

实训1　局域网中计算机的网络配置

随着技术的进步，计算机组件的体积大幅度缩小，使得个人计算机的成本越来越低；计算机各功能部件的模块化设计，也使得个人计算机更易于组装。本实训将练习识别组成个人计算机的各功能部件并将其组装成一台个人计算机。

实训目标

本实训将完成一台个人计算机在局域网中的接入配置。在实训过程中，期望学习者掌握以下操作技能。

- 配置计算机的 IP 地址。
- 配置计算机的子网掩码。
- 配置计算机的网关。
- 配置计算机的域名服务器。

在计算机网络配置前，需要将网线插入机箱后部的网口。

实训步骤

（1）打开 Internet 协议（TCP/IP）属性对话框。

（2）设置计算机的 IP 地址、子网掩码、网关地址和域名服务器地址。

（3）查看网络连接状态。

实训提示

（1）打开 Internet 协议（TCP/IP）属性对话框。

① 执行“开始”|“控制面板”命令，打开“控制面板”窗口。

② 双击“控制面板”窗口中的“网络和共享中心”图标，打开“网络和共享中心”窗口，如图 6-1 所示。

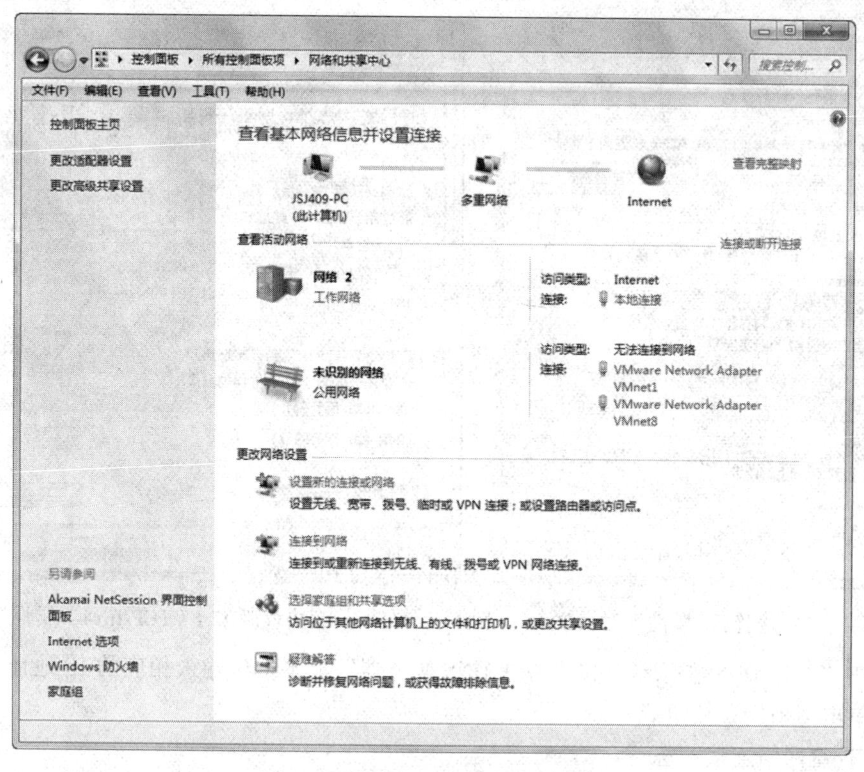

图 6-1 “网络和共享中心”窗口

③ 在“网络和共享中心”窗口的左侧，单击“更改适配器设置”，进入“网络连接”窗口，如图 6-2 所示。

图 6-2 “网络连接”窗口

④ 在“网络连接”窗口中，选中需设置的网络连接，然后单击窗口“更改此连接的设置”按钮，打开“本地连接 属性”对话框，如图 6-3 所示。

⑤ 在“此连接使用下列项目”选项区域中选中“Internet 协议版本 4（TCP/Ipv4）”复选框，然后单击“属性”按钮。打开“Internet 协议版本 4（TCP/Ipv4）属性”对话框，如图 6-4 所示。

（2）设置计算机的 IP 地址、子网掩码、网关地址和域名服务器地址。

① 在“Internet 协议版本 4（TCP/Ipv4）属性”对话框中，选中“使用下面的 IP 地址”单选按钮。

② 在“IP 地址”、“子网掩码”和“默认网关”等文本框中输入相应的 IP 地址及内容。

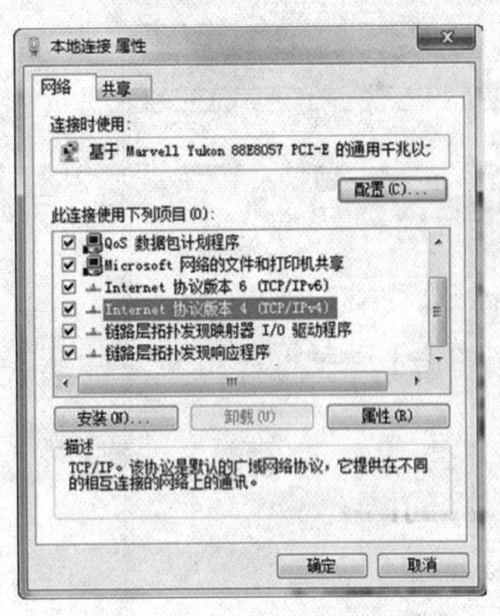

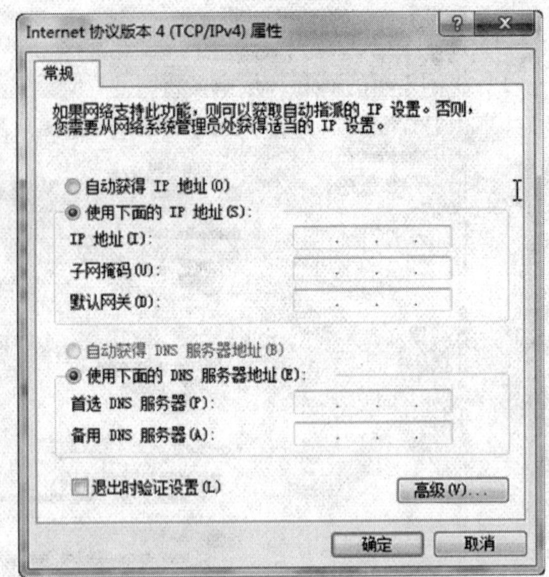

图 6-3 “本地连接 属性”对话框　　图 6-4 “Internet 协议版本 4（TCP/Ipv4）属性”对话框

③ 在“首选 DNS 服务器”和“备选 DNS 服务器”文本框中输入相应的 IP 地址。

④ 单击“确定”按钮。

（3）查看网络连接状态。

① 在如图 6-2 所示的“网络连接”窗口中，选中需查看的网络连接，然后单击“查看此连接的状态”按钮。打开“本地连接 状态”对话框，如图 6-5 所示。在“常规”选项卡中可查看连接速度、收发数据等信息。

② 在“本地连接 状态”对话框中单击“详细信息”按钮，如图 6-6 所示，可查看 IP 地址等信息。

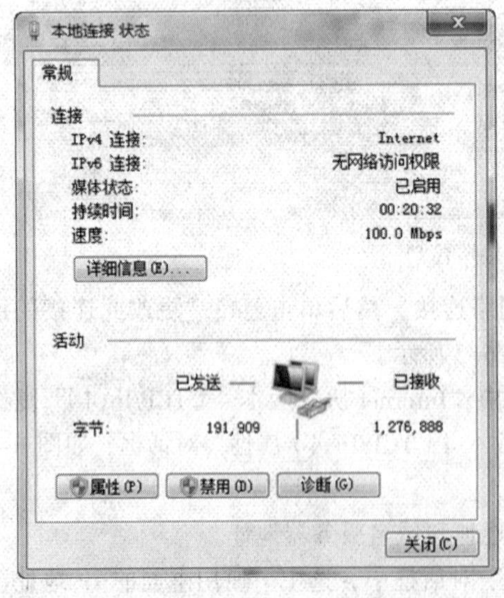

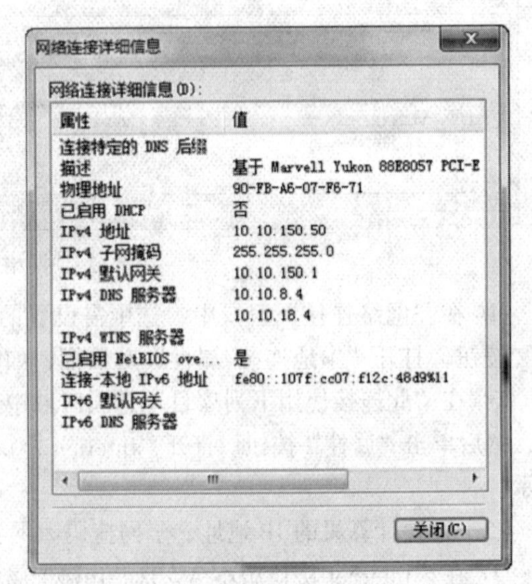

图 6-5 “本地连接 状态”对话框　　图 6-6 “网络连接的详细信息”对话框

③ 单击“关闭”按钮。

操作技巧

（1）在任务栏的通知区域中，如图 6-7 所示，单击网络连接图标，可方便地打开“网络和共享中心”窗口，进行网络连接设置。

图 6-7 任务栏的通知区域

（2）在如图 6-5 所示的“本地连接 状态”对话框中，单击“属性”按钮，可方便地打开如图 6-3 所示的“本地连接 属性”窗口。

实训 2 家庭宽带计算机的网络配置

在目前家庭普遍使用的个人计算机中，很多都安装了宽带接入访问 Internet，为学习和生活提供方便，增添乐趣。

实训目标

本实训在 Windows 7 系统中，用户将在本地计算机建立 ADSL 宽带连接并对其进行设置。在本实训中，期望学习者掌握以下操作技巧。

- 建立 ADSL 宽带连接。
- 设置 ADSL 宽带连接的属性。

实训步骤

（1）建立 ADSL 宽带连接。
（2）启动 ADSL 宽带连接。
（3）设置 ADSL 宽带连接。

实训提示

（1）建立 ADSL 宽带连接。

① 打开如图 6-1 所示的“网络和共享中心”窗口。

② 单击“设置新的连接和网络”链接，弹出“设置连接或网络”窗口，如图 6-8 所示。

③ 在“设置连接或网络”窗口中，选择“连接到 Internet”选项，单击“下一步”按钮，进入“连接到 Internet” 窗口，选择网络连接类型界面，如图 6-9 所示。

④ 单击“宽带（PPPoE）（R）”选项，出现如图 6-10 所示的界面。

⑤ 在“用户名”及“密码”文本框内填入用户的账号及密码，在“连接名称”文本框内为新创建的连接命名，输入连接名后，然后单击“连接”按钮，出现如图 6-11 所示的界面，进行连接测试。

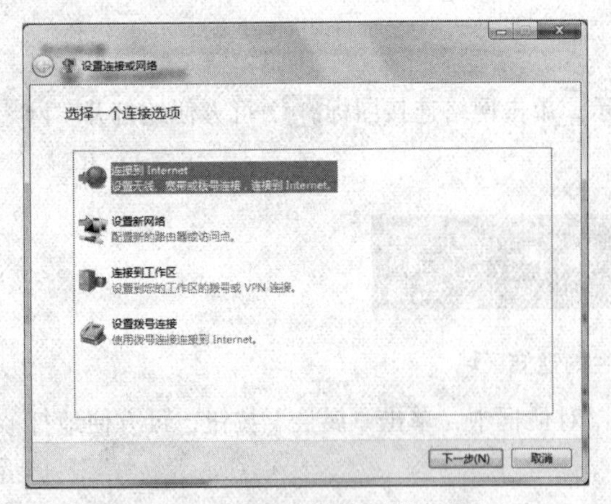

图 6-8 “设置连接或网络”窗口

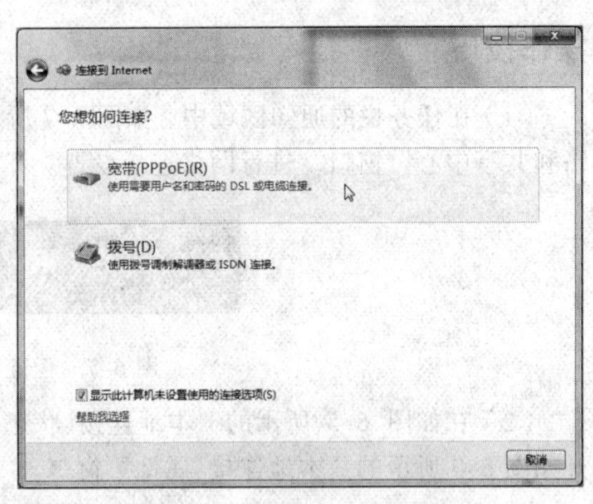

图 6-9 选择网络连接类型

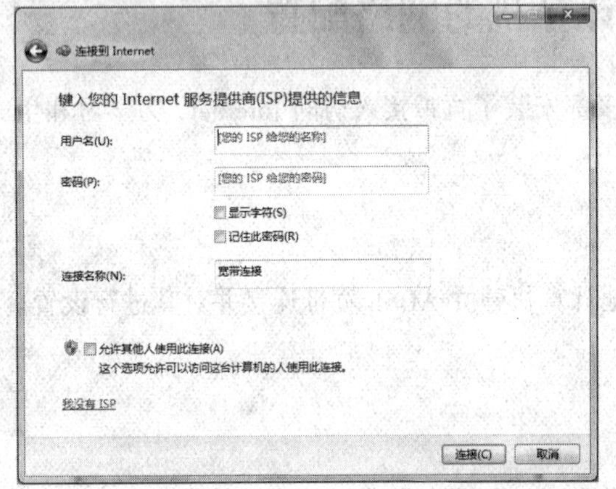

图 6-10 用户名、密码和连接名称

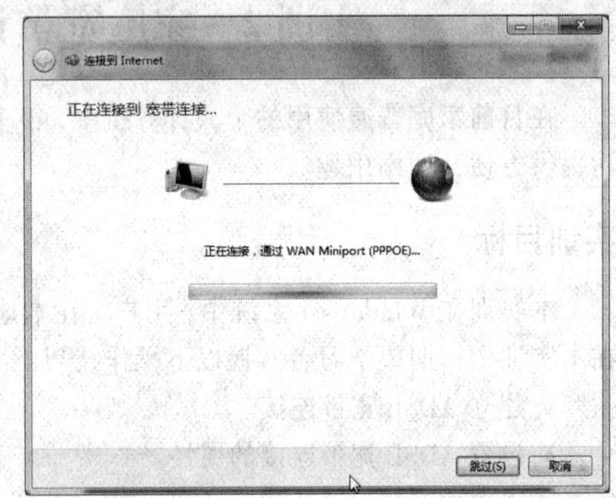

图 6-11 建立连接

⑥ 连接测试成功后，出现如图 6-12 所示的界面。单击“关闭”按钮，完成新建连接。

⑦ 新建连接完成后，桌面上出现新建连接的图标，如图 6-13 所示。

（2）启动 ADSL 宽带连接。

① 双击新建连接的图标，启动连接程序，如图 6-14 所示。

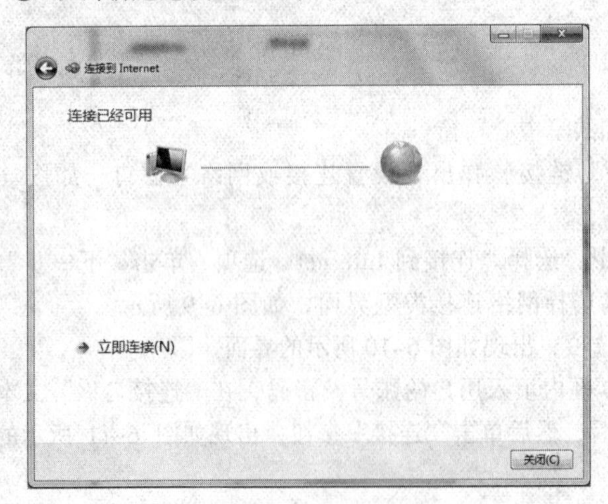

图 6-12 完成新建连接

图 6-13 新建连接的图标

② 单击“连接”按钮，开始连接。

（3）设置 ADSL 宽带连接。

① 在如图 6-14 所示的对话框中，单击“属性”按钮，弹出“宽带连接属性”窗口，如图 6-15 所示。

图 6-14　启动连接程序

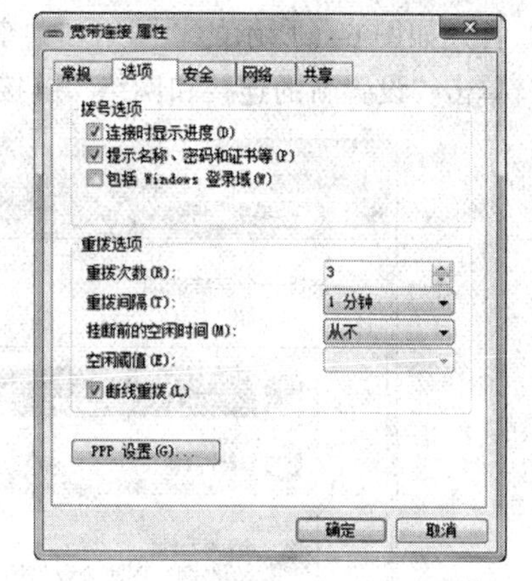

图 6-15　“宽带连接属性”窗口

② 在窗口中设置完成后，单击“确定”按钮。

操作技巧

（1）ADSL 宽带接入 Internet 的 IP 地址。

通常，ADSL 宽带接入 Internet 后，ISP 会自动为客户的计算机分配 IP 地址等信息。所以 ADSL 宽带连接建立后，不必更改默认值，“自动获得 IP 地址”即可。

（2）局域网中计算机的 IP 地址。

一般企事业单位会将本单位的所有计算机组成局域网，局域网中的计算机通过局域网中的服务器访问 Internet。局域网中计算机的 IP 地址、子网掩码、网关、DNS 服务器等信息从网络管理部门获取，这些信息由网络管理部门分配和管理。

实训 3　无线局域网的接入

实训目标

本实训在 Windows 7 系统中，用户将在本地计算机建立无线连接。在本实训中，期望学习者掌握以下操作技巧。

- 建立无线网络连接。
- 断开无线网络连接。
- 无线网络连接属性设置。

实训步骤

（1）建立无线网络连接。

（2）断开无线网络连接。

（3）设置无线网络连接属性。

实训提示

（1）建立无线网络连接。

① 打开如图 6-1 所示的“网络和共享中心”窗口。

② 单击“设置新的连接和网络”链接，弹出“设置连接或网络”窗口，如图 6-16 所示。

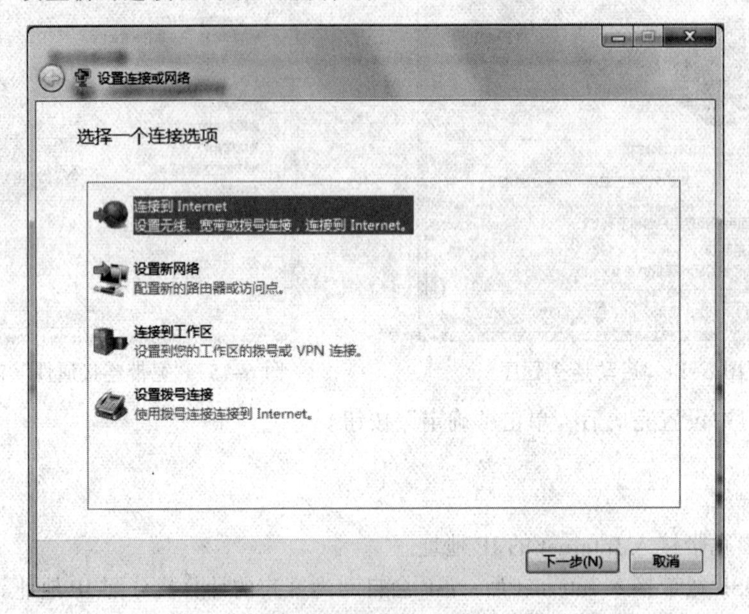

图 6-16 “设置连接或网络”窗口

③ 在如图 6-16 所示的“设置连接或网络”窗口中，选择“连接到 Internet”选项，单击“下一步”按钮，进入选择网络连接类型界面，如图 6-17 所示。

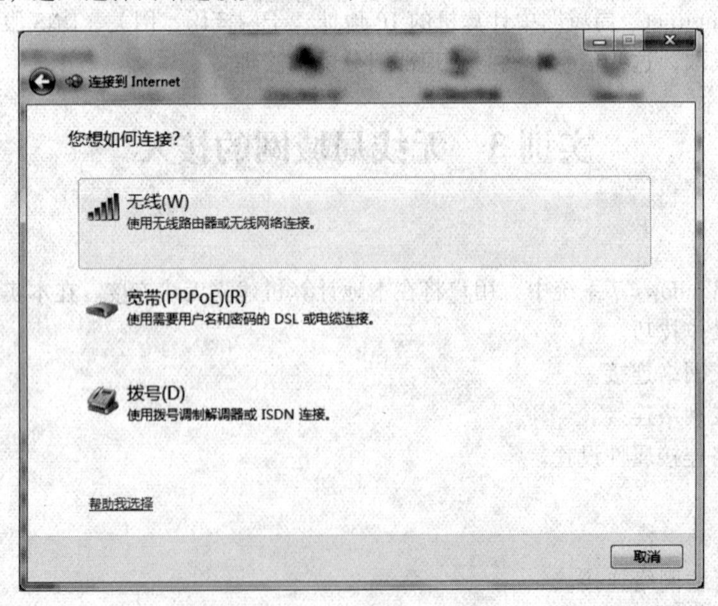

图 6-17 选择网络连接类型

④ 单击“无线（W）”选项，计算机会自动扫描当前可以接入的无线网络，并在系统托盘区上方弹出的窗口中显示，如图 6-18 所示。

⑤ 选择要接入的无线网络名称，该无线网络名称下显示“连接”按钮，单击该按钮，如图 6-19 所示。

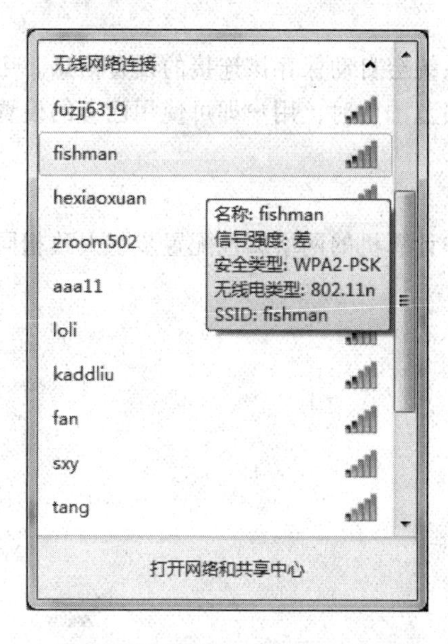

图 6-18　可连接的无线网络列表

图 6-19　确定连接的无线网络

⑥ 如果要连接的是加密的网络，则会弹出“键入网络安全密钥”对话框，如图 6-20 所示。在“安全密钥”文本框中输入密码后，单击“确定”按钮

⑦ 稍等片刻，即接入无线网络。在任务栏托盘上单击网络连接图标，可以看到上一步骤选择的无线网络已经接入，如图 6-21 所示。

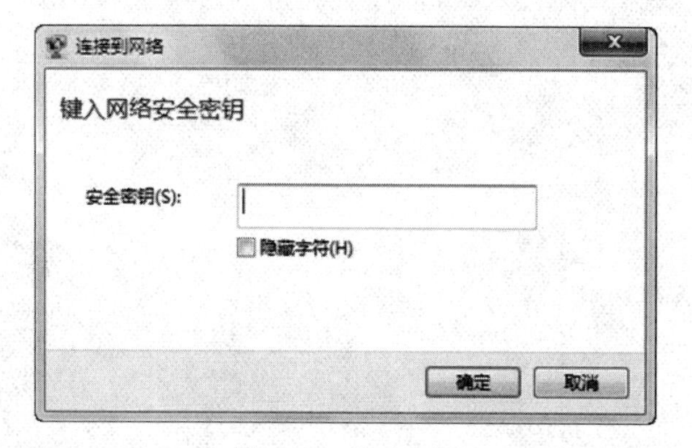

图 6-20　输入密钥

图 6-21　连接后的状态

（2）断开无线网络连接。

如图 6-21 所示，单击“断开连接”按钮，即可轻松地断开连接。

操作技巧

（1）无线网络连接的再次访问。

通常，建立无线网络连接后，Windows 7 操作系统会自动保存该连接的设置信息。用户会在“网络连接”窗口看到。当再次进入该无线网络范围内时，用户即可使用已有的设置信息快速建立连接。

（2）关于无线网络的属性设置。

无线网络连接的属性设置与实训 1 中的局域网中计算机的网络属性配置步骤大致相同，此处不再赘述。

参 考 文 献

[1] 侯冬梅. 计算机应用基础实训教程[M]. 北京：中国铁道出版社，2011.

[2] 侯冬梅. 计算机应用基础实训指导与习题集（Windows 7 环境）[M]. 3 版. 北京：中国铁道出版社，2011.

[3] 宋翔. Excel 2010 办公专家从入门到精通[M]. 北京：石油工业出版社，2011.

[4] 宋翔. PowerPoint 2007 办公专家从入门到精通(多媒体版)[M]. 北京:希望电子出版社,2008.

[5] 石云. 现代办公 PowerPoint 2007 情境案例教学[M]. 北京：电子工业出版社，2009.

[6] 侯冬梅.计算机应用基础教程(Windows 7+Office 2010)[M]. 北京:中国铁道出版社,2012.